DIANWANG YUNXING
YOUHUA YU KONGZHI JISHU

电网运行
优化与控制技术

王正风　董　存
王　斌　李瑞超　编著

中国电力出版社
CHINA ELECTRIC POWER PRESS

内 容 提 要

本书主要介绍电网运行与优化控制技术。全书共分为九章加以阐述，分别是电网运行与控制；电网稳定运行理论及计算方法；电网经济运行与优化理论；面向多级调度的发电调度计划优化；电网运行方式在线分析与优化技术；电网在线安全稳定计算分析与优化控制；电网实时自动控制与优化技术；燃煤火电机组环保设施优化改进及在线监测；基于北斗通信技术的电力信息传输系统。

本书的读者对象主要为电网公司以及发电厂电气工程、电力系统运行管理人员及相关技术人员，同时也可以作为电气工程专业和电力系统专业的研究生、本科生以及电力专业的教师参考书。

图书在版编目（CIP）数据

电网运行优化与控制技术/王正风等编著. —北京：中国电力出版社，2017.5
ISBN 978-7-5198-0393-3

Ⅰ．①电⋯ Ⅱ．①王⋯ Ⅲ．①电力系统运行 Ⅳ．①TM732

中国版本图书馆 CIP 数据核字（2017）第 028644 号

出版发行：中国电力出版社
地　　址：北京市东城区北京站西街 19 号（邮政编码 100005）
网　　址：http：//www.cepp.sgcc.com.cn
责任编辑：杨　扬　（y-y@ sgcc.com.cn）
责任校对：闫秀英
装帧设计：王英磊　张　娟
责任印制：蔺义舟

印　　刷：北京市同江印刷厂
版　　次：2017 年 5 月第一版
印　　次：2017 年 5 月北京第一次印刷
开　　本：787 毫米×1092 毫米　16 开本
印　　张：15.5
字　　数：389 千字
印　　数：0001—2000 册
定　　价：49.00 元

现代大电网的互联、电力市场化的推进以及电力监管的进一步加强，给电网运行管理带来了新的挑战。提高电网运行安全稳定水平和经济运行水平是电网调度运行部门永恒的追求，为此国家电力调度控制中心积极开展了智能调度技术支持系统 D5000 建设，并开展了多项前瞻性研究。各级省级调度部门也基于国调的总体要求，并结合自身电网的特点，相继在电网运行与优化控制领域开展了新技术开发及应用，进一步提高电网运行与控制水平。

本书以电力生产运行为主线，首先介绍了电网运行部门的基础理论知识，包括电网稳定运行理论及计算方法、电网经济运行与优化理论；接着在此基础上，以电网调度生产运行为逻辑，从电网发电计划安排、电网运行方式安排、电网运行监测及在线分析控制、电网实时自动优化控制技术的电网全过程生产调度运行等方面进行了介绍；最后还介绍了燃煤火电机组环保设施优化改进及在线监测、基于北斗通信技术的电力信息传输系统。

本书的撰写是针对电网生产运行进行撰写，在介绍过程中，努力将理论与电力实际生产相结合，将大学课堂的理论知识与电力生产部门的实际生产运行实践相连接，既能为大学和研究机构提供电力实际生产运行的需求，又能为电力生产运行人员提供工程实践的理论基础，从而遵循科学发展的基本规律，一切知识来自生产实践，并在生产实践中升华，再去指导实际生产实践。

本书共分九章，包括电网运行与控制；电网稳定运行理论及计算方法；电网经济运行与优化理论；面向多级调度的发电调度计划优化；电网运行方式在线分析与优化技术；电网在线安全稳定计算分析与优化控制；电网实时自动控制与优化技术；燃煤火电机组环保设施优化改进及在线监测；基于北斗通信技术的电力信息传输系统。

本书内容丰富，可供电网公司以及发电厂电气工程、电力系统运行管理人员及相关技术人员的参考，同时也可以作为电气工程专业和电力系统专业研究生和本科生的参考资料，也可作为电力工程专业老师的参考书。

本书由杜贵和高级工程师、王正风博士、董存博士、王斌博士、李端超高级工程师、邓勇高级工程师、王松高级工程师以及吴旭博士共同编写，此外丁超高级工程师也参与了本书的纠正工作。

　　由于编者水平有限，因此本书不完善、不正确的地方在所难免，如有缺点和不足之处，敬请读者见谅，并恳请读者给予批评指正。

编　者

目录

电网运行与控制

1.1 现代电力系统

1.1.1 现代电力系统简介

电力系统是由发电、变电、输电、配电和用电等环节组成的电能生产与消费系统。它是将自然界的一次能源通过发电动力装置（主要包括锅炉、汽轮机、发电机及电厂辅助生产系统等）转化成电能，再经输、变电系统及配电系统将电能供应到各负荷中心，通过各种设备再转换成动力、热、光等不同形式的能量，为地区经济和人民生活服务。

电力系统在结构上可分为电源、变电所、输电线路、配电线路、负荷中心（用户）以及各种一、二次信息及控制系统等。其中，电源是指各类发电厂和发电站，在发电环节中将一次能源转换成电能；输电线路与变电所等构成的电力网络，通常由电源的升压变电所、输电线路、负荷中心变电所（降压）以及配电线路等构成；电力系统的信息与控制系统由各种检测设备、通信设备、安全保护装置、自动控制装置、监控自动化以及调度自动化系统组成。

目前我国的电力系统已基本形成大电网、大机组、高电压输电和大区互联的格局。东北电网、华北电网、华中电网、华东电网、西北电网和南方电网已实现互联，形成了全国的统一电网。这种地理分布广阔、规模巨大的现代电力系统，在经济性和稳定性方面带来如下显著优势：

（1）各地区不同特性的资源可以互相补充，提高运行的经济性。例如，丰水季由水电区向火电区送电；枯水季由火电区向水电区送电。

（2）利用各地区的时间差，可以平抑峰谷差，减少总装机容量。

（3）可以减少总的备用容量，事故下可互相增援，提高系统运行的可靠性。

（4）各区域负荷随机波动可以互相抵消，使频率、电压更加稳定。

（5）便于安装大机组，提高电力系统效率。

但这也带来了诸多弊端：

（1）系统规模大给调度提出了更高的要求，发生大规模连锁故障的风险增大，安全分析更加困难，稳定问题较突出。

（2）各子系统之间如何协调，全局和局部的利益如何统筹考虑，水火电如何配合等问题都具有挑战性。

电能的生产和消费是同时的，不能储存或者储存非常困难，一处的故障可能会引起波及系统的连锁事故。如 2003 年北美的 8·14 大停电、瑞典和丹麦的 9·23 大停电以及意大利的 9·28 全国大停电都是在大型互联电网中发生的由单重故障引起系统连锁事故进而导致最终系统崩溃的典型事故。因此，保证规模庞大的电力系统——这个一次系统（或称能量系统）的安全、经济运行，需要建设一套高度信息化、自动化和可靠的调度自动化系统——二次系统（或称信息系统），实现对电力系统在线计算机监控与调度决策。调度自动化系统实时监视电力系统各部分的电压、潮流、频率和部分相角，并通过各种调节手段和装置自动（或手动）地连续调节有功或无功电源，或者通过网络结构的变化和负荷切换来保证供电质量。

1.1.2　现代电力系统的发展

1. 世界电力系统发展历史

在电能应用初期，由小容量发电机单独向灯塔、轮船、车间等照明的供电系统，可看作是简单的住户式供电系统。白炽灯发明后，出现了中心电站式供电系统，如 1882 年 T. A. 托马斯·阿尔瓦·爱迪生在纽约主持建造的珍珠街电站。它装有 6 台直流发电机（总容量约 670kW），用 110V 电压供 1300 盏电灯照明。19 世纪 90 年代，三相交流输电系统研制成功，并很快取代了直流输电，成为电力系统大发展的里程碑。中国是世界上有电较早的国家之一。1882 年，上海外滩亮起的 15 盏电灯，照亮了中国电力发展的道路。1887 年，上海建成了供路灯用的 5 条输电线路，到 1900 年线路全长 18km，输电电压最高 2500V。

二战前，电力系统就已经开始蓬勃发展，并逐步形成了以 230kV 电压为代表的高压同步电网。美国自 1923 年出现第一条 230kV 输电线路以来，到 20 世纪 20 年代已形成除德克萨斯州电网外的全美互联同步大电网；1936 年，鲍尔德水电站到洛杉矶的 287kV 输电线路建成，输电距离（430km）和输电容量（3MW）创当时世界最高纪录；1945 年，最大火电机组容量达到 100MW。

二战后，随着经济的发展和技术的进步，电网发展进入快速发展阶段，进入超高压、大电网时代。截至目前，世界电网运行最高交流电压等级达到 1000kV、直流电压等级达到 ±800kV，输电距离达到上千公里。

表 1-1　　　　　　　　　　　　二战后电力发展重要事件

时间	事　件
1952 年	瑞典建成世界第一条 380kV 超高压输电线路，长 954km
1959 年	前苏联古比雪夫水电站至莫斯科建成世界上第一条 500kV 超高压输电线，输电距离达到 1000km
1970 年	太平洋 ±500kV 直流工程投运，输送容量为 3100MW，输电距离达到 1362km
1973 年	单机最大容量达到 1300MW
1986 年	巴西伊泰普 ±600kV 直流工程单极投运，输送容量 3150MW，输送距离 785km
2009 年	1000kV 长治—南阳—荆门特高压交流线路建成投运，标志着中国率先实现了交流特高压技术在电网实际运行中的成功应用
2010 年	±800kV 楚雄—穗东特高压直流输电工程投运，标志着中国率先掌握了直流特高压输电技术

20 世纪以后，人们普遍认识到扩大电力系统的规模可以在能源开发、工业布局、负荷调整、系统安全与经济运行等方面带来显著的社会经济效益。于是，电力系统的规模迅速增长。世界上覆盖面积最大的电力系统是前苏联的统一电力系统。它东西横越 7000km，南北纵贯 3000km，覆盖了约 1000 万平方千米的土地。

在一些大电网无法覆盖的地区，分布式供电为电能使用提供了新途径。分布式供电是相对于传统的集中式供电方式而言的，将发电系统以小规模（数千瓦至 50MW 的小型模块式）、分散式的方式布置在用户附近。如今分布式供电方式主要是用液体或气体燃料的内燃机、微型燃气轮机和各种工程用的燃料电池，因其具有良好的环保性能，分布式供电电源与"小机组"已不是同一概念。

2. 我国电力系统发展历史

中国的电力工业于 1882 年诞生在上海，至新中国解放的 1949 年，我国的发电装机容量与发电量仅为 185 万 kW 和 43 亿 kW/h。解放后我国电力工业得到了迅速发展，特别是改革开发后，我国电力工业迎来了新的春天，至 2011 年 8 月，我国的装机容量和电网规模已超过美国、法国、英国、日本、加拿大等发达国家，位于世界第一位。

在电力系统中，电力网是电力系统的一个重要组成部分，承担了将电力由发电厂发出来之后供给用户的工作，即担负着输电、变电与配电的任务。电力网按其在电力系统中的作用，分为输电网和配电网。输电网是以输电为目的，采用高压或超高压将发电厂、变电所或变电所之间连接起来的送电网络，它是电力网中的主网架。直接将电能送到用户去的网络称为配电网或配电系统，它是以配电为目的。

我国的输电网电压等级主要有 750kV、500kV、330kV 和 220kV。随着我国经济的发展和科技的发展，国家电网公司近些年投入了大量的人力与物力，研究和投资建设特高压。近年已建设完成了 1000kV 的交流特高压输电线路和 ±800kV 直流输电线路。

2008 年"晋东南—南阳—荆门"特高压试验示范工程投产，实现华北 ~ 华中为核心的特高压交流联网。该工程包括建设完成 1000kV 晋东南和荆门变电站，各安装一组 300 万 kV 安主变，建设 1000kV 南阳开关站，晋东南至南阳 1000kV 线路 362km，南阳至荆门 1000kV 线路 283km，最高运行电压等级 1100kV，自然输送功率 500 万 kW。

2010 年云南至广东 ±800kV 直流输电工程投产运行，该工程是国家"十一五"建设的重点工程及直流特高压输电自主化示范工程，也是世界上第一个投入商业化运营的特高压直流输电工程。工程西起云南省楚雄州禄丰县，东至广东省广州增城市，途径云南、广西、广东三省区，输电距离 1373km。工程额定电压 ±800kV，额定容量 500 万 kW，由楚雄换流站、穗东换流站、直流线路、两侧接地极和接地极线路五大部分组成。该工程的竣工投产，大大增强了云南水电输送广东的能力，对加快我国西南地区乃至大湄公河次区域水电资源的开发利用具有重要意义。

2012 年 12 月 12 日，由我国自主研发、设计、建设的四川锦屏—江苏苏南 ±800kV 特高压直流输电工程全面完成系统调试和试运行，正式投入商业运行。锦苏工程途经四川、云南、重庆、湖南、湖北、浙江、安徽、江苏 8 省市，承担着雅砻江流域官地，锦屏一、二级水电站和四川丰水期富余水电的送出任务，线路全长 2059km，直流输送容量 720 万 kW。

2013 年 9 月 25 日，世界首个商业化运行的同塔双回路特高压交流输电工程——皖电东送淮南至上海特高压交流工程投入运行。工程包括四站三线，起于安徽淮南变电站，经安徽皖南变电站、浙江浙北变电站，止于上海沪西变电站，变电容量 2100 万 kVA，线路全长 2×648.7km，途径安徽、浙江、江苏、上海四省市，先后跨越淮河和长江。该工程连接安徽"两淮"煤电基地和华东电网负荷中心，可显著提升华东电网接受区外电力的能力和电网安全稳定水平，同时有利于解决华东 500kV 电网短路电流超标难题，提高电网运行灵活性和适应性。

2014 年 1 月 27 日哈密南—郑州 ±800kV 特高压直流输电工程正式投入运行。工程起于新疆哈密南换流站，止于河南郑州换流站，途经新疆、甘肃、宁夏、陕西、山西、河南 6 省（区），线路全长 2192km（含黄河大跨越 3.9km），额定输送功率 800 万 kW。

2014 年 6 月 25 日，±800kV 宜宾—金华直流输变电工程是我国第二大水电站溪洛渡电站的配套送出工程，西起四川省宜宾市双龙镇宜宾换流站，东至浙江省金华市武义县金华换流站，途经四川、贵州、湖南、江西和浙江五省，送电距离 1679.9km，额定输送容量为 800 万 kW，是世界单条输送功率最大的直流电力输电线路。

2014 年 12 月 26 日，浙北—福州 1000kV 特高压交流输变电工程正式投运。工程包括四站三线，起于浙江的浙北变电站（扩建），经浙中、浙南变电站，止于福建的福州变电站，变电容量 1800 万 kVA，全线双回路架设，全长 2×603km。浙北—福州 1000kV 特高压交流输变电工程开辟了浙闽电网间新通道，大幅提升华东电网的网内交换能力，可以充分发挥特高压电网优化资源配置作用，能进一步加强华东电网接受区外输电的能力，增强华东电网安全稳定水平和抵御严重故障的能力。

3. 未来我国电网发展趋势

未来我国电网发展需要在科学规划的基础上，以解决特高压和配电网"两头薄弱"问题为重点，加快发展特高压骨干电网，统筹各级电网发展，加强配电网建设，完善城市和农村电网，形成网架结构合理、资源配置能力强大的坚强智能电网。

预计 2020 年前，我国将形成"三华"特高压同步电网主网架，东北、西北、南方电网通过直流与"三华"同步电网实现异步连接，如图 1-1 所示。特高压交直流并举、相辅相成，北方煤电和西南水电通过多回特高压交、直流输电通道分散送入受端电网，可满足大煤电、大水电、大核电和大可再生能源发电基地的电力输送，为东中部负荷中心大规模接受电力构筑坚强的网络平台。配电网得到较快发展，电网结构增强，供电能力和供电可靠性得到大幅度提高。各电压等级电网功能定位更加明确，结构坚强、发展协调，智能化关键技术和设备得到广泛应用，电网各环节基本实现智能化，各项技术经济指标和装备质量全面达到或领先于国际水平。

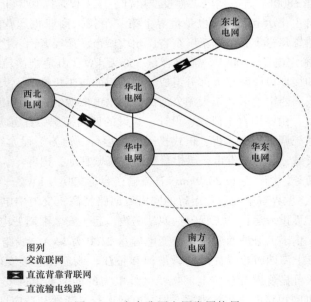

图列
—— 交流联网
� 直流背靠背联网
——▶ 直流输电线路

图 1-1 未来我国电网发展格局

预计到 2030 年前，特高压网架将形成更为坚强的"三华"受端电网和坚强的东北、西北送端电网，特高压电网承载能力强，能够实现电力大容量、远距离输送和消纳，保证系统安全稳定。新疆煤电和西藏水电可以通过特高压直流大规模外送。超导输电技术得到应用，分布式能源系统成为大电网集中供电的重要补充。全国输配电网在各大型电源基地、分布式电源及用户与负荷中心之间形成紧密连接，具备无阻塞输送能力，可以为电力交易提供畅通、高效、安全、稳定的基础和平台，能源资源在全国范围内得以充分的优化配置。城乡配电网结构得到进一步加强，电网结构合理，供电能力和供电可靠性提高到一个新高度，具备向终端用户提供安全、可靠、清洁、经济电能的能力。通过特高压电网建设，我国电网将实现西电东送、南北互供、全国联网，在全国范围内实现电力供需平衡和互济，全国联网效益将得到充分展现。

1.2　电网运行优化与控制

1.2.1　智能电网调度技术支持系统

由于电能的特点决定了电能必须实时平衡，即发电和用电必须实时平衡，目前电网的运行与控制由电网调度部门负责。为了保证电网安全稳定运行，各级调度机构必须实时获得电网的相关运行数据并进行合理的电网运行方式安排和事故处理以确保电网的安全稳定运行。具体的来说，电网调度的功能主要包括：①预测用电负荷和新能源发电预测；②安排发电任务和电网输变电设备检修，确定电网运行方式；③对全系统进行安全监测和安全分析；④指挥操作以及处理事故等。

智能电网调度技术支持系统由基础平台和实时监控与预警、调度计划、安全校核、调度管理四类应用组成，系统围绕分布式一体化共享的信息支撑、多维协调的安全防御、精细优化的调度计划和规范的流程化高效管理这四条主线，提供完整的智能电网调度技术支持手段，实现敏锐的全景化前瞻预警、优化的自适应自动调整、多维的全局观协调控制、统筹的精细化调度计划和规范的流程化高效管理。

智能电网调度技术支持系统的总体架构如图 1-2 所示。

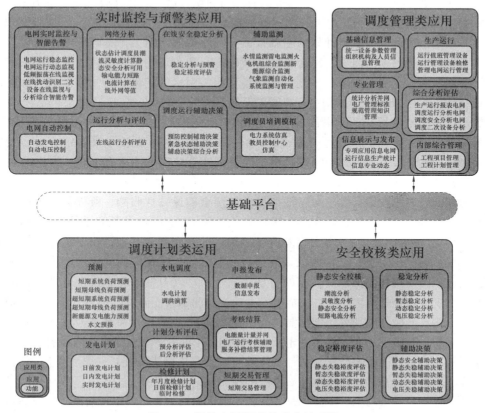

图 1-2　智能电网调度技术支持系统

　　智能电网调度技术支持系统突破了传统安全分区的约束，功能按照业务特性，可分为实时监控与预警、调度计划、安全校核和调度管理四类应用。系统整体框架分为应用类、应用、功能、服务四个层次。应用类是由一组业务需求性质相似或者相近的应用构成，用于完成某一类的业务工作；应用是由一组互相紧密关联的功能模块组成，用于完成某一方面的业务工作；功能是由一个或者多个服务组成，用于完成一个特定业务需求。最小化的功能可以没有服务。服务是组成功能的最小颗粒的可被重用的程序。

　　技术支持系统四类应用建立在统一的基础平台之上，基础平台为各类应用提供统一的模型、数据、CASE、网络通信、人机界面、系统管理等服务，包括系统管理、数据存储与管理、消息总线和服务总线、公共服务、平台功能和安全防护等基本功能。应用之间的数据交换通过平台提供的数据服务进行，还通过平台调用和提供分析计算服务。

　　（1）电网实时监控与智能告警应用。指的是利用电网运行信息、二次设备状态信息及气象、水情等辅助监测信息进行全方位监视，对电网运行的稳态、动态、暂态过程进行多层次监视，实现电网运行状况监视全景化。通过综合性分析，提供在线故障分析和智能告警功能。电网实时监控与智能告警应用主要包括：电网运行稳态监控、电网运行动态监视、二次设备在线监视与分析、在线扰动识别、低频振荡在线监视和综合智能告警等功能模块。

　　变电站集中监控功能能够实现面向无人值班变电站的集中监视与控制的基本功能，主要实现数据处理、责任区与信息分流、间隔建模与显示、光字牌、操作与控制、防误闭锁及操作预演等功能。

　　（2）调度计划类应用。负荷预测系统是合理安排机组发电方式以及合理制定电力系统运行方式的重要依据。负荷预测是根据电网长期运行的基础上，预测未来的电力需求和电量需求。负荷预测是电力系统生产运行与生产计划的基础数据。做好负荷预测工作是降低电网公司运行成本和提高电力设备运行效率的前提；也为电网的经济运行和公司的生产经营决策提供依据。系统负荷预测功能模块通过对历史负荷变化规律和各种相关因素的定量分析，提供多种分析预测方法，实现对 5min~1h 和次日至未来多日各时段系统负荷的预测。

　　母线负荷预测是分析和预测电网各节点电力需求的系统功能，能提供多种分析预测方法，深入分析母线负荷变化与气象及运行方式等影响因素间的关系，预测未来 5min~1h 以及次日至未来多日每时段的母线负荷，其预测范围至少涵盖调度管辖范围内所有 220kV 变电站主变高压侧、电厂升压变中压侧。

　　由于国家的新能源政策，要求对新能源发电按照全额保障性收购，所以为了合理安排火电机组的开机方式和发电出力，还需要对新能源功率进行预测。新能源预测系统以数值天气预报、输入场站（风电场、光伏电站）观测资料和基础地理信息资料为基础，根据统计预测模型实现包括场站功率、测风塔信息、光伏气象站信息、气象信息（风速风向、辐照度、温湿压）等一系列数据的分析、处理和输出预测数据的自动化，达到对风力发电和光伏发电进行智能分析预测的功能。系统主要包括两大功能：新能源发电功率预测和新能源发电预测分析管理。前者包括三类功能：一是新能源发电功率短期预测，能实现次日 96 点有功功率预测及曲线展示；二是新能源发电功率超短期滚动预测，能实现未来 15min~4h 有功功率滚动预测及曲线展示；三是能对短期、超短期功率预测曲线进行误差估计和统计。后者包括两类功能：一是实现历史数据统计、相关性检验、预报综合查询；二是对场站上报的预测数据进行考核。

　　发电计划：安全约束发电计划优化是考虑在系统平衡约束、机组运行约束，以及指定的电网安全等各类约束条件的基础上，编制目标函数最小且满足电网安全约束的发电计划，包括机组开停方式和各时段的发电出力。

日前发电计划：日前发电计划功能根据日检修计划、交换计划、负荷预测、网络拓扑、机组发电能力和电厂申报等信息，综合考虑系统平衡约束、电网安全约束和机组运行约束，采用考虑安全约束的优化算法，编制满足"三公"调度、节能发电调度和电力市场等多种调度模式需求的日前机组组合计划、出力计划。日前发电计划编制范围为次日至未来多日每日 96 个时段（00：15～24：00）的机组组合计划和出力计划。

检修计划：检修计划功能模块接收设备检修申请，对周、日、临时各周期检修计划进行静态全维度安全校核分析和充裕度评估，并根据安全校核和充裕度评估分析结果，对检修计划进行优化编制，合理、科学地安排周、日、临时检修计划，统筹设备检修管理，降低设备检修对电网安全、经济运行的不利影响，提高电网安全供电水平和资源优化配置能力。

（3）安全校核类应用。安全校核类应用包含静态安全校核、稳定计算校核及辅助决策等。

1）静态安全校核功能是在计划方式下，对指定时间段内电网运行在静态安全方面的综合分析，包括校核断面智能生成、基态潮流分析、静态安全分析、灵敏度分析、短路电流分析。

2）稳定计算校核功能涉及静态稳定、暂态稳定、动态稳定、电压稳定和频率稳定，一期工程实施了暂态稳定校核和动态稳定中的小扰动稳定性校核。针对安全校核类应用的智能断面生成功能形成的校核断面潮流，分析暂态稳定性、动态稳定性，分析确定校核断面潮流的稳定计算校核结论，为后续辅助决策提供稳定计算校核结果。

3）辅助决策应用功能基于静态安全校核功能和稳定校核功能，在满足静态安全、暂态稳定、动态稳定等安全稳定约束的条件下，计算调度计划和调度操作的校正措施，协助消除或缓解各类越限、失稳等情况，为电网调度计划和调度操作提供辅助决策支持。主要包括静态安全辅助决策、静态失稳辅助决策、暂态失稳辅助决策、动态失稳辅助决策、电压失稳辅助决策五方面的功能。

（4）调度管理类应用。调度管理类应用主要包括生产运行、专业管理、综合分析与评估、信息展示与发布、内部综合管理五个应用。调度管理类应用是实现电网调度规范化、流程化和一体化管理的技术保障。主要实现电网调度基础信息的统一维护和管理、主要生产业务的规范化和流程化管理、调度专业和并网电厂的综合管理、调度机构内部综合管理，以及电网安全、运行、计划、二次设备等信息的综合分析评估和多视角展示与发布，实现与 SG-ERP 信息系统的信息交换和共享。

1.2.2 电网运行优化及控制

本书在介绍电力系统安全稳定运行与优化理论、电网经济运行与优化理论的基础上，以电力生产运行时间为序，分别对面向多级调度的发电调度计划优化、电网运行方式在线分析与优化、电网在线安全稳定计算分析与优化控制、电网实时优化控制技术进行了介绍；最后还对燃煤火电机组环保设施优化改进及在线监测、基于北斗通信技术的电力信息传输系统进行了介绍。

1. 电力系统安全稳定运行与优化理论

电网安全稳定运行是电网运行的最基本要求，指的是电力系统在给定的初始运行方式下，受到物理扰动后，能恢复到初始运行状态或到达另一个运行状态的平衡点，且在平衡点系统大部分状态变量未越限，从而保证电网完整运行。

从物理特性来看，电力系统研究者们将电力系统的安全稳定划分为功角稳定、电压稳定和频率稳定。从扰动大小来看，电力系统安全稳定可分为大扰动稳定和小扰动稳定。从系统响应时域来划分，电力系统安全稳定可分为暂态稳定、动态稳定和中长期稳定。为了保证电网安全稳定

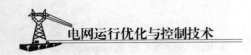

运行，电力研究人员和运行人员对功角稳定、电压稳定和频率稳定等各种稳定激励及仿真计算方法，从而为电网稳定运行提供了理论基础。

2. 电网经济运行与优化理论

电网经济运行理论从物理特性来分，可以分为有功功率优化和无功功率优化。

有功功率优化以传统的有功功率电源最优分布和有功功率负荷分布为基础，随着计算机技术的发展和计算方法的改进，人们提出了最优潮流的概念，通过优化全网有功功率分布，降低全网网损。

与有功功率优化类似，无功功率优化也是以无功功率电源最优分布和无功功率负荷分布为基础，人们提出了无功功率优化理论，其目标也是通过优化全网无功潮流，降低全网网损，或是控制电网电压在合理的范围之内。

从应用程度来说，目前无功优化理论及技术开发更好一些，这是因为无功的调节变量无功电源和无功负荷比较容易控制，不受其他的因素影响；从优化难度来说，无功优化既有离散变量，也有连续变量，相对来说，难度也较大。

3. 面向多级调度的发电调度计划优化

电源种类多样化和大规模互联电网的复杂性使得发电调度必须满足电网安全运行的要求，发电计划必须与网络的传输能力相协调才能使计划的安排得以实施，发电计划所实现的资源广域优化配置也必须以网络安全为前提。提升电网对安全风险的预防预控能力，一是要求在时间上实现安全防线的有效前移，摒弃单纯依靠短期安全约束经济调度，而是将网络约束在一个更长的时间范围内进行统筹考虑，通过月度、周安全约束机组组合，进一步寻求机组最优投入与安全经济运行的组合优化，从更高层次上找到最优的运行计划，提高电网抵御安全风险的水平；二是提升计划潮流计算精度，为精确化的调度计划和安全校核提供保障。这就需要研究考虑数值气象信息的负荷分析及预测技术、大电网多周期安全约束机组组合关键技术以及省地协同的精细化调度计划技术。

通过建立基于数值天气预报的负荷预测框架，基于海量数据处理技术量化分析气象因素对负荷预测的影响模式提高负荷预测精度。在此基础上通过时空优化合理安排机组开机方式和发电计划。时域方面是研究月度、周、日前安全约束机组组合优化模型和算法，开发月度、周、日前安全约束机组组合软件；空间优化是研究省地协同的精细化调度计划技术，提出省地协同优化方法。

4. 电网运行方式在线分析与优化技术

在电网调度生产工作流程中，电网运行方式安排的合理与否是保证电网安全稳定运行的前提和基础。电网运行方式安排是在负荷预测的基础上，合理安排电网输变电设备检修计划和发电计划，满足电网安全稳定运行。而在电网运行方式安排时，电网运行方式人员考虑的都是 $n-1$ 故障下的安全稳定性，通过离线的典型潮流方式，利用 BPA 程序或电力系统综合稳定计算程序软件包进行电网稳定计算，实现未来电网运行方式的安排，确保电网的安全稳定运行。

在电网未来运行方式安排中，若采用这种离线的计算方式进行需要耗费电力系统调度运行部门的相关技术人员大量的工作时间，不仅繁琐而且离线仿真获得的结果并不能准确反映电网运行的实际特性，所获得的结果通常都趋于保守。而利用 SCADA/EMS 系统实现对电网运行方式的在线分析，可以大幅度降低电网运行管理人员的工作量，并显著提高工作效率；同时可以提高电网稳定计算仿真精度，提高电网安全稳定性。

5. 电网在线安全稳定计算分析与优化控制

基于电网实时运行状况，通过 SCADA、PMU 等设备传输过来的系统实时运行数据，实现电网实时动态监测与稳定计算仿真与控制，可以显著提高电网安全稳定性。这些在线计算分析包括在线状态估计、在线静态安全分析、在线静态电压稳定计算分析、在线热稳定计算分析、在线暂态功角稳定计算分析、在线暂态电压稳定计算分析、在线频率稳定计算分析、在线低频振荡计算分析、在线热稳定预防控制辅助决策、在线静态电压稳定预防控制辅助决策、在线暂态功角稳定预防控制辅助决策、在线暂态电压稳定预防控制辅助决策、在线频率稳定预防控制辅助决策、在线低频振荡预防控制辅助决策、在线暂态功角稳定紧急控制辅助决策、在线暂态电压稳定紧急控制辅助决策以及在线低频振荡紧急控制辅助决策等。

在线计算通常指的任一设备的 $n-1$ 故障，包括：

（1）任何线路单相瞬时接地故障重合成功。

（2）同级电压的双回线或环网，任一回线单相永久故障重合不成功及无故障三相断开不重合。

（3）同级电压的双回线或环网，任一回线三相永久故障断开不重合。

（4）任一发电机跳闸或失磁。

（5）受端系统任一台变压器故障退出运行。

（6）任一大负荷突然变化。

（7）任一交流联络线路故障或无故障断开不重合。

（8）直流输电线路单极故障。

《电力系统安全稳定导则》规定电网第一级安全稳定标准必须满足对用户的正常供电，电网第一级安全稳定标准指的是电网扰动在上述元件受到扰动后，保护、开关及重合闸正确动作，不采取稳定控制措施，必须保持电力系统稳定运行和电网正常供电，其他元件不超过规定的事故过负荷能力，不发生连锁跳闸。

6. 电网实时优化控制技术

电网实时优化控制技术指的是电网实时自动控制技术。电网实时自动控制技术是现代大电网运行最重要的技术之一，通过调整电网中的可调控设备，实现电网的安全、经济、优质运行。电网实时控制技术一般包括自动发电控制（AGC）和自动电压控制（AVC）。自动发电控制（AGC）是对发电有功功率、电网线路有功潮流的监视、调度和控制，保证电网频率、网间联络线功率、断面有功潮流在规定的范围内，同时实现发电机组和电网的经济运行。自动电压控制（AVC）是对电网母线电压、发电机无功、变压器分接头、无功补偿设备和电网无功潮流的自动监视和控制，保证电网各级母线合格，电网无功分层分区平衡。传统 AGC、AVC 是个解耦的控制系统，考虑电网在线安全分析结果及大规模可再生能源接入影响，逐步实现大电网频率控制和无功电压协调控制是坚强智能电网的必备条件。

7. 燃煤火电机组环保设施优化改进及在线监测

近年来，我国经济快速增长，同时也付出了巨大的资源和环境代价，为此，国家环保部、国家质量监督检验检疫总局联合下发了《火电厂大气污染物排放标准》（GB 13223—2011），对不同地区、不同燃煤机组的二氧化硫（SO_2）、氮氧化物（NO_x）以及烟尘进行了严格的规定。2014年国家发改委、环境保护部联合下发了《燃煤发电机组环保电价及环保设施运行监管办法》（发改价格 2014〔536〕号），对燃煤发电机组（含循环流化床燃煤发电机组，不含以生物质、垃圾、煤气等燃料为主掺烧部分煤炭的发电机组）脱硝电价以及脱硝设施管理给出了明确的要求。

通过对燃煤火电机组脱硫设施、脱硝设施、除尘设施及 CEMS 采样等进行环保设施优化改进，并进行实时监测以及环保电价免罚时段的计算设计等，建成燃煤火电机组环保在线监测系统，实现了对燃煤发电企业二氧化硫（SO_2）、氮氧化物（NO_x）以及烟尘排放等烟气污染物的实时监测，实现对环保电价的考核管理，从而最终为节能环保调度开展提供基础数据支持，对改善大气质量、保护脆弱的生态环境发挥着积极的作用。

8. 基于北斗通信技术的电力信息传输系统

21 世纪以来，以清洁替代和电能替代为主要内容的"两个替代"成为全球能源发展的主要趋势，分布式电源发展迅速，国内小水电、自备电厂、分布式光伏电站等非统调电厂的数量和装机容量与日俱增。目前全国非统调电厂的总装机容量已超过全社会总装机容量的 10%，虽然非统调电厂一般单机容量较小，但总装机容量已达到一定规模，不容忽视。

电力调度数据网络或专线通道通常无法覆盖非统调电厂，同时又由于部分非统调电厂缺乏自动化设备和通信设备，不能满足数据实时采集需要，使得目前非统调电厂的数据不能实时采集。这一方面不利于电力调度控制中心对此类发电企业实现实时调度管理，同时也不利于能源的优化配置和分布式电源的快速发展，为此国家能源局从 2012 年提出要进一步加强全口径发电统计与采集工作，要求集中解决小电源、自备电厂、分布式光伏电站等非统调电厂运行数据缺失问题。非统调电厂信息采集传输通道应满足安全性高、覆盖面广、经济性好、信息量全等要求，北斗卫星通信系统具有信号覆盖率高、具备数据直采功能，故通过建立基于北斗卫星通信技术的电力信息数据传输平台，并与智能电网调度控制系统有机融合，可实现调控中心对非统调电厂运行工况的实时监控和全网分压网损的统计分析。此外北斗卫星与运营商公网接入方式相比，其数据传输过程采用军用加密技术，被非法入侵的可能性小，安全性高。

2 电网稳定运行理论及计算方法

2.1 概　　述

电力系统稳定可分为三类，即功角稳定、电压稳定和频率稳定。根据扰动的大小和系统本身的响应可分为静态稳定、暂态稳定和动态稳定。动态稳定包括低频振荡、次同步振荡及轴系纽振和考虑负荷特性及有载调压变压器分接头动作的电压动态问题。根据持续时间的长短又可分为短期稳定（几秒以内）、中期稳定（几十秒到几分钟）和长期稳定（数分钟之后）。

功角稳定指的是同步发电机维持同步运行的能力，以达到同步发电机转矩平衡，其物理意义是反映汽轮机的机械力矩和发电机电磁力矩之间的力矩平衡问题。电压稳定指的是电力系统维持负荷电压于某一规定的运行范围之内，系统维持允许的稳态电压的能力，故电压稳定也称为"负荷稳定"，其物理意义是反映电力系统无功功率的平衡问题。频率稳定指的是系统突然出现大的有功不平衡后，能否通过调节热备用出力或自动切除部分负荷来维持全系统或解列后的子系统的频率不降到危险值以下，在同一频率下稳定运行，其物理意义是反映系统有功功率的平衡问题。

静态稳定指的是在电力系统受到小干扰后，不发生自发振荡和非周期性失步，自动恢复到起始状态的能力。暂态稳定指的是电力系统受到大干扰后，系统能否维持在原运行点或过渡到一个新的状态的能力，通常指的是第一或第二周期不失步。动态稳定指的是电力系统受到小的或大的扰动后，在自动调节和控制装置的作用下，保持长过程的运行稳定性能力。

电力系统运行时必须满足静态稳定、暂态稳定和动态稳定的同时，还要满足电力设备元件的热稳定。对电力系统运行的状况进行实时监测与分析不仅可以提高电力系统运行可靠性，还可以为电网调度运行人员提供实时信息，为电网调度运行人员正确处理电网事故提供有益的指导，而电网动态安全监测预警与辅助决策系统的建设满足了电网调度运行人员的需要。

无论是电力系统功角稳定、电压稳定、频率稳定，还是热稳定的计算，其都是建立在潮流计算分析基础上的。本章首先从介绍电力系统潮流计算分析开始，接着介绍目前电力调度运行常规的稳定计算，包括静态稳定、暂态稳定和动态稳定分析方法，最后介绍短路电流计算方法，这些方法都是电网调度运行部门从事电网运行分析的理论基础，也是在线运行分析及各种运行控制的理论基础。

2.2 电力系统潮流计算方法

2.2.1 常规潮流计算法

常规潮流问题要解的是代数矩阵方程

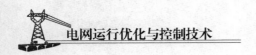

$$I = YU = \frac{S^*}{U^*} \qquad (2-1)$$

式中：Y 是网络节点导纳矩阵；U 是未知的节点电压向量；I 是节点电流注入向量；$S=(P+jQ)$ 是视在功率，表示负荷或发电机节点的注入功率向量。

式（2-1）还包括一些区域间功率交换控制、自动发电控制、发电机无功限制、节点电压控制、变压器分接头控制、高压直流线、静止无功补偿等附加控制方程（约束方程）。牛顿—拉夫逊方法、P-Q 分解法、带有最优乘子的牛顿-拉夫逊法和带有最优乘子的快速解耦法是潮流问题的主要解法。

假定三相系统平稳运行，可以用"每相"或正序表示。节点导纳矩阵用来模拟电力网络，其对角元素 Y_{kk} 表示与节点相连的所有导纳（包括接地导纳）之和。负荷等值阻抗也包括在 Y_{kk} 中。非对角元素 Y_{km} 是节点 k 与 m 之间的导纳之和，取负值。需要注意的是，只有节点 k 与 m 之间为直接连接时，非对角元素 Y_{km} 才是非零的。在大的电力系统中，变电站母线（节点）通过传输线或变压器只和少许其他节点相连，因此，节点导纳矩阵是非常稀疏的，非对角元素大部分为零。潮流计算中基本的节点类型有三类，即 PQ、PV 和 Vθ 节点。

PQ 节点是负荷节点，该节点的有功功率和无功功率是给定的。

PV 节点是发电机节点或具有无功电压源的节点，该节点的有功功率和电压幅值是给定的。实际上，通过发电机的控制作用，有功功率和机端电压大小都可以保持为常数。受发电机无功限制的 PV 节点，在无功到达极限时 PV 节点转化为 PQ 节点。

Vθ 节点是系统平衡节点或松弛节点，是系统选定的参考节点，其电压角度为零，电压幅值不变，电压角度和幅值都是已知的。Vθ 节点是"无穷大节点"具有恒定的电压幅值和无限制的有功和无功容量，通常选择大容量的发电厂作为 Vθ 节点。

PQ 节点电压幅值和角度为未知，因此需要 2 个方程；PV 节点电压角度为未知，需要 1 个方程；Vθ 节点不需要方程。对于 m 个 PQ 节点，n 个 PV 节点，1 个 Vθ 节点的系统，需求 $2m+n$ 个未知量，需要 $2m+n$ 个方程。

2.2.2 牛顿—拉夫逊方法

牛顿—拉夫逊法是求解潮流问题最通用和可靠的算法。牛顿—拉夫逊法的主要特点是把非线性方程式的求解过程反复地对相应的线性方程进行求解。

对于非线性方程组

$$f(x) = 0 \qquad (2-2)$$

即

$$f_i(x_1, x_2, \cdots, x_n) = 0 \qquad (2-3)$$

在待求量 x 的某一个初始估计值 $x^{(0)}$ 附近，将式（2-3）展开成泰勒级数并略去二阶及以上的高阶项，可得到线性化方程组

$$f(x^{(0)}) + f'(x^{(0)})\Delta x^{(0)} = 0 \qquad (2-4)$$

这样，可以得到第一次迭代的修正量

$$\Delta \dot{x}^{(0)} = -[f'(x^{(0)})]^{-1} f(x^{(0)}) \qquad (2-5)$$

将 $\Delta x^{(0)}$ 和 $x^{(0)}$ 相加，可以得到经过第一次修正后的改进值 $x^{(1)}$。接着同样从 $x^{(1)}$ 出发，重复上述计算工作。这样，牛顿法的迭代公式可以写为

$$f'(x^{(k)})\Delta x^{(k)} = -f(x^{(k)}) \qquad (2-6)$$

$$x^{(k+1)} = x^{(k)} + \Delta x^{(k)} \qquad (2-7)$$

式中：$f'(x)$ 是函数 $f(x)$ 对于变量 x 的一阶偏导数矩阵，即潮流雅克比矩阵 J；k 为迭代

12

次数。

在将牛顿法用于求解电力系统潮流计算时，通常有极坐标和直角坐标两种形式。

（1）极坐标形式。电力系统中网络的节点电压和节点电流之间的关系表示式（2-1）可用节点电压和节点功率表达为

$$\frac{P_i - jQ_i}{\dot{U}_i^*} = \sum_{j=1}^{n} Y_{ij}\dot{U}_j \qquad (2-8)$$

式（2-8）为潮流方程的基本方程式，是一个以节点电压 $\dot{U}$ 为变量的非线性代数方程组。潮流方程组之所以是非线性方程组正是由于采用节点注入功率作为节点注入量。

潮流方程的极坐标形式有

$$\begin{cases} P_i = U_i \sum_{j \in i} U_j (G_{ij}\cos\theta + B_{ij}\sin\theta_{ij}) \\ Q_i = U_i \sum_{j \in i} U_j (G_{ij}\sin\theta - B_{ij}\cos\theta_{ij}) \end{cases} \qquad (2-9)$$

写成迭代形式，可以表示为

$$\begin{cases} \Delta P_i = P_i^s - U_i \sum_{j \in i} U_j (G_{ij}\cos\theta + B_{ij}\sin\theta_{ij}) \\ \Delta Q_i = Q_i^s - U_i \sum_{j \in i} U_j (G_{ij}\sin\theta - B_{ij}\cos\theta_{ij}) \end{cases} \qquad (2-10)$$

式中：P_i^s、Q_i^s 为节点给定的有功功率和无功功率；ΔP_i、ΔQ_i 分别为节点有功功率和无功功率的不平衡量；θ_{ij} 为 i，j 节点电压的相角差；G_{ij} 和 B_{ij} 为 i，j 为支路电导和电纳；U_i 和 U_j 为节点电压。

上述方程在某个近似解附近用泰勒级数展开，并略去二阶及以上的高阶项，可写成用矩阵形式的修正方程式

$$\begin{bmatrix} \Delta P \\ \Delta Q \end{bmatrix} = -\begin{bmatrix} H & N \\ M & L \end{bmatrix} \begin{bmatrix} \Delta\theta \\ \Delta U/U \end{bmatrix} \qquad (2-11)$$

式中：$\Delta\theta$ 为相角差；ΔU 为节点电压偏差；n 为节点总数；m 为 PV 节点总数。

（2）直角坐标形式。潮流方程的直角坐标形式有

$$\begin{cases} P_i = e_i \sum_{j \in i} (G_{ij}e_j - B_{ij}f_j) + f_i \sum_{j \in i} (G_{ij}f_j + B_{ij}e_j) \\ Q_i = f_i \sum_{j \in i} (G_{ij}e_j - B_{ij}f_j) - e_i \sum_{j \in i} (G_{ij}f_i + B_{ij}e_j) \end{cases} \qquad (2-12)$$

其中，$U_i^2 = e_i^2 + f_i^2$。

写成迭代形式，可以表示为

$$\begin{cases} \Delta P_i = P_i^s - \sum_{j \in i} [e_i(G_{ij}e_j - B_{ij}f_j) + f_i(G_{ij}f_j + B_{ij}e_j)] \\ \Delta Q_i = Q_i^s - \sum_{j \in i} [f_i(G_{ij}e_j - B_{ij}f_j) - e_i(G_{ij}f_j + B_{ij}e_j)] \end{cases} \qquad (2-13)$$

采用直角坐标形式形成的修正方程式为

$$\begin{bmatrix} \Delta P \\ \Delta Q \\ \Delta U^2 \end{bmatrix} = -\begin{bmatrix} H & N \\ M & L \\ R & S \end{bmatrix} \begin{bmatrix} \Delta e \\ \Delta f \end{bmatrix} \qquad (2-14)$$

牛顿—拉夫逊法的突出优点是收敛速度快，且迭代次数与所计算网络的规模无关，但牛顿法的收敛可靠性取决于有一个良好的启动值。

2.2.3　P-Q 分解法

P-Q 快速分解法派生于极坐标的牛顿—拉夫逊法，它是在考虑了电力系统一些特性的基础上对潮流方程和迭代方程进行简化所得的方法。

由于电力网络中各元件的电抗一般远远大于电阻，以致各节点电压相位角的改变主要影响各元件的有功功率；各节点电压大小的改变主要影响各元件的无功功率，因此式（2-11）可简化成

$$\begin{bmatrix} \Delta P \\ \Delta Q \end{bmatrix} = - \begin{bmatrix} H & 0 \\ 0 & L \end{bmatrix} \begin{bmatrix} \Delta \theta \\ \Delta U / U \end{bmatrix} \tag{2-15}$$

由于线路两端的相角差不大，而且 $|G_{ij}| \ll |B_{ij}|$，即认为 $\cos\theta_{ij} = 1$，$G_{ij}\sin\theta_{ij} \ll B_{ij}$，式（2-15）表示的 H 及 L 各元素的表达式为

$$H_{ij} = U_i U_j B_{ij} \tag{2-16}$$

$$L_{ij} = U_i U_j B_{ij} \tag{2-17}$$

与节点无功功率相对应的导纳元素 Q_i / U_i^2 通常远小于节点的自导纳 B_{ii}，于是式（2-16）~式（2-17）的 H 及 L 各元素的表达式为

$$H_{ii} = U_i^2 B_{ii} \tag{2-18}$$

$$L_{ii} = U_i^2 B_{ii} \tag{2-19}$$

这样，雅可比矩阵中两个子阵 H、L 的元素将具有相同的表达式，但它们的阶数不同，前者为 $(n-1)$ 阶，后者为 $(m-1)$ 阶。

这样，式（2-15）可以简化为

$$\Delta P / U = B'(U\Delta\delta) \tag{2-20}$$

$$\Delta Q / U = -B''\Delta U \tag{2-21}$$

式（2-20）和式（2-21）即为 P-Q 分解法的修正方程式。其利用了电力网路网络的特点，即有功功率与功角相关，无功功率与电压相关等特性，对潮流雅克比矩阵进行了简化，提高了计算速度。其较牛顿—拉夫逊方法计算程序的设计简单。

2.2.4　带有最优乘子的牛顿—拉夫逊法

最优乘子潮流算法是为了求解病态电力系统的潮流问题而提出来的，其算法如下。将潮流计算问题的非线性代数方程组式（2-2）构造标量函数

$$F(\boldsymbol{x}) = [\boldsymbol{f}(\boldsymbol{x})]^T \boldsymbol{f}(\boldsymbol{x}) = \sum_{i=1}^{n} f_i(\boldsymbol{x})^2 \tag{2-22}$$

若以式（2-2）表示的非线性代数方程组的解存在，则以平方和形式出现的以式（2-22）表示的标量函数 $F(\boldsymbol{x})$ 的最小值应该为零。从而将潮流计算问题归为如下的非线性规划问题

$$\min F(\boldsymbol{x}) = 0 \tag{2-23}$$

采用直角坐标的潮流方程的泰勒展开式可以精确的表示为

$$\boldsymbol{f}(\boldsymbol{x}) = \boldsymbol{y} - \boldsymbol{y}(\boldsymbol{x}) = \boldsymbol{y}^s - \boldsymbol{y}(\boldsymbol{x}^{(0)}) - \boldsymbol{J}(\boldsymbol{x}^{(0)})\Delta\boldsymbol{x} - \boldsymbol{y}(\Delta\boldsymbol{x}) = 0 \tag{2-24}$$

引入一个标量乘子 μ 以调节变量 $\boldsymbol{x}$ 的修正步长，于是式（2-24）可写为

$$\boldsymbol{f}(\boldsymbol{x}) = \boldsymbol{y}^s - \boldsymbol{y}(\boldsymbol{x}^{(0)}) - \boldsymbol{J}(\boldsymbol{x}^{(0)})(\mu\Delta\boldsymbol{x}) - \boldsymbol{y}(\mu\Delta\boldsymbol{x})$$
$$= \boldsymbol{y}^s - \boldsymbol{y}(\boldsymbol{x}^{(0)}) - \mu\boldsymbol{J}(\boldsymbol{x}^{(0)})\Delta\boldsymbol{x} - \mu^2\boldsymbol{y}(\Delta\boldsymbol{x}) = 0 \tag{2-25}$$

其中，$\boldsymbol{f}(\boldsymbol{x}) = [f_1(\boldsymbol{x}), f_2(\boldsymbol{x}), \cdots, f_n(\boldsymbol{x})]^T$。

为使表达式简明起见，分别定义如下三个向量

$$\boldsymbol{a} = [a_1, a_2, \cdots, a_n]^T = \boldsymbol{y}^s - \boldsymbol{y}(\boldsymbol{x}^{(0)}) \tag{2-26}$$

$$\boldsymbol{b} = [b_1, b_2, \cdots, b_n]^T = -\boldsymbol{J}(\boldsymbol{x}^{(0)})\Delta\boldsymbol{x} \tag{2-27}$$

$$\boldsymbol{c} = [c_1, c_2, \cdots, c_n]^T = -\boldsymbol{y}(\Delta\boldsymbol{x}) \tag{2-28}$$

于是式（2-25）可简写成

$$\boldsymbol{f}(\boldsymbol{x}) = \boldsymbol{a} + \mu\boldsymbol{b} + \mu^2\boldsymbol{c} = 0 \tag{2-29}$$

原来的目标函数可写为

$$F(\boldsymbol{x}) = \sum_{i=1}^{n}(a_i + \mu b_i + \mu^2 c_i)^2 = \Psi(\mu) \tag{2-30}$$

将 $F(\boldsymbol{x})$ 也即 $\Psi(\mu)$ 对 μ 求导，并令其等于零。

$$\partial F/\partial\mu = 0 \tag{2-31}$$

展开后，可得

$$g_0 + g_1\mu + g_2\mu^2 + g_3\mu^3 = 0 \tag{2-32}$$

其中

$$g_0 = \sum_{i=1}^{n}(a_i b_i) \tag{2-33}$$

$$g_1 = \sum_{i=1}^{n}(b_i^2 + 2a_i c_i) \tag{2-34}$$

$$g_2 = 3\sum_{i=1}^{n}(b_i c_i) \tag{2-35}$$

$$g_3 = 2\sum_{i=1}^{n}c_i^2 \tag{2-36}$$

最优乘子法的迭代公式为

$$\Delta\boldsymbol{x}^{(k)} = -\boldsymbol{J}(\boldsymbol{x}^{(k)})^{-1}\boldsymbol{f}(\boldsymbol{x}^{(k)}) \tag{2-37}$$

$$\boldsymbol{x}^{(k+1)} = \boldsymbol{x}^{(k)} + \mu^{(k)}\Delta\boldsymbol{x}^{(k)} \tag{2-38}$$

式中：$\Delta\boldsymbol{x}^{(k)}$ 为常规牛顿潮流算法每次迭代所求出的修正量向量；$\mu^{(k)}$ 为最优乘子，可从式（2-23）求取。

最优乘子法原理图如图 2-1 所示。

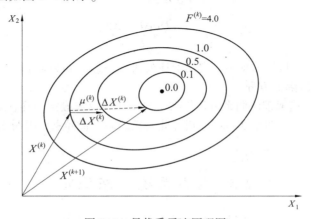

图 2-1 最优乘子法原理图

当使用以上算法计算潮流时，最优乘子 μ 通常有两种表现形式：①从一定的初值出发，原来的潮流问题有解。此时，目标函数 $F(\boldsymbol{x})$ 将下降为零，$\mu^{(k)}$ 在经过几次迭代以后，稳定在 1.0 附近；②从一定的初值出发，原来的潮流问题无解。此时，目标函数开始时也能逐渐减小，但迭代到一定的次数以后即停滞在某一个不为零的正值上，不能继续下降。$\mu^{(k)}$ 逐渐减小，最后趋近于零。$\mu^{(k)}$ 趋近于零是所给的潮流问题无解的一个标志，这说明了 Jacobian 矩阵此时正趋向于奇异点。也就是说，该点正处于电压崩溃点附近，但使用这种方法判断是否临界点并不充分。为了获得更加精确的临界点，将以最优乘子法作为基本工具，同时结合了连续潮流法的预测—校正思想来求取电力系统 PV 曲线。

2.2.5 带有最优乘子的快速解耦法

带有最优乘子的快速解耦法的推导过程类似带有最优乘子的牛顿—拉夫逊法，仅仅是迭代采取的形式不一样。

同样对节点极坐标功率误差方程式（2-15）进行泰勒级数展开，舍去二次项中有 $\Delta\theta_{ij}^2$ 的项，并在余下项中近似地取 $\Delta\theta_{ij}=\theta_{ij}$，这样可得

$$\begin{bmatrix} \dfrac{P_s-P(U,\theta)}{U} \\ \dfrac{Q_s-Q(U,\theta)}{U} \end{bmatrix} - \begin{bmatrix} B' & \\ & B'' \end{bmatrix}\begin{bmatrix} \Delta\theta U_0 \\ \Delta U \end{bmatrix} - \begin{bmatrix} \dfrac{P(\Delta U,\Delta\theta)}{U} \\ \dfrac{Q(\Delta U,\Delta\theta)}{U} \end{bmatrix}=0 \qquad (2\text{-}39)$$

根据式（2-39），对于 $P\text{-}\theta$ 迭代有

$$\begin{cases} a'=\dfrac{P_s-P(U,\theta)}{U} \\ b'=-B'\Delta\theta U_0 \\ c'=\dfrac{-P(\Delta U,\Delta\theta)}{U} \end{cases} \qquad (2\text{-}40)$$

类似地对 $Q\text{-}V$ 迭代有

$$\begin{cases} a''=\dfrac{Q_s-Q(U,\theta)}{U} \\ b''=-B''\Delta U \\ c''=\dfrac{-Q(\Delta U,\Delta\theta)}{U} \end{cases} \qquad (2\text{-}41)$$

由于 a、b、c 三个向量均已求出，套用前述公式（2-32）可以求得 μ，同样可按式（2-37）和式（2-38）迭代求解潮流方程。

带有最优乘子的快速解耦法同带有最优乘子的牛顿—拉夫逊法一样，$\mu^{(k)}$ 趋近于零是所给的潮流问题无解的一个标志，说明 Jacobian 矩阵此时正趋向于奇异点，表明该点正处于电压崩溃点附近。

2.3　电力系统静态稳定

电网运行的静态稳定主要包括静态功角稳定和静态电压稳定。

2.3.1 静态功角稳定

电力系统静态功角稳定指的是电力系统受到小扰动后，不发生自发振荡或非周期性失步，自动恢复到初始运行状态的能力。

系统静态功角稳定的原理可用 IEEE3 节点系统（单机无穷大系统）进行分析，如图 2-2 所示。简单系统由一台发电机经变压器和两条线路与无穷大系统并联运行。假设同步发电机为隐极机，运行在某种稳定的运行状态下，其相量图和功率特性图如图 2-3 所示。

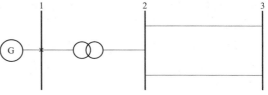

图 2-2　简单电力系统

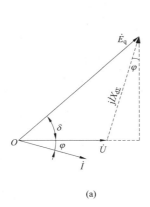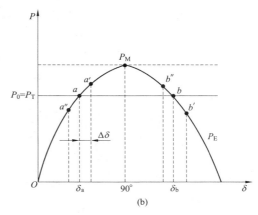

图 2-3　简单系统的功率特性

（a）相量图；（b）功率特性图

发电机的输出电磁功率为

$$P = UI\cos\varphi = \frac{E_q U}{X_{d\Sigma}}\sin\delta \tag{2-42}$$

其中，

$$X_{d\Sigma} = X_d + X_T + X_L \tag{2-43}$$

式中：P 和 Q 分别表示发电机的有功功率和无功功率；E_q、U 和 I 分别表示发电机的内电势、机端电压和机端电流；δ 表示发电机的功角；X_d 表示发电机的同步电抗；X_T 表示变压器的电抗；X_L 表示输电线路的电抗。

系统的静态稳定的判据可表示为

$$\frac{dP_E}{d\delta} > 0 \tag{2-44}$$

导数 $dP_E/d\delta$ 称为整步功率系数，其大小表明发电机维持同步运行的能力。

当 δ 小于 90^0 时，$dP_E/d\delta$ 为正值，发电机的运行是稳定的；随着 δ 的增大，$dP_E/d\delta$ 将减小，系统的静态功角稳定的程度降低。当 δ 等于 90^0 时，此时系统处于临界稳定，称为静态稳定极限。

为了提高电力系统运行的稳定性，通常电力系统不应经常在接近稳定极限的情况下运行，而应保持一定的储备，其储备系数为

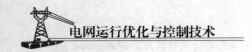

$$K_p = \frac{P_M - P_o}{P_M} \times 100\% \qquad (2-45)$$

式中：P_M为最大功率；P_o为某一运行情况下的输送功率。

我国现行的《电力系统安全稳定导则》规定，系统在正常运行方式下K_p应不小于15%~20%；在事故后的运行方式下K_p应不小于10%。

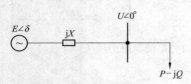

图2-4　单负荷无穷大的供电系统的供电接线图

2.3.2　静态电压稳定

1. 静态电压稳定

静态电压稳定是电力系统运行必须满足的条件，静态电压稳定可用单负荷无穷大的供电系统来描述。图2-4给出一单负荷无穷大的供电系统的供电接线图。其系统受端电压功率特性可由系统电源电动势E经输电阻抗jX向一受端负荷供电时的系统运行电压特性来表示。

根据功率输送方程，可得出

$$\frac{PX}{E^2} = \frac{U}{E}\sin\delta \qquad (2-46)$$

$$\frac{QX}{E^2} = \frac{U}{E}\cos\delta - \left(\frac{U}{E}\right)^2 \qquad (2-47)$$

这样可得到

$$\left(\frac{PX}{E^2}\right)^2 + \left[\frac{QX}{E^2} + \left(\frac{U}{E}\right)^2\right]^2 = \left(\frac{U}{E}\right)^2 \qquad (2-48)$$

根据式（2-48）求解电压与受端负荷功率的关系为

$$\left(\frac{U}{E}\right)^2 = \frac{1}{2}\left[1 - 2\frac{QX}{E^2} \pm \sqrt{1 - 4\frac{QX}{E^2} - 4\left(\frac{PX}{E^2}\right)^2}\right] \qquad (2-49)$$

上述式中，各量均以某一电压（kV）和某一容量（MVA）为基准的标幺值。

当取$\frac{PX}{E^2}$为定值时，可以得到一系列的$\frac{U}{E} = f\left(\frac{PX}{E^2}\right)$曲线，如图2-5所示。

由图2-5可见，当$\frac{PX}{E^2}$为定值时的$\frac{U}{E} = f\left(\frac{PX}{E^2}\right)$曲线上，同一$\frac{QX}{E^2}$值可以有两个满足要求的$\frac{U}{E}$值，在曲线右侧交点才是系统稳定运行点，而左侧交点不是系统稳定运行点。曲线顶点为临界电压点。

2. 静态电压稳定计算方法

静态电压稳定分析方法包括PU曲线法、QU

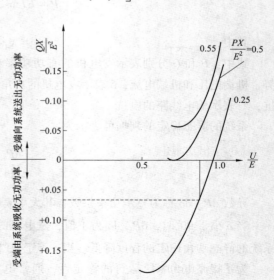

图2-5　系统受端电压—无功功率特性

曲线法、潮流多解法、连续潮流法、潮流雅可比矩阵法和灵敏度分析法等。可以采用上述任一种方法实现静态电压稳定的监测。下面介绍采用 Q-V 模态（特征值）分析方法。该方法可以通过计算降阶雅可比矩阵的特征值和特征向量，可以确定电网关键负荷母线、关键线路和关键机组，以及电网的相对薄弱区域，并且可以根据特征值的幅值大小反映系统静态电压稳定性。

Q-V 模态分析原理如下：

线性化的静态系统功率—电压方程可以表示为

$$\begin{bmatrix} \Delta P \\ \Delta Q \end{bmatrix} = \begin{bmatrix} J_{P\theta} & J_{PV} \\ J_{Q\theta} & J_{QV} \end{bmatrix} \begin{bmatrix} \Delta\theta \\ \Delta U \end{bmatrix} = J \begin{bmatrix} \Delta\theta \\ \Delta U \end{bmatrix} \tag{2-50}$$

式中：ΔP 为节点有功微增量变化；ΔQ 为节点无功微增量变化；$\Delta\theta$ 为节点电压角度微增量变化；ΔU 为节点电压幅值微增量变化；$J_{P\theta}$、J_{PV}、$J_{Q\theta}$ 和 J_{QV} 为潮流方程偏微分形成的雅可比矩阵的子阵。

令 $\Delta P = 0$，则

$$\Delta Q = \left[J_{QV} - J_{Q\theta} J_{P\theta}^{-1} J_{PV} \right] \Delta U = J_R \Delta U \tag{2-51}$$

或

$$\Delta U = J_R^{-1} \Delta Q \tag{2-52}$$

式中：J_R 为系统简化的雅可比矩阵。J_R 的奇异对应的是系统电压静态不稳定。

J_R 每一个特征值的大小决定了相应模态电压的脆弱程度，提供接近电压不稳定的相对量度。特征值越小，相应的模态电压越脆弱。如果 $\lambda_i = 0$，则第 i 个模态电压将崩溃，因为模态无功功率的任何变化都将引起模态电压的无限变化。

如果雅可比矩阵 J_R 的所有特征值都是正的，则系统可以认为是电压稳定的。如果有一个特征值为负，则可认为系统是电压不稳定的。J_R 的零特征值意味着系统处于不稳定的边界。而且 J_R 的较小特征值决定了系统临近电压不稳定的程度。由于特征值的幅值可以提供发生不稳定可能性的相对量度，因此可以采用特征值的幅值来判断系统电压稳定程度。

2.4　电力系统暂态稳定

2.4.1　暂态功角稳定

在电网正常运行时，电力系统中各发电机组输出的电磁转矩和原动机输入的机械转矩平衡，因此系统中所有发电机的转子速度保持同步且恒定。但当电力系统遭受大扰动后，如各种短路故障，大容量发电机组、大的负荷、重要的输电设备的投入或切除等，系统除了经历电磁暂态过程以外，还要经历机电暂态过程。由于系统的结构或参数发生了较大变化，使得系统的潮流及各发电机的输出功率也随之发生变化，从而破坏了原动机和发电机之间的功率平衡，在发电机转子轴上将产生不平衡转矩，导致发电机转子加速或减速。通常由于扰动地点的不同，对系统内的各发电机的电磁功率或机械功率影响也不同，因此各发电机的功率不平衡状况并不相同，同时发电机的转动惯量也不相同，使得各发电机的功率不平衡状况也不相同。这样，发电机转子之间将产生相对运动，使得转子之间的相对角度发生变化，而转子之间相对角度的变化又影响各发电机的输出功率，从而使各个发电机的功率、转速和转子之间的相对角度发生变化。与此同时，由于发电机机端电压和定子电流的变化，将引起励磁调节系统的调节过程；由于机组转速的变化，将引起系统调速系统的调节过程；由于电力网络中母线电压的变化，将引起负荷功率的变

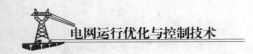

化；网络潮流的变化将引起其他一些控制装置（如 SVC、AGC、TCSC 等）的调节过程等。所有这些变化都将直接或间接地影响发电机转轴上的功率平衡。

以上各种变化过程相互影响，形成了一个发电机转子机械运动和电磁功率变化为主体的机电暂态过程。

电力系统遭受大扰动后所发生的机电暂态过程可能有两种不同的结局。一种是发电机转子之间的相对角度随时间的变化呈摇摆或振荡状态，且振荡幅值逐渐衰减，各发电机之间的相对运动将逐渐减小，从而使系统过渡到一个新的稳态运行状况，各发电机仍然保持同步运行，通常认为此时电力系统是暂态稳定的。另外一种结局是在暂态过程中某些发电机组转子之间始终存在着相对运动，使得转子间的相对角度随时间不断增大，最终导致这些发电机失去同步，这时称电力系统是暂态不稳定的。当一台发电机相对于电力系统中其他发电机失去同步时，其转子将以高于或低于需要产生系统频率下电势的速度运行，旋转的定子磁场与转子磁场之间的滑动将导致发电机输出功率、电流和电压发生大幅度摇摆，使得一些发电机组或负荷被迫切除，严重情况下可能导致系统解列或瓦解。

电力系统正常运行的必要条件是要求所有发电机组保持同步。因此，电力系统大扰动下的暂态功角稳定问题是系统在某一正常运行状态下受到大扰动后，各发电机保持同步运行并过渡到新的或恢复到原来稳态运行方式的能力。

通常电力系统暂态稳定分析指的是仅涉及系统在短期内（10s 之内）的动态行为，之后的行为我们通常称之为电力系统的中期（10s 至几分钟）和长期（几分钟至几十分钟）稳定性分析。

因此电力系统的暂态功角稳定从本质上说是电磁力矩和机械力矩的平衡问题，而等面积法则很好地说明了电力系统暂态功角稳定性所包含的物理意义。

等面积法则是分析电力系统暂态稳定的理论基石，具有严格的物理含义。其对电力系统暂态功角稳定的物理意义证明如下。

对于单机无穷大系统，如图 2-6 所示，初始情况下的发电机的有功出力可用式（2-53）表达

$$P_{\mathrm{I}} = \frac{E'U}{X_{\mathrm{I}\Sigma}}\sin\delta \tag{2-53}$$

式中：P_{I} 表示事故前发电机有功功率；$X_{\mathrm{I}\Sigma}$ 为发生故障前对应的系统阻抗，包括发电机的同步电抗、变压器电抗和连接线路的电抗。

当发生事故时，发电机的有功表达式为

$$P_{\mathrm{II}} = \frac{E'U}{X_{\mathrm{II}\Sigma}}\sin\delta \tag{2-54}$$

式中：P_{II} 表示事故时发电机有功功率；$X_{\mathrm{II}\Sigma}$ 为发生故障时对应的系统阻抗。

当切除故障时，有功表达式为

$$P_{\mathrm{III}} = \frac{E'U}{X_{\mathrm{III}\Sigma}}\sin\delta \tag{2-55}$$

式中：P_{III} 表示切除事故时的发电机有功功率；$X_{\mathrm{III}\Sigma}$ 为系统切除故障时对应的系统阻抗，显然 $X_{\mathrm{I}\Sigma} < X_{\mathrm{III}\Sigma} < X_{\mathrm{II}\Sigma}$。

图 2-6 给出了发电机在正常运行（I）、故障（II）和切除故障后（III）三种情况下的功率

特性曲线。

故障后转子运动方程为

$$\frac{T_J}{\omega_0} \times \frac{d^2\delta}{dt^2} = P_T - P_{II} \qquad (2-56)$$

由于

$$\frac{d^2\delta}{dt^2} = \frac{d}{dt}\left(\frac{d\delta}{dt}\right) = \frac{d\dot{\delta}}{dt} = \frac{d\delta}{dt} \times \frac{d\dot{\delta}}{d\delta} = \dot{\delta}\frac{d\dot{\delta}}{d\delta} \qquad (2-57)$$

代入转子运动方程式（2-56）得

$$\frac{T_J}{\omega_0} \cdot \dot{\delta} \cdot d\dot{\delta} = (P_T - P_{II})d\delta \qquad (2-58)$$

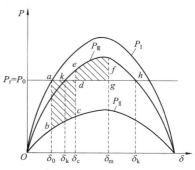

图 2-6　简单系统正常运行、故障和故障切除后的功率特性曲线

将式（2-58）两边同时积分

$$\int_{\delta_0}^{\delta_c} \frac{T_J}{\omega_0} \cdot \dot{\delta}d\dot{\delta} = \int_{\delta_0}^{\delta_c}(P_T - P_{II})d\delta$$

得

$$\frac{1}{2} \times \frac{T_J}{\omega_0}[\dot{\delta}_c^2 - \dot{\delta}_0^2] = \frac{1}{2} \times \frac{T_J}{\omega_0}\dot{\delta}_c^2 = \int_{\delta_0}^{\delta_c}(P_T - P_{II})d\delta \qquad (2-59)$$

式中：$\dot{\delta}_c$ 表示角度为 δ_c 时转子的相对角速度；$\dot{\delta}_0$ 表示角度为 δ_0 时转子的相对角速度，为零。

式（2-59）左端表示转子在相对运动中动能的增加，右端对应于过剩转矩对相对角位移所作的功。

同样，当故障切除后，转子在制动过程中动能的减少就等于制动转矩所作的功，有

$$\frac{1}{2} \times \frac{T_J}{\omega_0}[\dot{\delta}^2 - \dot{\delta}_c^2] = \int_{\delta_c}^{\delta}(P_T - P_{III})d\delta \qquad (2-60)$$

式中：δ 为减速过程中任意的角度；$\dot{\delta}$ 为对应于 δ 的相对角速度。当 δ 等于 δ_m 时角速度又恢复到同步角速度，即 $\dot{\delta}_m = 0$，这样式（2-60）可变为

$$\frac{1}{2} \times \frac{T_J}{\omega_0}[-\dot{\delta}_c^2] = \int_{\delta_c}^{\delta_m}(P_T - P_{III})d\delta$$

或为

$$\frac{1}{2} \times \frac{T_J}{\omega_0}\dot{\delta}_c^2 = \int_{\delta_c}^{\delta_m}(P_{III} - P_T)d\delta \qquad (2-61)$$

式（2-61）左端表示转子减速到 δ_m 时动能的减少，右端表示制动转矩所作的功，该部分与图 2-6 对应，称为减速面积。比较式（2-59）和式（2-60）可以看出，转子在减速过程中动能的减少正好等于减速动能的增加。可表示为

$$\int_{\delta_0}^{\delta_c}(P_T - P_{II})d\delta = \int_{\delta_c}^{\delta_m}(P_{III} - P_T)d\delta \qquad (2-62)$$

式（2-62）即为著名的等面积法则，它表示的物理意义是当加速面积等于减速面积时，转

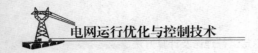

子角速度恢复到同步速度，δ 达到 δ_m 时开始减小，此时系统是临界暂态功角稳定。

利用上述的等面积法则，可以推算出极限切除角度，即最大可能的 δ_{cm}，满足关系式（2-63）

$$\int_{\delta_0}^{\delta_{cm}} (P_T - P_{II}) \mathrm{d}\delta = \int_{\delta_{cm}}^{\delta_h} (P_{III} - P_T) \mathrm{d}\delta \tag{2-63}$$

式中：δ_h 是为了保证系统稳定，必须在到达 h 点以前使转子恢复同步速度对应的转子角。

将式（2-63）改写为

$$\int_{\delta_0}^{\delta_{cm}} (P_T - P_{IIM}\sin\delta) \mathrm{d}\delta = \int_{\delta_{cm}}^{\delta_h} (P_{IIIM}\sin\delta - P_T) \mathrm{d}\delta \tag{2-64}$$

这样推算出的极限切除角可表达为

$$\cos\delta_{cm} = \frac{P_T(\delta_h - \delta_0) + P_{IIIM}\cos\delta_h - P_{IIM}\cos\delta_0}{P_{IIIM} - P_{IIM}} \tag{2-65}$$

对应于临界切除角的切除时间称之为临界切除时间（critical cut time，CCT），临界切除时间是电力工程人员最为关注的因素之一。

2.4.2　暂态功角稳定分析方法

电力系统稳定分析中，通常采用全系统数学模型仿真。整个系统的模型在数学上可以统一描述成一组微分-代数方程组

$$\frac{\mathrm{d}x}{\mathrm{d}t} = f(x, y) \tag{2-66}$$

$$0 = g(x, y) \tag{2-67}$$

式中：x 表示微分方程组中描述系统动态特性的状态变量；y 表示代数方程组中系统的运行参量。

微分方程组式（2-66）主要包括：

（1）描述各同步发电机暂态和次暂态电势变化规律的微分方程。

（2）描述各同步发电机转子运动的摇摆方程。

（3）描述同步发电机组中励磁调节系统动态特性的微分方程。

（4）描述同步发电机组原动机及其调速系统动态特性的微分方程。

（5）描述感应电动机和同步电动机动态特性的微分方程。

（6）描述直流系统整流器和逆变器控制行为的微分方程。

（7）描述其他动态装置动态特性的微分方程。

而代数方程式（2-67）主要包括：

（1）电力网络方程，即描述在公共参考坐标系 x-y 下节点电压与节点电流之间的关系。

（2）各同步发电机定子电压方程及 d-q 坐标轴系与 x-y 坐标轴系间联系的坐标变化方程。

（3）各直流线路方程。

（4）负荷的电压特性方程等。

电力系统暂态仿真的稳定判据是电网遭受大扰动后，引起电力系统各机组之间功角相对增大，在经过第一或第二个振荡周期不失步，作同步的衰减振荡，系统中枢点电压逐渐恢复。

目前电力系统暂态稳定分析数字仿真算法基本上可以分为数值积分法、直接法和扩展等面积准则（Extended Equal-Area Criterion，EEAC）三类。

数值积分法通过全程数字积分来复现系统动态过程，可以处理任何非线性因素和复杂场景，

并得到系统的精确轨迹。但其计算量大，紧密依赖于专家经验，只能给出该算例是否稳定的定性信息。数值积分方法的基本思想是用数值积分技术求出描述受扰运动微分方程组的时间解，再根据各发电机转子之间相对角度的变化判断系统的稳定性。利用该方法开发的一些商业软件已相继问世，如根据美国 WSCC 标准开发的 BPA，PTI 开发的 PSS/E，德国西门子公司开发的 NE-TOMAC 软件，加拿大不列颠哥伦比亚大学 H. W. Dommel 教授开发的电力系统电磁暂态计算程序（EMTP），中国电力科学院开发的《交直流电力系统综合计算程序》等。这些程序已成为电力规划和运行人员进行暂态稳定计算分析、安全备用配置、输电功率极限计算的有力工具。

针对数值积分法计算量大、计算速度慢的不足，国内外学者提出了直接法求解电力系统暂态稳定性。直接法采用数值积分得到最后一个故障清除时刻的系统状态，并按系统最终结构计算系统在故障清除后的受扰程度函数（或能量函数）。然后在故障清除后该值保持不变的假设下，与能量壁垒值进行比较得出结论。其中，基于李雅普诺夫函数的直接法需要积分到扰动消失，其不能提供系统稳定的充要条件，并且找不到系统的李雅普诺夫函数，并不能说明系统是不稳定的。基于暂态能量函数（Transient Energy Function，TEF）的直接法需要针对持久故障全程积分。因此直接法的分析结果目前还不能取得令人满意的结果。

EEAC 是研究电力系统暂态稳定问题的一种定量方法。它对包括故障后时段在内的全部实际受扰过程进行积分，得到系统在高维空间中的运动轨迹，并通过互补群惯量中心相对运动（Complementary-Cluster Center Of Inertia-Relative Motion，CCCOI-RM）变换，将其聚合为一系列单自由度运动系统的数值映像，并在其扩展相平面上进行量化分析，然后按最小值准则对所有映像的稳定信息进行聚合，就可得到原高维系统的严格的量化稳定信息。由于采用全程积分，EEAC 并不需要任何假设就可考虑所有的非线性、非自治因素，并能考虑任意复杂的场景，这保证其不仅能够严格地量化分析电力系统暂态稳定问题，而且具有和数值积分法相同的模型适应能力。根据 EEAC 理论开发的 FASTEST 已经在国内外电力公司成功的应用。

国内外基于实时动态监测技术的稳定计算通常采用数值积分法和 EEAC 方法。

1. 数值积分法

针对图 2-2 所述的简单系统，发生故障后故障期间转子的运动方程为

$$\begin{cases} \dfrac{\mathrm{d}\delta}{\mathrm{d}t} = (\omega - 1)\omega_0 \\[2mm] \dfrac{\mathrm{d}\omega}{\mathrm{d}t} = \dfrac{1}{T_\mathrm{J}}\left(P_\mathrm{T} - \dfrac{E'U}{x_\mathrm{II}}\sin\delta\right) \end{cases} \tag{2-68}$$

这是两个一阶的非线性微分方程，因此简单系统的暂态功角稳定就需要求解该微分方程组。它们的起始条件是已知的，即

$$t = 0; \quad \omega = 1; \quad \delta = \delta_0 = \sin^{-1}\dfrac{P_\mathrm{T}}{P_\mathrm{IM}}$$

通常采用数值积分法求解微分方程。

当应用数值积分计算出故障期间的 δ-t 曲线后，就可以从曲线上直接找到极限切除角相应的临界故障切除时间。

在电力系统计算分析中，一般是已知切除时间，需要求出 δ-t 曲线来判断系统稳定性。则当 δ-t 曲线计算到故障切除时，由于系统参数改变，以致发电机功率特性发生变化，必须求解另外一组微分方程

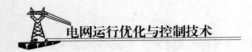

$$\begin{cases} \dfrac{\mathrm{d}\delta}{\mathrm{d}t} = (\omega - 1)\omega_0 \\[2mm] \dfrac{\mathrm{d}\omega}{\mathrm{d}t} = \dfrac{1}{T_\mathrm{J}}\left(P_\mathrm{T} - \dfrac{E'U}{x_{\mathrm{III}}}\sin\delta\right) \end{cases} \qquad (2\text{-}69)$$

这组方程的起始条件为

$$t = t_c ; \quad \omega = \omega_c ; \quad \delta = \delta_c$$

式中：t_c 为给定的切除时间；ω_c、δ_c 为与 t_c 时刻相对应的 ω 和 δ。

这样由式（2-69）可以计算获得 δ 和 ω 变化的曲线。

在电力系统暂态稳定计算中，通常采用改进的欧拉法进行求解。

针对一阶的微分方程式

$$\dot{x} = \frac{\mathrm{d}x}{\mathrm{d}t} = f(x) \qquad (2\text{-}70)$$

对于函数 $x(t)$，其在 $t_n + h$ 处的值可以用泰勒级数表示

$$x(t_n + h) = x(t_n) + h\dot{x}(t_n) + \frac{h^2}{2!}\ddot{x}(t_n) + \cdots$$

$$= x(t_n) + hf[\dot{x}(t_n)] + \frac{h^2}{2!}f'[x(t_n)] + \cdots \qquad (2\text{-}71)$$

将式（2-71）各项写成为 $x(t)$ 的近似值

$$x_{n+1} = x_n + hf(x_n) + \frac{h^2}{2!}f'(x_n) + \cdots \qquad (2\text{-}72)$$

若忽略 h^2 及以上的各项，可得

$$x_{n+1} = x_n + hf(x_n) + \frac{h^2}{2!}f'(x_n) + \cdots$$

$$= x(t_n) + hf(x_n) + \frac{h^2}{2!}\left[\frac{f(x_{n+1}) - f(x_n)}{h}\right]$$

$$= x(t_n) + \frac{h}{2}[f(x_n) + f(x_{n+1})] \qquad (2\text{-}73)$$

这就是梯形积分法。由于式（2-73）中等号右边含有未知量 x_{n+1}，因此式（2-73）是个隐式方程，一般用迭代法求解。由 x_n 求解 x_{n+1} 的递推计算公式可以归纳为以下两式

x_{n+1} 的估计值为

$$x_{n+1} = x_n + hf(x_n) \qquad (2\text{-}74)$$

x_{n+1} 的校正值

$$x_{n+1} = x(t_n) + \frac{h}{2}[f(x_n) + f(x_{n+1}^0)] \qquad (2\text{-}75)$$

改进的欧拉法和梯形积分法相当。由于忽略了 h^3 及以后的项，每计算一步会引起误差，通常称之为局部截断误差。积分步长 h 越小，则截断误差越小。但与此同时由于计算机有效位数的限制而引起的舍入误差却随着 h 的减小带来的计算次数增多而增大，故积分步长的选择应该适当，通常在电力系统仿真计算中选取 5~10ms 作为计算步长。

2. EEAC 方法

电力系统数字仿真在电网规划设计、系统计算和事故分析、系统动态特性研究、辅助决策和人员培训中都具有不可替代的地位。依据数字仿真结果，可以直接对设计方案、控制系统性能、运行方式等给出有益的指导并进行合理的判断。电力系统数字仿真日益成为电力系统分析不可或缺的工具。但目前的数值仿真法只能给出稳定的定性指标，而 EEAC 理论基于等面积法则可以给出稳定的量化指标。

EEAC 是目前世界上唯一的能够定量化分析电力系统暂态稳定性的理论，其对多机空间中具有任意复杂模型和场景的动态方程进行全程积分，然后将角度轨迹通过 CCCOI-RM 变换逐点映射到一系列聚合单机平面上，形成时变 OMIB 系统的 P-δ 轨迹，该线性变换不仅完整的保持了多刚体运动空间的稳定信息，而且是一种保稳变换。对变换得到的一系列 OMIB 系统进行量化分析，再由最小值原则反聚合，得到原多机系统的稳定性量化指标。

EEAC 研究的多机电力系统的数学模型可以表示为

$$\begin{cases} \dot{\delta}_i = \omega_i \\ M_i \dot{\omega}_i = P_{mi} - P_{ei} - K_{Di}\omega_i \end{cases} \tag{2-76}$$

对于经典模型，P_{mi} 和 E_i 恒定。但是实际电力系统的情况要复杂得多，许多参数都会受到复杂模型、控制器、操作措施以及外部扰动的影响而具有时变特性，具体的动态过程由对应的微分代数方程组描述。虽然每台发电机的方程都可能非常复杂，但总是可以表示为下述具有时变参量的基本形式

$$P_{ei} = E_i^2(t)Y_{ii}(t)\cos(\theta_{ii}(t)) + \sum_{j=1,\ j\neq i}^{n} E_i(t)E_j(t)Y_{ij}(t)\cos(\delta_i - \delta_j - \theta_{ij}(t)) \tag{2-77}$$

按实际的复杂模型和扰动场景对多机运动方程完成数值仿真后，将得到的 $E(t)$ 和 $Y(t)$ 作为离散的数值函数的形式代入到式（2-76）中，在每个时刻修正有关的参数。这样，复杂因素对转子运动稳定性的全部影响都反映在上面的运动方程中，系统方程表示为

$$\begin{cases} \dot{\delta}_i = \omega_i \\ M_i \dot{\omega}_i = P_{mi}(X(t),\ Z(t),\ Y(t),\ \tau,\ t) - P_{ei}(X(t),\ Z(t),\ Y(t),\ \tau,\ t) \end{cases} \tag{2-78}$$

其中，$Z(t)$ 和 $Y(t)$ 为已知的时间函数。

对式（2-78）进行数值积分，得到系统轨迹。在得到系统轨迹之后，则运用 CCCOI-RM 进行轨迹凝聚，以便进行稳定量化分析。CCCOI-RM：$R^n \rightarrow E(R^2) \rightarrow E(R^1)$ 变换是一种全新的大系统分解方法。多刚体系统运动轨迹的 CCCOI 映象是互补轨迹群的惯量中心的相对运动轨迹，RM 变换则进一步将非自治的两刚体系统的相对运动变换为非自治单刚体的绝对运动，这样多刚体的稳定性的评估问题由此被严格转换为对 CCCOI-RM 映像的评估问题。

任意的一个 N 机电力系统的运动方程可以被抽象的描述为

$$M_k \ddot{\delta}_k = P_{mk} - P_{ek} \tag{2-79}$$

对一给定的互补群（临界群记为 S 群，余下群记为 A 群）划分方式，其将 n 台机的运动方程分为两个子集，将每个子集内的所有方程的两端分别相加，得到互相独立的两自由度空间上的轨迹

$$M_s \ddot{\delta}_s = P_{ms} - P_{es} \tag{2-80}$$

$$M_a \ddot{\delta}_a = P_{ma} - P_{ea} \tag{2-81}$$

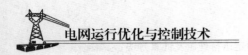

其中，

$$\delta_s = \sum_{i \in S} M_i \delta_i / \sum_{i \in S} M_i \qquad (2-82)$$

$$\delta_a = \sum_{j \in A} M_j \delta_j / \sum_{j \in A} M_j \qquad (2-83)$$

$$M_s = \sum_{i \in S} M_i \qquad (2-84)$$

$$M_a = \sum_{j \in A} M_j \qquad (2-85)$$

$$P_{ms} = \sum_{i \in S} P_{mi} \qquad (2-86)$$

$$P_{es} = \sum_{i \in S} P_{ei} \qquad (2-87)$$

$$P_{ma} = \sum_{i \in A} P_{mi} \qquad (2-88)$$

$$P_{ea} = \sum_{i \in A} P_{ei} \qquad (2-89)$$

RM 变换将两机观察子空间映射到相应的单机空间，其变换函数为

$$\delta = \delta_s - \delta_a \qquad (2-90)$$

将两机系统严格变换为等值的 OMIB 系统

$$M\dot{\delta} = P_m - \left[P_e + P_{max}\sin(\delta - \upsilon) \right] \qquad (2-91)$$

其中，

$$\begin{cases} M = M_s M_a M_T^{-1} \\ M_T = \sum_{i=1}^{n} M_i \\ P_m = \left(M_a \sum_{i \in S} P_{mi} - M_s \sum_{j \in A} P_{mj} \right) M_T^{-1} \\ P_c = \left[M_a \sum_{i,\,k \in S} g_{ik}\cos(\xi_i - \xi_k) - M_s \sum_{j,\,l \in A} g_{jl}\cos(\xi_j - \xi_l) \right] M_T^{-1} \\ g_{ij} = E_i E_j Y_{ij}\cos\theta_{ij} \\ b_{ij} = E_i E_j Y_{ij}\sin\theta_{ij} \end{cases} \qquad (2-92)$$

而时变参数

$$\begin{cases} C = \sum_{i \in S}\sum_{j \in A} b_{ij}\sin(\xi_i - \xi_j) + (M_a - M_s)M_T^{-1}\sum_{i \in S}\sum_{j \in A} g_{ij}\cos(\xi_i - \xi_j) \\ D = \sum_{i \in S}\sum_{j \in A} b_{ij}\cos(\xi_i - \xi_j) + (M_a - M_s)M_T^{-1}\sum_{i \in S}\sum_{j \in A} g_{ij}\sin(\xi_i - \xi_j) \\ g_{ij} = E_i E_j Y_{ij}\cos\theta_{ij} \\ b_{ij} = E_i E_j Y_{ij}\sin\theta_{ij} \end{cases} \qquad (2-93)$$

δ_i, δ_k $\forall i$, $k \in S$ 和 δ_j, δ_l $\forall j$, $l \in A$ 均是对原多机系统数学模型积分的结果，对于任何非理想的两群模式，ξ_i-ξ_k，ξ_j-ξ_l 和 ξ_i-ξ_j 均随时间而变。

对等值得到的 OMIB 系统数值映象，在其扩展相平面上进行量化分析，求取每摆稳定裕度。稳定裕度求取公式根据该摆次的性质而定，当轨迹遇到最远点（FEP）时公式为式（2-94），当

轨迹遇到动态鞍点（DSP）时公式为式（2-95）

$$\eta = \frac{A_{\text{dec. pot}}}{A_{\text{inc}} + A_{\text{dec. pot}}} \times 100\% \qquad (2-94)$$

$$\eta = \frac{A_{\text{dec}} - A_{\text{inc}}}{A_{\text{inc}}} \times 100\% \qquad (2-95)$$

式中：A_{inc}为当前摆的动能增加面积；A_{dec}为当前摆的动能减小面积；$A_{\text{dec. pot}}$为稳定摆次的虚拟减速面积。将各摆稳定裕度取最小值得到该分群模式下的轨迹稳定裕度；对所有候选分群下轨迹稳定裕度取最小值，就可得到原高维系统稳定裕度。

EEAC 的稳定裕度的特点如下。

（1）严格反映系统稳定的充要条件。通过稳定裕度的符号反映系统是否稳定。临界稳定裕度对应于稳定裕度 0^+（或 0^-）的条件。

（2）唯一性。虽然非线性方程具有多解的本质，但在搜索稳定裕度取零值时，其解不应该随搜索策略和步长等数值计算参数的微小变化而收敛到不同的结果。

（3）随系统的稳定程度单调变化。稳定裕度应该反映动态条件与临界条件之间的距离，也即可以按稳定裕度从小到大的次序来排列不同算例的严重性。如果某参数的正向摄动使稳定裕度减小，那就表明参数的增加不利于系统稳定，绝不能由于稳定裕度的非单调性而得到相反的结论。

（4）可观性。将电力系统各种元件的模型、参数、非线性、非自治性和扰动的映像完整的反映在受扰轨迹上。但在实际仿真计算中，由于受到各种条件的限制，无法全部的获取整个扰动过程中的全部细节，这就需要稳定裕度值能由广义位置变量的受扰轨迹来唯一确定，稳定裕度所在的评估空间中的信息可以反映原轨迹的全部信息。

（5）可控性。通过对系统参数的控制来改变受扰轨迹，改变系统的稳定裕度。

（6）随系统参数连续地变化。用灵敏度技术求取参数极限时，必须保证稳定裕度的不间断性。需要强调的是，不要求稳定裕度随系统的参数单调的变化。

（7）随系统参数尽量光滑的变化。从理论上说，灵敏度技术要求稳定裕度对于对象参数具有可微性。

（8）清晰的物理意义及明确的数学表达式。一个未经严格推导，具有许多经验因素的量化指标难以可靠地反映如此复杂的问题。清晰的物理意义和明确的数学表达式不但有利于问题的快速求解，并且对于揭示问题机理和支持控制决策都是十分有效的。

2.5 电力系统暂态电压安全

2.5.1 暂态电压安全

暂态电压稳定的物理意义是系统是否有能力抑制各种扰动而出现的各种电压偏移，维持系统的负荷电压水平。暂态电压稳定涉及一些快速元件的动作响应，如同步发电机及其自动电压调节器 AVR 的响应、调速器的响应、高压直流元件和静态无功补偿 SVC 等相关元件的响应等。《运动稳定性量化理论》提出了电压安全性包括暂态电压稳定极限和暂态电压跌落可接受性，并将两者构成统一的框架，使计算量大大减小。目前《电力系统安全稳定导则》采用的暂态电压失稳判据是母线电压下降，平均值持续低于限定值。其同《运动稳定性量化理论》提出的暂态

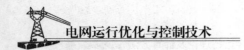

电压跌落可接受性判据标准基本相同。

在本章中采用文献《运动稳定性量化理论》的暂态电压安全的概念来评估电力系统暂态电压稳定性。暂态电压安全性包括暂态电压稳定和暂态电压跌落可接受性，并分别用暂态电压稳定裕度和暂态电压跌落可接受裕度来表示。

目前，感应电动机和暂态电压跌落是国内外暂态电压稳定研究的主要内容。高压直流输电作为影响暂态电压稳定性的另一个主要原因，也取得了一些研究成果，比如有些文章探讨了HVDC的落点位于弱交流系统时对交流系统的影响。在本节主要介绍文献《运动稳定性量化理论》的研究成果，根据文献《运动稳定性量化理论》的研究成果，认为暂态电压安全包含暂态电压稳定和暂态电压跌落可接受性。

2.5.2 暂态电压稳定

由于感应电动机在电力系统负荷中占有很大份额，因此用感应电动机模型作为负荷动态模型具有代表性，并采用感应电动机得出的暂态电压稳定判据作为电力系统暂态电压稳定的判据。

暂态过程中，发电机转子角的相互摇摆强迫各节点的电压值做周期的摆动。在此期间，电压值越高，感应电动机的加速度越大。因此可通过观察感应电动机节点电压达到极值时感应电动机的运动特性来判断其稳定性。如果感应电动机在其节点电压达到最小值时仍然加速，则认为滑差在这以后将继续减小，此时感应电动机将保持稳定；如果感应电动机在其节点电压达到最大值时仍然减速，则认为滑差在这以后将继续增大，此时感应电动机将失去稳定。

感应电动机的电磁功率和机械功率的差值不仅决定了它是否加速，而且给出了滑差导数的负值（$-\mathrm{d}S/\mathrm{d}t$）。利用上面所提出的判据来终止积分，把该时刻$-\mathrm{d}S/\mathrm{d}t$的值对机械功率的比值定义为暂态电压稳定的裕度

$$\eta_{\mathrm{vs}} = -\frac{H}{M_{\mathrm{m}}}\frac{\mathrm{d}S}{\mathrm{d}t}\times 100\% \qquad (2-96)$$

式中：H、S分别为感应电动机的惯性时间常数和转差；M_{m}为感应电动机的机械功率，当η_{vs}为正表示感应电动机暂态电压稳定。

2.5.3 暂态电压跌落

暂态电压可接受性问题可以用一组二元表$[(V_{\mathrm{cr.1}},\ T_{\mathrm{cr.1}}),\ \cdots,\ (V_{\mathrm{cr.}i},\ T_{\mathrm{cr.}i})]$来表示。若对于所有节点$i$，节点电压低于$V_{\mathrm{cr.}i}$的时间都小于$T_{\mathrm{cr.}i}$，则认为电压跌落是安全的，示意图如图2-7所示；若节点i的电压最小值$V_{\mathrm{min.}i}<V_{\mathrm{cr.}i}$，并且$V_{.i}\leqslant V_{\mathrm{cr.}i}$的持续时间为$T_i$，把$T_{\mathrm{cr.}i}-T_i$作为可接受裕度；若$V_{\mathrm{min.}i}>V_{\mathrm{cr.}i}$，把$V_{\mathrm{min.}i}-V_{\mathrm{cr.}i}$作为暂态电压可接受裕度。

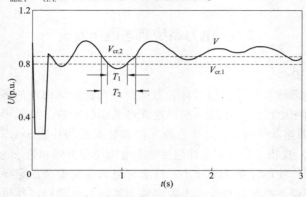

图2-7 暂态电压跌落示意图

为了统一这两种可接受裕度的量纲，改善裕度-参数曲线的线性度和光滑性，用折算因子 k 是把临界电压偏移持续时间换算成电压的折算因子 $\Delta V_{cr.i}$，即以

$$V'_{cr.i} = V_{cr.i} - kT_{cr.i} \tag{2-97}$$

作为新的暂态电压的门限值。

折算因子 k 是根据曲线的形状进行拟合计算所得，并且是变化的数值。若曲线陡，k 值大；曲线缓，k 值小。示意图如图 2-8 所示。

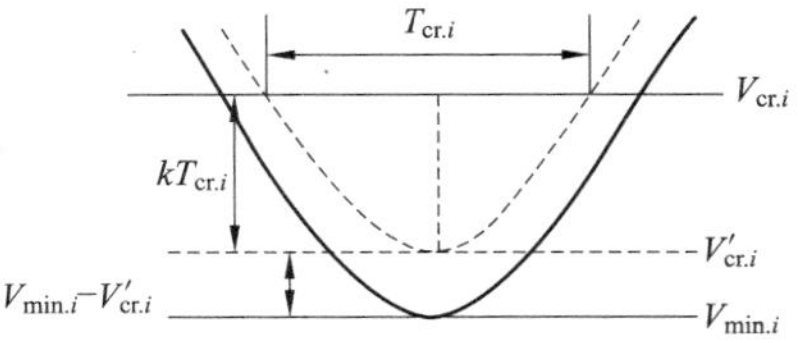

图 2-8 k 的计算图

对于暂态电压处于临界可接受状态下的轨迹，可定义为

$$V^{crit.\,traj}_{min.i} - (V_{cr.i} - kT_{cr,i}) = 0 \tag{2-98}$$

由式（2-98）可得

$$V'_{cr.i} = V^{crit.\,traj}_{min.i} \tag{2-99}$$

其中，$V^{crit.\,traj}_{min.i}$ 对应于临界电压跌落安全轨迹。因此，$V_{min.i} - V'_{cr.i}$ 即可以作为 $V_{min.i} \leqslant V_{cr.i}$ 情况下的可接受裕度，也可以作为 $V_{min.i} > V_{cr.i}$ 的可接受裕度。这样，二维不等式约束问题转变为一维的相应问题，因此暂态电压跌落可接受裕度可用式（2-100）表达为

$$\eta_{vd} = \left[V_{min.i} - (V_{cr.i} - kT_{cr,i}) \right] \times 100\% \tag{2-100}$$

式中：$V_{cr.i}$ 为母线 i 的电压偏移门槛值；$T_{cr,i}$ 为母线 i 允许的持续时间；$V_{min.i}$ 为暂态过程中母线 i 电压的极小值；k 为把临界电压偏移持续时间换算成电压的折算因子；η_{vd} 是电压偏移可接受裕度；零值对应于临界状态。

式（2-100）也可表达为

$$\eta_{vd} = \left[V_{ext} - (V_{cr} - k_v T_{cr,v}) \right] \times 100\% \tag{2-101}$$

式中：V_{cr} 为母线的电压偏移门槛值；$T_{cr,v}$ 为母线允许的持续时间；V_{ext} 为暂态过程中母线电压的极值；k_v 为把临界电压偏移持续时间换算成电压的折算因子。

利用曲线拟合技术可以精确估计 $V^{crit.\,traj}_{min.i}$。如果初始轨迹的 $V_{min.i} \leqslant V_{cr.i}$，计算 T_i；否则，先将电压门限值提高到 $V_{min.i} > V_{cr.i}$，再计算相应的 T_i。第 1 次估计 $V'_{cr.i}$ 时，利用 $(V_{min.i} - V_{cr.i}, T_i)$ 和 $(0，0)$ 两点的线性拟合，来推算与 $T_{cr.i}$ 值相对应的 $V^{crit.\,traj}_{min.i}$ 值。这相当于假设临界轨迹的下部为三角波形，因此处在某电压值以下的时间长度与该电压偏离 $V^{crit.\,traj}_{min.i}$ 的值成正比。第 2 次及以后的估计就可以采用二次曲线拟合。

暂态电压稳定采用的方法仍然是数值积分法，其基本原理见 3.3.2 节所述。

2.6 电力系统低频振荡

自 20 世纪 80 年代以来，我国电力工业得到了迅速发展，电力系统的规模也从小型电力系统发展为省（市）、地区级电力系统，进而发展为省级电网互联的大区电力系统，近几年来又形成了大区电网相联的互联电力系统。

电力系统互联的目的是为了提高发电和输电的运行经济性和运行可靠性。但是电网的互联却有可能引发省级电网或区域电网出现动态不稳定现象，即低频振荡现象。

低频振荡的主要表现为发电机（或发电机群）之间的增幅型振荡，振荡频率范围为 0.2 ~ 2.5Hz。这种现象在互联系统的联络线上表现得尤为突出。

低频振荡有两类表现形式：一类为区域振荡模式，它是系统的一部分机群相对于另一部分机群的振荡，其频率范围为 0.2~0.7Hz，这种振荡的危害性较大，一经发生会通过联络线向全系统传播；另一类为局部振荡模式，或称为就地机组振荡模式，它是电气距离很近的几个发电机与系统内的其余发电机之间的振荡，其频率范围 0.7~2.5Hz，这种振荡局限于区域内，相对于前者影响范围较小。

互联电网动态稳定性问题是影响互联电网稳定运行的重要因素，如果大型电力系统的稳定性遭到破坏，就可能造成一个或数个大区域停电，对人民生活及国民经济造成灾难性损失。因此，低频振荡现象的有效监测，其产生机理和抑制措施已成为电力系统重要的研究领域。

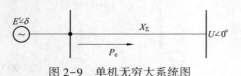

图 2-9　单机无穷大系统图

2.6.1　电力系统低频振荡

目前低频振荡机理分析通常是建立在小干扰分析基础上。

1. 二阶模型的单机无穷大系统低频振荡分析

当发电机采用经典二阶模型时，对于图 2-9 的单机无穷大系统的发电机的转子方程可用下式表示

$$\begin{cases} M\dfrac{\mathrm{d}\omega}{\mathrm{d}t}=P_{\mathrm{m}}-P_e-D\ (\omega-1) \\ \dfrac{\mathrm{d}s}{\mathrm{d}t}=\omega-1 \end{cases} \qquad (2-102)$$

式（2-102）中，$P_e=\dfrac{E'U}{X_\Sigma}\sin\delta$，代入写成增量形式

$$\begin{cases} M\dfrac{\mathrm{d}\omega}{\mathrm{d}t}=\Delta P_{\mathrm{m}}-\dfrac{E'U}{X_\Sigma}\cos\delta\cdot\Delta\delta+D\cdot\Delta\omega \\ \dfrac{\mathrm{d}\Delta\delta}{\mathrm{d}t}=\Delta\omega \end{cases} \qquad (2-103)$$

令 $K=\dfrac{E'U}{X_\Sigma}\cos\delta$，可得下式

$$M\Delta\ddot{\delta}+D\Delta\dot{\delta}+K\Delta\delta=0 \qquad (2-104)$$

这样其特征方程为：$Mp^2+Dp+K=0$

当不计阻尼时为，相应特征根为

$$p_{1,2}=\pm\mathrm{j}\sqrt{\dfrac{K}{M}}\overset{\wedge}{=}\mathrm{j}\omega_n \qquad (2-105)$$

由式（2-105）可见

（1）当 X_Σ 较小时，K 较大，其振荡频率 ω_n 较大，这种情况一般在局部电网出现；在当 X_Σ 较大时，K 较小，其振荡频率 ω_n 较小，这种情况一般在互联系统出现。

（2）设 $\cos\varphi\to1$，$X_\Sigma\sim(0.2-10)$，$M\sim(6-12s)$，代入式（2-105）可计算的低频振荡范围为 0.25~2.5Hz。

（3）当计及阻尼绕组，$p_{1,2}=\dfrac{-D\pm\sqrt{D^2-4MK}}{2M}\overset{\wedge}{=}\alpha\pm j\Omega$，此时若发生低频振荡，其衰减系数为 $\dfrac{-D}{2M}$，由此可见，阻尼对防止低频振荡具有改善作用。

（4）低频振荡是系统的固有特点，即若系统没有阻尼时，只要系统出现扰动，系统就会发生低频振荡；若控制系统不发生低频振荡，则系统必须有足够的阻尼。

2. 三阶模型的单机无穷大系统低频振荡分析

当考虑到励磁系统在系统动态过程中的作用时，发电机三阶模型的传递函数图如图 2-10 所示。在此分析电磁转矩分解为两个分量，即同步转矩分量和阻尼转矩分量。同步转矩和 $\Delta\delta$ 同相位，阻尼转矩和 $\Delta\omega$ 同相位。当同步转矩不足时，发生滑行失步；阻尼转矩不足，将发生振荡失步。现用频域法进行分析，由图 2-10 可得 ΔT_e 可用下式表达

$$\Delta T_e = K_1 \Delta\delta - \frac{K_2 K_5 K_E}{(1 + T_E S)(K_3 + T'_{d0} S) + K_6 K_E} \Delta\delta \tag{2-106}$$

令 $S = j\omega$，则同步转矩表达式可用下式表达

$$\Delta T'_e = K_1 - \frac{K_2 K_5 K_E (K_3 + K_6 K_E - \omega^2 T'_{d0} T_E)}{(K_3 + K_6 K_E - \omega^2 T'_{d0} T_E)^2 + \omega^2 (T'_{d0} + K_3 T_E)} \tag{2-107}$$

阻尼转矩为

$$\Delta T'''_e = \frac{K_2 K_5 K_E (K_3 T_E + T'_{d0}) \omega}{(K_3 + K_6 K_E - \omega^2 T'_{d0} T_E)^2 + \omega^2 (T'_{d0} + K_3 T_E)} \tag{2-108}$$

上述式中 K_5 可用下式表达

$$K_5 = \frac{U_{d0}}{U_{t0}} \frac{X_q}{X_q + X} U_0 \cos\delta_0 - \frac{U_{q0}}{U_{t0}} \frac{X'_d}{X_d + X} U_0 \sin\delta \tag{2-109}$$

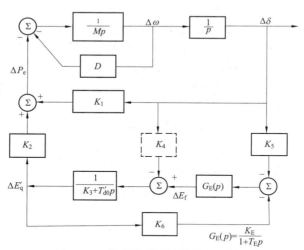

图 2-10 考虑励磁系统的传递函数图

由式（2-107）~式（2-108）可见，通过对 δ 的影响产生低频振荡：

（1）运行方式的影响。当有功负荷较大时，且在容性负荷的情况下，阻尼转矩变为负阻尼，容易发生系统低频振荡。当联络线负荷增大，功角增大，阻尼减弱，此时低频振荡容易发生。

（2）网络结构的影响。由于网络结构的强弱对系统阻尼有很大影响。当电源与系统联系薄弱时，系统的等值电抗将增大，于是功角 δ 将增大，阻尼转矩将减小，严重时可能变为负值，这样将产生负阻尼和振荡失步。

（3）励磁机的影响。当功角 δ 较大时，K_5 为负，当励磁调节器放大倍数 K_E 在一定范围内增

高时，负阻尼将会增大，特别是采用高放大倍数的励磁系统时，K_E的增大会抵消发电机的固有阻尼。此外，励磁时间常数 T_a 及转子绕组时间常数 T'_{do} 越小，负阻尼越大。

由此可见，电网低频振荡与系统阻尼 D 和联络线的大电抗、大功率传输以及励磁系统有关。

3. 低频振荡分析方法

低频振荡的模式分析主要有以下方法：

（1）频域法。即小干扰稳定的特征值法，采用频域分析方法目前主要有 QR 法和隐式重启动的 Arnoldi 算法（IRAM），由于目前 QR 算法受节点数的限制，因此目前更多的是采用隐式重启动的 Arnoldi 算法（IRAM）。

（2）时域法。即数值仿真法，来源于电力系统暂态稳定性分析方法，只作为低频振荡分析的辅助工具。

（3）传递函数辨识法。可直接利用时域仿真或实测数据通过辨识技术得到系统的等值线性模型，用于振荡模式分析和阻尼控制的研究，主要包括傅立叶变换、小波分析及 prony 分析等。该类方法在低频振荡模式分析中应用最广。

（4）分叉分析法。电力系统振荡问题使用局部分叉理论中的 Hopf 分叉分析。该方法对系统模型和方程阶次有限制，尚在研究之中。

（5）正规形分析法。该方法通过映射得到的最简模型用于模式分析技术，实现了与传统小信号分析的统一。但该方法基于系统微分方程组的泰勒展开，受截断误差影响，且计算繁琐，依赖于新算法和软件水平的提高。

2.6.2 低频振荡频域分析 IRAM 法

由于目前 QR 算法受节点数的限制，因此本节介绍采用隐式重启动的 Arnoldi 算法（IRAM）。

Arnoldi 方法（1951 年）是一种近似求解一个矩阵部分特征问题的正交投影方法。隐式重启动 Arnoldi 算法是它的一个改进算法，它能够用于大规模电力系统中所关心的部分特征值的计算分析。改进的 Arnoldi 法是基于一种降阶技术，即把要计算特征值的矩阵 A 简化成一个上三角的海森博格（Hessanberg）矩阵，用完全重新正交化和一个迭代过程解决了原始形式数值特性不好的问题，从而得到 A 的特征值的一个子集。

IRAM 法可使用基于稀疏技术的代数方程求解而应用到非常大型的系统。不像 AESOPS 方法，IRAM 方法可计算任何系统模式对应的特征值，而不仅是转子角模式。此外，它不需要事先了解系统模式特性，正常情况下只要给定移位点就可计算靠近它的特征值集合。只需略微修正这个算法，它能提供在整个复平面上一定频率范围内寻找特征值的能力，而且能保证计算出特定范围内的所有临界特征值。

隐式重启动 Arnoldi 方法简介如下。

对大规模矩阵特征值问题有

$$A\varphi_i = \lambda_i \varphi_i \qquad (2-110)$$

式中：$A \in C^{n \times n}$，(λ_i, φ_i)，$i = 1, 2, \cdots, n$ 为 A 的特征对，并且满足 $\|\varphi_i\| = 1$。

给定由单位长度向量 v_1 和 A 产生的 m 维 Krylov 子空间 $K_m(A, v_1)$，Arnoldi 过程产生子空间 $K_m(A, v_1)$ 的一组标准正交基 V_m，其矩阵表示形式为

$$AV_m = V_m H_m + h_{m+1,m} v_{m+1} e_m^* = V_{m+1} \widetilde{H}_m \qquad (2-111)$$

式中：$V_m = (v_1, v_2, v_k) \in C^{n \times k}$；$H_m$、$\widetilde{H}_m$ 分别为 m 阶和 $(m+1) \times m$ 阶上 Hessenberg 阵；e_m^* 表示单位阵的第 m 列向量的转置。

从 H_m 中计算 m 个 Ritz 对 $(\widetilde{\lambda}_i, \widetilde{\varphi}_i)$ 作为 (λ_i, φ_i) 的近似。可表示为

$$H_m y_i = \widetilde{\lambda}_i y_i \tag{2-112}$$

$$\widetilde{\varphi}_i = V_m y_i \tag{2-113}$$

显然，若 $(\widetilde{\lambda}_i, y_i)$ 为 H_m 的一个特征对，则 $(\lambda_i, \varphi_i) = (\widetilde{\lambda}_i, V_m y_i)$ 是 A 的一个 Ritz 对。

随着子空间维数 m 的增大，Ritz 对会逼近特征对。但实际计算中，m 要非常大时，Ritz 对才满足精度，可以用隐式重启动来解决这一问题。

假设已选定 H_m 的 k 个特征值 λ_i（$i=1, 2, \cdots, k$）作为 Ritz 值，当 Arnoldi 分解进行到第 m 步时，有式（2-111）。将 $m-k$ 步隐式 QR 位移 $u_i[\text{i}=1, 2, \cdots, (m-k)]$ 应用于 H_m，得

$$(H_m - \mu_1 I)(H_m - \mu_2 I) \cdots (H_m - \mu_m I) = QR \tag{2-114}$$

其中 Q 为正交矩阵，R 为上三角矩阵。

令 $H_m^+ = Q^* H_m Q$，H_k^+ 是 H_m^+ 的 $k\times k$ 阶子矩阵，$V_m^+ = V_m Q = (V_k, V_{m-k})$。可得第 k 步 Arnoldi 分解

$$AV_k^+ = V_k^+ H_k^+ + f_k^+ e_k^* \tag{2-115}$$

然后从第 k 步开始进行 Arnoldi 分解。

在位移量的选取上，通常可选 H_m 不期望的 $m-k$ 个特征根 $\lambda_i[(i=(k+1), (k+2), \cdots, m)]$ 作为位移 $u_i[i=1, 2, \cdots, (m-k)]$，称 u_i 为精确位移。

小干扰稳定性分析主要关心频率在 0.2~2.5Hz 且阻尼比小于某给定值的振荡模式，即在复平面上虚部在 1.3~15.7，靠近虚轴的特征值。可在此范围内选择位移点。

IRAM 法能够处理 BPA 暂态稳定仿真程序中的所有模型，包括：

（1）同步发电机。

（2）励磁调节器。

（3）原动机调速器。

（4）电力系统稳定器（PSS）。

（5）感应电动机负荷。

（6）静态特性负荷。

（7）直流输电。

（8）可控串补。

IRAM 法能够处理的系统可达到：

（1）IRAM 法计算的最大状态变量数目：20000。

（2）IRAM 法计算给定点附近的特征值，最大可计算的特征值个数：40。

（3）IRAM 法计算给定区域内的全部特征值，最大可计算的特征值个数：100。

以上计算规模还可根据用户的要求扩大。

IRAM 法具备的分析功能有：

（1）IRAM 法计算给定点附近的特征值。

（2）IRAM 法计算给定区域（阻尼比和频率范围）内的全部特征值。

（3）具有特征值、阻尼比、模态、机电回路相关比、参与因子等多种分析计算功能。

3 电网经济运行与优化理论

3.1 电力系统经济运行

随着国民经济的迅速发展，用电量的增加，电网的经济运行日益受到重视。降低网损，提高电力系统输电效率和电力系统运行的经济性是电力系统运行部门面临的实际问题，也是电力系统研究的主要方向之一。

电力系统经济运行的初始概念可以追溯到 20 世纪 30 年代。从那时起，随着数学基本理论（主要是优化理论）和计算工具（主要是计算机）的发展，电力系统经济运行的模型和方法，在理论上和实践上都取得了长足的发展和进步。在 20 世纪 60 年代末，考虑了系统的经济因素，出现了一些经济调度理论，如电力系统有功功率的最优分配包括两个方面：有功功率电源的最优组合和有功功率负荷的最优分配。有功功率电源的最优组合指的是系统中发电设备的合理组合，包括机组的最优组合顺序、机组的最优组合数量和机组的最优开停时间。有功功率负荷的最优分配指的是系统的有功功率负荷在各个正在运行的发电设备之间的合理分布，最经典的是等耗量微增率，指的是系统所有的发电机组具有同样的耗量微增率时，系统运行所需要的费用最小。同样，无功功率的最优分布包括无功功率电源的最优分布和无功功率负荷的最优补偿。无功电源最优分布的原则是等网损微增率，无功功率负荷的最优补偿指的是最优补偿容量的确定、最优补偿设备的分布和最优补偿顺序的选择等，其遵循的原则是最优网损微增率准则，指的是系统所有的无功电源配置具有相同的网损微增率时，系统网损最小。

随着电力系统规模的扩大，对计算速度和系统安全性提出了更高的要求，这些调度理论已不能满足要求。人们需要能将电力系统的潮流计算和优化理论结合起来，并且计及系统的各种约束条件，这就形成了经典的优化理论——最优潮流（OPF）和无功优化理论，最优潮流（OPF）和无功优化理论的发展进一步丰富了电力系统经济运行。

3.2 有功功率与电力系统经济运行

电力系统有功功率优化是电力系统安全经济运行最直接有效的方法。电力系统从本质上说就是传输有功功率的过程，通过有功功率的优化传输可有效降低网损，提高电网公司运行的经济性。电网元件的有功损耗主要包括两部分，即输电线路的有功损耗和变压器的有功损耗。

3.2.1 输电线路的有功损耗与经济负载系数

1. 输电线路损耗及损耗率

在计算输电线路功率传输引起的损耗时，对于 110kV 及以上输电线路，通常需要考虑对地电容引起的有功功率损耗，110kV 及以上输电线路的等值电路图如图 3-1 所示。

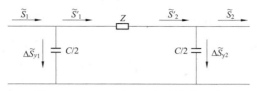

图 3-1　110kV 及以上线路等值电路

当线路末端传输功率为 $\widetilde{S}_2$ 时，在末端导纳支路的无功充电功率为

$$\Delta\widetilde{S}_{y2} = \left(\frac{Y}{2}\dot{U}_2\right)^{*}\dot{U}_2 = \frac{1}{2}\overset{*}{Y}\overset{*}{U}_2 U_2 = \mathrm{j}\Delta Q_{y2} \tag{3-1}$$

线路末端的功率为

$$\widetilde{S}'_2 = \widetilde{S}_2 - \Delta\widetilde{S}_{y2} = P_2 + \mathrm{j}Q_2 - \left(\frac{Y}{2}\dot{U}_2\right)^{*}\dot{U}_2 = P_2 + \mathrm{j}(Q_2 - \Delta Q_{y2}) = P_2 + \mathrm{j}Q'_2 \tag{3-2}$$

线路损耗的有功功率为

$$\Delta P_z = \frac{P_2^2 + Q'^2_2}{U_2^2}R \tag{3-3}$$

对应的网损率可表示为

$$\Delta P_z\% = \frac{\dfrac{P_2^2 + Q'^2_2}{U_2^2}R}{P_2 + \dfrac{P_2^2 + Q'^2_2}{U_2^2}R} \tag{3-4}$$

当线路为空载时，即线路末端的传输功率为 $\widetilde{S}_2 = 0$ 时，则有

$$\widetilde{S}'_2 = \left(\frac{Y}{2}\dot{U}_2\right)^{*}\dot{U}_2 = \mathrm{j}Q'_2 = \Delta\widetilde{S}_{y2} \tag{3-5}$$

若线路是空载，即 $P_2 = 0$，将式（3-5）代入式（3-4），此时线路的损耗率为 100%，其物理意义表示线路首端传送的功率 $P_z = \dfrac{Q'^2_2}{U_2^2}R$ 全部被线路损耗消耗。

对式（3-4）求极值，可得出当 $P_2 = Q'_2$ 时，此时线路的损耗率最低。在此我们分析线路损耗率最低的有功传输情况。

根据电网实际运行统计，500kV 输电线路每 100km 的无功充电功率约为 120Mvar，在等值参数模型中，其末端等值充电无功功率为 60Mvar，此时若线路传输有功功率等于 60MW 时，线路损耗率最小。通常 500kV 线路的输电能力在 1860~2260MW，因此只要 500kV 输电功率（100km）大于 60MW 时，其损耗率是随着传输功率的增大而增大的。

若线路是空载，即 $P_2 = 0$，此时线路的损耗率为 100%，线路的有功损耗率最大，此时线路的损耗率随着输送有功功率的增大而减小；当线路输送有功功率增加至线路无功充电功率一半时，此时线路损耗率最小；当线路输送有功功率大于线路无功充电功率一半时，线路损耗率将随着线路输送有功功率的增大而增大。图 3-2 给出了采用集中参数表示的 MATLAB 软件仿真获得的 300km 的 500kV 线路损耗率仿真结果（500kV 线路参数：电阻 $0.028\Omega/\text{km}$，电抗 $0.325\Omega/\text{km}$，电纳 $5.20\times10^{-6}\mu\text{s}/\text{km}$）。

图 3-2 中，与线路损耗率最低点 $\Delta P\% = 1.29\%$ 对应的输送功率 $P_2 = 195\text{MW}$。

图 3-3 给出了采用分布参数表示的 MATLAB 软件仿真获得的 300km 的 500kV 线路损耗率仿真结果。

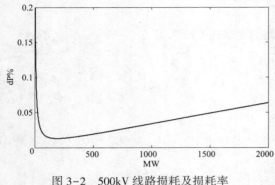

图 3-2　500kV 线路损耗及损耗率　　　　图 3-3　500kV 线路损耗及损耗率

图 3-3 中，与线路损耗率最低点 $\Delta P\% = 1.44\%$ 对应的输送功率 $P_2 = 228\text{MW}$。

对于 35kV 及以下电压等级的输电线路，通常不计线路的对地电容，因此输电线路仅需看成一个阻抗时，如图 3-4 所示。

此时，假设线路传输无功功率为零，式（3-3）可表达为

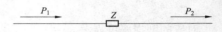

图 3-4　35kV 以下线路等值电路

$$\Delta P_z = \frac{P_2^2}{U_2^2}R \tag{3-6}$$

与之相适应的线损率可表达为

$$\Delta P_z\% = \frac{P_2}{U_2^2}R \tag{3-7}$$

由式（3-7）可见，当线路传输有功功率增加时，其造成的有功功率损耗也增加，即对于低压线路来说，线损率是随着线路传输功率的增加而增加。

2. 输电线路经济负载率

（1）经济电流密度。在电网运行中，电网公司不仅关心其有功功率损耗，而且也要关心输电线路投资，即考虑线路投资费用和年电能损耗费用最小。对于输电线路，目前人们通常采用经济电流密度来评估输电线路运行的经济性。GBJ 61—1981《工业与民用建筑 35kV 及以下架空电力线路设计规范》以及其他工业部门的有关设计技术规程、规范和技术规定中都规定"6kV 及以上的电力线路的导线截面，一般根据经济电流密度选择"。经济电流密度的物理含义是：当线路流过的电流为经济电流密度时，此时输电线路运行最经济。当以年费用最小法来确定经济电流

密度时, 可用式 (3-8) 表达

$$C_{\mathrm{L}} = C\hat{T} + C_z\hat{T} + C_y$$

$$= \frac{r_0(1 + r_0)^n}{(1 + r_0)^n - 1}\hat{T} + \frac{3I_{\mathrm{M}}^2\rho\tau_{\max}k_c}{S} \tag{3-8}$$

式中: C_{L} 为年费用; C 为资金还原因数; C_z 为线路年折旧维修费用系数; $\hat{T}$ 为线路投资费用; ρ 为导线电阻率; $\tau_{\max}$ 为线路的年最大负荷损耗小时数; k_c 为单位电度电价; I_{M} 为线路最大负载电流; r_0 为投资回收率或投资利税率; n 为工程经济使用年限; S 为导线的截面积。

其中,

$$\hat{T} = a + bS \tag{3-9}$$

式中: b 为每千米线路长度、每平方毫米截面的投资费用; a 为每公里线路的绝缘子、接地装置勘测及设计等费用。

式 (3-8) 的前半部分为输电线路的投资按等年值法折算成每年的运行费用; 后半部分表示输电线路的年电能损耗费用。

对式 (3-8) 求极值 (投资费用是导线面积 S 的函数), 得到经济电流密度 j

$$j = \sqrt{\frac{(C + C_z)b}{3\rho\tau_{\max}k_c}} \tag{3-10}$$

(2) 经济负载系数 (率)。为了与变压器和发电机的经济负载系数 (率) 相对应, 在此引入输电线路经济负载系数 (率) 的概念。对式 (3-6) 进行变换, 令线路负载系数 $\beta_{\mathrm{L}} = I_{\mathrm{M}}/I_e$, 有

$$C_{\mathrm{L}} = \frac{r_0(1 + r_0)^n}{(1 + r_0)^n - 1}\hat{T} + 3I_e^2\beta_{\mathrm{L}}^2 R\tau_{\max}k_c \tag{3-11}$$

式中: I_e 为线路传输额定功率时对应的传输电流。

定义线路在传输额定功率时的功率损耗为 P_{KL}, 即线路传输额定电流 I_e 对应的传输功率, 并令

$$P_{\mathrm{KL}} = 3I_e^2 R \tag{3-12}$$

对式 (3-11) 求极值, 有

$$\beta_{\mathrm{L, opt}} = \sqrt{\frac{(C_z + C)b}{P_{\mathrm{KL}}\tau_{\max}k_c}} \tag{3-13}$$

定义 $\beta_{\mathrm{L, opt}}$ 为输电线路的经济负载系数或经济负载率, 其含义和输电线路的经济电流密度等同。

式 (3-13) 虽然考虑了线路的投资费用及输送功率引起的有功损耗费用, 但还不全面。这是因为在上述推导过程, 没有考虑输电线路对地无功充电功率引起的有功损耗, 式 (3-13) 适用的范围为 35kV 及以下线路, 对于 110kV 及以上线路, 如前所述, 通常需要考虑输电线路无功充电功率引起的有功功率损耗。

随着电网的坚强, 实际运行的输电线路, 通常其运行在正常电压附近, 因此线路的充电无功功率变化不大, 即线路的无功充电功率可采用工程统计值, 我们可定义输电线路容性无功充电

功率为线路的空载损耗，用 P_{0L} 表示。这样式（3-11）可修正为

$$C_L = \frac{r_0(1 + r_0)^n}{(1 + r_0)^n - 1}\hat{T} + 3I_e^2\beta_L^2 R\tau_{max}k_c + TP_{0L}k_c \tag{3-14}$$

式中：T 表示全年使用小时数，为 8760h。

式（3-14）右边的第三项表示输电线路常年运行时由于空载损耗引起的有功损耗费用。同样对式（3-14）求极值，有

$$\beta_{L,\,opt} = \sqrt{\frac{(C_Z + C)b + TP_0k_c}{P_{KL}\tau_{max}k_c}} \tag{3-15}$$

式（3-15）才是输电线路经济负载率的完整公式，也可理解为经济电流密度的变形完整表达式。对于输电线路，只有运行在输电线路的经济负载率时，线路运行才经济。

由式（3-15）可见，输电线路的经济负载率不仅与输电线路的投资和运行维护费用相关，而且与输电线路的实际运行状况相关（最大负荷损耗小时数可反映输电线路的实际运行情况），还与输电线路的无功充电功率相关。

只有当线路的负载电流与额定电流之比大于输电线路经济负载率，并且接近线路额定电流的 80% 时，通常定义为线路潮流重载，此时应考虑对线路进行扩容改造或新建线路。

3.2.2 双绕组变压器的有功损耗与经济负载率

1. 变压器的损耗与损耗率

变压器的损耗包括两部分，一为铁损，二为铜损。变压器的铁损就是消耗在变压器励磁阻抗 Z_m 上的有功功率，该部分损耗也称作为变压器的空载损耗（变压器二次侧空载），用 P_{0B} 表示。变压器的等值电路如图 3-5 所示。

在工程应用中，通常采用简化的变压器等值电路图，如图 3-6 所示。

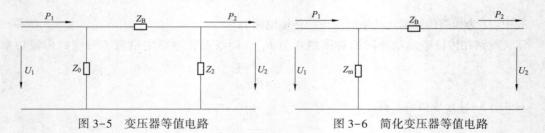

图 3-5　变压器等值电路　　　　　　图 3-6　简化变压器等值电路

变压器有功功率损耗 ΔP_B 和损耗率 $\Delta P_B\%$ 可按式（3-16）和式（3-17）计算

$$\Delta P_B = P_{0B} + P_{KB} \tag{3-16}$$

$$\Delta P_B\% = \frac{\Delta P_B}{P_1} = \frac{P_{0B} + \beta_B^2 P_{KB}}{\beta_B S_e\cos\varphi + P_{0B} + \beta_B^2 P_{KB}} \tag{3-17}$$

式中：P_{0B}、P_{KB} 分别为变压器的空载损耗和短路损耗。

变压器的空载损耗物理意义也就是变压器建立电磁联系所消耗的有功损耗，即变压器的空载损耗是在变压器接入额定电压条件下，变压器铁芯内由于励磁电流引起磁通周期性变化时产生的损耗，包括基本铁耗和附加铁耗。这是由于变压器本身的电磁联系即无功引起的损耗，这一点和输电线路的无功充电引起的损耗意义等同。若变压器为空载，此时负载率 $\beta_B = 0$，那么变压

器的有功损耗率为100%。

由式（3-16）、式（3-17）可见，变压器的有功损耗和损耗率是负载率 β_B 的函数，其中，负载系数 β_B 可用式（3-18）计算

$$\beta_B = \frac{P_2}{S_e \cos\varphi} \tag{3-18}$$

变压器的效率公式可由式（3-19）表达

$$\eta = \frac{P_2}{P_1} = \frac{\beta_B S_e \cos\varphi}{\beta_B S_e \cos\varphi + P_{0B} + \beta_B^2 P_{KB}} \tag{3-19}$$

式中：P_1、P_2 分别表示变压器一次侧输入功率和负载侧输出功率；$\cos\varphi$ 表示负荷功率因数；S_e 表示变压器的额定容量。

对式（3-19）求极值，即对 β_B 求导数，这样可得到变压器物理特性的经济负载系数 $\beta_B = \sqrt{P_{0B}/P_{KB}}$，即认为变压器运行 $\beta_B = \sqrt{P_{0B}/P_{KB}}$ 时，变压器的效率最高，此时变压器的铜损等于铁损。$\beta_B = \sqrt{P_{0B}/P_{KB}}$ 是最小损失率 $\Delta P_B\%$ 时的负载系数，一般称为有功经济负载系数。若变压器为空载，变压器的负载率 $\beta_B = 0$，那么变压器的损耗率为100%，此时随着变压器负载的增大，变压器的有功损耗率将逐渐减小；当负载率为 $\beta_B = \sqrt{P_{0B}/P_{KB}}$ 时，此时变压器有功损耗率达到极小值；当负载率大于 $\beta_B = \sqrt{P_{0B}/P_{KB}}$ 时，变压器的损耗率随负载的增大而增大。该特性和输电线路的特性一致，只不过输电线路的特性表现为电场特性，而变压器的表现为磁场特性。

上述的变压器有功经济负载率是一些经典文献所述，但是在实际运行中选择变压器容量并不能按变压器物理特性的经济负载系数 $\beta_B = \sqrt{P_{0B}/P_{KB}}$ 来选择，特别是现在新型变压器的应用，由于这些新型变压器采用新型材料，其空载损耗很低，如果按变压器物理特性的经济负载系数 $\beta_B = \sqrt{P_{0B}/P_{KB}}$ 来选择变压器容量，将极易造成"大马拉小车"的局面，造成变压器的不经济运行。这是因为没有考虑到变压器的实际运行时间和变压器的投资与运行维护费用。在确定变压器的经济负载率时，我们需要和确定输电线路的经济负载率一样，需要考虑变压器的投资运行维护费用以及变压器的实际运行状况。

2. 变压器的经济负载率

（1）考虑到负荷的实际运行情况。负荷是时变的，当考虑到负荷的实际运行情况时，必须对式（3-19）进行修正，此时可用式（3-20）来表达

$$\eta = \frac{\beta_B T_{max} S_e \cos\varphi}{\beta_B T_{max} S_e \cos\varphi + T P_{0B} + \beta_B^2 P_{KB} \tau_{max}} \tag{3-20}$$

式中：T_{max} 表示最大年负荷使用小时数。

对式（3-20）求极值，得到考虑到负荷的实际运行情况的变压器经济负载率公式为

$$\beta_B = \sqrt{\frac{T P_{0B}}{\tau_{max} P_{KB}}} \tag{3-21}$$

由上式可见，考虑到负荷的实际运行情况的变压器经济负载系数（率）$\beta_B = \sqrt{(T P_{0B})/(\tau_{max} P_{KB})}$ 的值和最大负荷利用小时数密切相关，且随着年最大负荷使用小时数的增大，经济负载率将减小。这即意味着最大负荷利用小时数较高时，应该选择容量较大的变压器。

（2）考虑变压器的投资和运行维护费用。按式（3-21）得到的变压器经济负载系数（率）

仍然没有考虑到变压器的投资和运行维护费用。毫无疑问，电网公司和用户在选择变压器时将以年运行支出费用最小为目标进行选择，即在变压器的使用年限内，综合投资最小。在这里为了公式的统一，将每年的投资折现值等值为功率损耗的费用，这样统一式可用下式表达

$$\eta = \frac{\beta_B T_{max} S_e \cos\varphi}{\beta_B \tau_{max} S_e \cos\varphi + TP_{0B} + \beta_B^2 P_{KB} \tau_{max} + K_1 k_p F_S} \tag{3-22}$$

式中：F_S 为变压器的价格；K_1 表示由价格折算为功率的系数（当电度电价取 0.5 元/kW·h，此时 K_1 为 2）；k_p 为折算的现值系数，和式（3-8）表达的系数等同，可同样表达为

$$k_p = \frac{r_0(1+r_0)^n}{(1+r_0)^n - 1} \tag{3-23}$$

若取年利率为 5%，变压器的使用年限为 20 年，求得的 k_p 为 0.125。

同理对式（3-22）进行求导，可得到的变压器的经济负载系数（率）为

$$\beta_{B,opt} = \sqrt{\frac{TP_{0B} + k_p K_1 F_S}{\tau_{max} P_{KB}}} \tag{3-24}$$

为了与输电线路相对应，当考虑了变压器的投资以及维护费用后，采用以年费用最小法来确定经济负载系数或经济负载率时，可表示为

$$C_B = C\hat{T} + C_z \hat{T} + C_y$$
$$= \frac{r_0(1+r_0)^n}{(1+r_0)^n - 1} \hat{T} + (TP_{0B} + \beta_B^2 P_{KB} \tau_{max}) \cdot k_c \tag{3-25}$$

同样对式（3-25）求极值，可得

$$\beta_{B,opt} = \sqrt{\frac{TP_{0B} + (C + C_z)/k_c}{\tau_{max} P_{KB}}} \tag{3-26}$$

式（3-26）与式（3-24）意义相同，仅表示形式有所变化。

将式（3-24）和式（3-26）与式（3-15）对比，我们可以发现，线路的经济负载系数（率）和变压器的经济负载系数（率）在结构上是一致的。式（3-15）和式（3-26）的分母表示输电线路和变压器负载运行时的有功功率损耗。

（3）算例。

计算条件：SH11 系列变压器的参数和经济指标见表 3-1，现高峰负荷为 700kW，功率因数为 0.90，年最大负荷损耗小时数为 5000h，有功电价为 0.5 元/kW·h，无功电价为 0.1 元/kvar·h，试选择合理容量的变压器，并进行经济比较。

表 3-1　　　　　　　　　　　　　SH11 系列变压器参数

指标 容量（kVA）	空载损耗 （kW）	短路损耗 （kW）	空载电流 （%）	短路阻抗 （%）	价格 （万元）
800	0.35	7.5	0.4	4.5	11.8
1000	0.42	10.3	0.3	4.5	13.9
1250	0.49	12.0	0.3	4.5	17.1
1600	0.6	14.5	0.3	4.5	20.5

运用式（3-24）分别对 1000kVA 变压器求经济负载率

$$\beta = \sqrt{\frac{TP_0 + k_1 k_P F_S}{\tau_{max} P_K}} = \sqrt{\frac{0.42 \times 8760 + 139000/4}{10.3 \times 5000}} = 0.86$$

再根据式（3-18）可求得，此时应该选择的变压器容量为

$$S_e = \frac{P}{\cos\varphi \beta_{B,opt}} = \frac{700}{0.9 \times 0.86} = 904 \text{ kVA}$$

同理将 1250kVA 和 1600kVA 容量的变压器参数代入式（3-24）和式（3-28），得其经济负载率和理论意义上应该选择的变压器容量，计算结果可见表 3-2。

表 3-2 根据 $\beta_{B,opt}$ 所选的各种变压器

变压器容量（kVA）	1000	1250	1600
$\beta_{B,opt}$	0.86	0.87	0.87
根据 $\beta_{B,opt}$ 选择的 S_e	904	893	893

由上计算和表 3-2 分析可知，根据最佳负载率选择的变压器容量和假定的相差不大时为合理的选择容量，故选择 1000kVA 变压器容量比较合理。

现分别选择 1000kVA、1250kVA 和 1600kVA 进行经济比较，按式（3-26）计算年支出费用，计算所得结果参见表 3-3。

表 3-3 变压器年运行费用

变压器容量（kVA）	1000	1250	1600
有功损耗（kW·h）	34 771	27 522	22 388
年支出费用（元）	34 761	35 136	36 819

由表 3-3 可见，当按最佳负载系数来选取变压器容量时，用户将无疑选择出最合理的变压器。

（4）变压器无功损耗对系统网损的影响。与输电线路不同的是，变压器传输功率时，其损耗的无功功率远远大于有功功率，因此对于电网侧来说，变压器相当于一个感性负载。当变压器计及无功损耗时，变压器无功消耗率可用下式表达

$$\Delta Q_B = Q_{0B} + \beta_B^2 Q_{KB} \tag{3-27}$$

$$\Delta Q_B\% = \frac{Q_{0B} + \beta_B^2 Q_K}{\beta_B S_e \cos\varphi + P_{0B} + \beta_B^2 P_{KB}} \tag{3-28}$$

式中：无功空载损耗 $Q_{0B} = I_0\% \times S_e$；无功短路损耗 $Q_{KB} = U_k\% \times S_e$。

目前多数对无功损耗的计算主要用无功经济当量 k' 来表示，一般取 0.1，其意义是由于无功功率的流动引起有功损耗，根据变压器在电网中不同的位置，无功经济当量取值也不一样。考虑到无功功率损耗后的效率时，式（3-22）可写成式（3-29）

$$\eta = \frac{\beta_B T_{max} S_e \cos\varphi}{\beta_B \tau_{max} S_e \cos\varphi + TP_{0B} + \beta_B^2 P_{KB} \tau_{max} + k'(TQ_{0B} + \beta_B^2 Q_{KB} \tau_{max}) + K_1 k_P F_S} \tag{3-29}$$

对式（3-29）求极值，可得到计及无功损耗的负载率 $\beta_{BZ,opt}$ 为

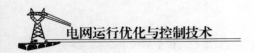

$$\beta_{\text{BZ,opt}} = \sqrt{\frac{TP_{0B} + k'TQ_{0B} + K_1 k_p F_S}{\tau_{\max} P_{KB} + k' \tau_{\max} Q_{KB}}} \tag{3-30}$$

由于变压器的电抗远大于输电线路，相当于一个很大的无功负荷，而这个负荷消耗的无功功率是通过输电线路传送过来的，将引起较大的有功损耗，所以我们才引入了无功经济当量的概念，显然无功经济当量随变压器在电网中的位置不同而不同。换句话说，无功经济当量相当于引入了一个"全网"的概念，而对于元件来说，式（3-26）表达的为变压器元件的经济负载率。

3.2.3 三绕组变压器的损耗与经济负载率

（1）三绕组变压器功率损耗和损耗率计算。三绕组变压器有功功率损耗 ΔP_B 和损耗率 $\Delta P_B\%$ 可按式（3-31）和式（3-32）表达

$$\Delta P_B = P_{0B} + \beta_1^2 P_{K1} + \beta_2^2 P_{K2} + \beta_3^2 P_{K3} \tag{3-31}$$

$$\Delta P_B\% = \frac{\Delta P_B}{P_1} = \frac{P_{0B} + \beta_1^2 P_{K1} + \beta_2^2 P_{K2} + \beta_3^2 P_{K3}}{\beta_1 S_{1N} \cos\varphi_{23} + P_{0B} + \beta_1^2 P_{K1} + \beta_2^2 P_{K2} + \beta_3^2 P_{K3}} \tag{3-32}$$

其中

$$\beta_1 = \frac{S_1}{S_{1N}} \tag{3-33}$$

$$\beta_2 = \frac{S_2}{S_{2N}} \tag{3-34}$$

$$\beta_3 = \frac{S_3}{S_{3N}} \tag{3-35}$$

并且有

$$\beta_1 = \beta_2 + \beta_3 \tag{3-36}$$

式中 P_{K1}、P_{K2}、P_{K3}——三绕组变压器的一次侧、二次侧和三次侧绕组的负载损耗，kW；

β_1、β_2、β_3——三绕组变压器的一次侧、二次侧和三次侧绕组的负载系数；

S_{1N}、S_{2N}、S_{3N}——三绕组变压器额定的一次侧、二次侧和三次侧的视在功率，kVA；

S_1、S_2、S_3——三绕组变压器的一次侧、二次侧和三次侧的视在功率；

P_{0B}——三绕组变压器的空载损耗；

$\Delta P_{0B}\%$——三绕组变压器的空载损耗率。

式（3-31）和式（3-32）是针对特定的负荷，工程中常用的表达式为

$$\Delta P_B = P_{0B} + \beta_1^2 (P_{K1} + C_2^2 P_{K2} + C_3^2 P_{K3}) \tag{3-37}$$

$$\Delta P_B\% = \frac{\Delta P_B}{P_1} = \frac{P_{0B} + \beta_1^2 (P_{K1} + C_2^2 P_{K2} + C_3^2 P_{K3})}{\beta_1 S_{1N} \cos\varphi_{23} + P_{0B} + \beta_1^2 (P_{K1} + C_2^2 P_{K2} + C_3^2 P_{K3})} \tag{3-38}$$

式中：C_2、C_3 为三绕组变压器二次侧绕组的负载分配系数和三次侧绕组的负载分配系数。

其中

$$C_2 = S_2 / S_1 \tag{3-39}$$

$$C_3 = S_3 / S_1 \tag{3-40}$$

变压器的效率公式为

$$\eta = \frac{\beta_1 S_N \cos\varphi}{\beta_1 S_N \cos\varphi + P_{0B} + \beta_1^2 (P_{K1} + C_2^2 P_{K2} + C_3^2 P_{K3})} \tag{3-41}$$

对上式求 β_1 极值，有

$$\beta_1 = \sqrt{\frac{P_{0B}}{P_{K1} + C_2^2 P_{K2} + C_3^2 P_{K3}}} \tag{3-42}$$

β_1 是损失率 $\Delta P\%$ 最小时的负载系数，一般称为三绕组变压器的有功经济负载系数。按此 β_1 来选择变压器容量，变压器的损耗将达到最小，此时三绕组变压器的铜损等于铁损。

（2）三绕组变压器的经济负载率。

1）考虑到负荷的实际运行情况。负荷是时变的，当考虑到负荷的实际运行情况时，必须对式（3-41）进行修正，此时可用下式来表达

$$\eta = \frac{\beta_1 T_{max} S_e \cos\varphi}{\beta_1 T_{max} S_e \cos\varphi + TP_{0B} + \beta_1^2 (P_{K1} + C_2^2 P_{K2} + C_3^2 P_{K3})\tau_{max}} \tag{3-43}$$

对式（3-43）求极值，求得考虑到负荷的实际运行情况时的三绕组变压器经济负载率公式

$$\beta_1 = \sqrt{\frac{TP_{0B}}{\tau_{max}(P_{K1} + C_2^2 P_{K2} + C_3^2 P_{K3})}} \tag{3-44}$$

上式同样表明考虑到负荷的实际运行情况时的三绕组变压器经济负载率与最大负荷损耗小时数密切相关，且随着年最大负荷损耗小时数的增大而减小。

2）考虑到变压器的投资和运行维护费用。按式（3-44）求得的经济负载系数（率）没考虑到变压器的一次性投资及运行维护费用问题。同样为了公式的统一，将每年的投资及运行维护费用折现值等值为有功功率损耗的费用，可由式（3-45）表达

$$\eta = \frac{\beta_1 T_{max} S_e \cos\varphi}{\beta_1 \tau_{max} S_e \cos\varphi + TP_{0B} + \beta_1^2 P_{KK}\tau_{max} + K_1 k_p F_S} \tag{3-45}$$

其中

$$P_{KK} = P_{K1} + C_2^2 P_{K2} + C_3^2 P_{K3} \tag{3-46}$$

同理，对式（3-45）求极值，得到的最佳负载率为

$$\beta_{1,opt} = \sqrt{\frac{TP_{0B} + K_1 k_p F_S}{\tau_{max} P_{KK}}} \tag{3-47}$$

式（3-47）和式（3-24）在结构上完全一致。

3）考虑到无功损耗。当变压器计及无功损耗时，变压器无功损耗可用下式表达

$$\Delta Q_B = Q_{0B} + \beta_1^2 Q_{K1} + \beta_2^2 Q_{K2} + \beta_3^2 Q_{K3} \tag{3-48}$$

$$\Delta Q_B\% = \frac{Q_{0B} + \beta_1^2 Q_{K1} + \beta_2^2 Q_{K2} + \beta_3^2 Q_{K3}}{\beta_1 S_e \cos\varphi + Q_{0B} + \beta_1^2 Q_{K1} + \beta_2^2 Q_{K2} + \beta_3^2 Q_{K3}} \tag{3-49}$$

考虑到变压器消耗无功功率给电网造成的损耗后，其效率表达式如式（3-50）

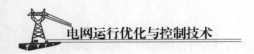

$$\eta = \frac{\beta_1 T_{max} S_e \cos\varphi}{\beta_1 \tau_{max} S_e \cos\varphi + TP_{0B} + \beta_1^2 P_{KK} \tau_{max} + k'TQ_{0B} + \beta_1^2 Q_{KK} \tau_{max} + K_1 k_p F_S} \tag{3-50}$$

其中

$$Q_{KK} = Q_{K1} + C_2^2 Q_{K2} + C_3^2 Q_{K3} \tag{3-51}$$

同理，对式（3-50）进行求极值，得到的最佳负载率为

$$\beta_{ZB, opt} = \sqrt{\frac{TP_{0B} + k'TQ_{0B} + K_1 k_p F_S}{\tau_{max} P_{KK} + k' \tau_{max} Q_{KK}}} \tag{3-52}$$

式（3-52）和式（3-24）在结构上完全一致。

3.2.4 电动机损耗及经济运行指标

异步电动机在电力系统负荷中占的比重非常大，是电力系统的无功功率消耗大户。据有关的统计，在工矿企业所消耗的全部无功功率中，异步电动机的无功功率消耗占了 60%~70%；而在异步电动机空载时所消耗的无功功率又占到电动机总无功功率消耗的 60%~70%。

电动机的有功功率损耗计算公式可用式（3-53）表达

$$\Delta P_D = P_{0D} + \beta_D^2 \left[\left(\frac{1}{\eta_{ND}} - 1 \right) P_{ND} - P_{0D} \right] \tag{3-53}$$

式中：P_{ND} 表示电动机的额定功率，kW；η_{ND} 表示电动机的额定效率；P_{0D} 表示电动机的空载损耗，kW；β_D 表示电动机的负载率。

异步电动机的等值电路图同变压器的等值电路图，只不过异步电动机的空载损耗占异步电动机的全部损耗的比例大于变压器的空载损耗占变压器全部损耗的比例。这是由于电动机和变压器不同的磁路决定的。

式（3-53）写成

$$\Delta P_D = P_{0D} + \beta_D^2 P_{KD} \tag{3-54}$$

式中：P_{0D} 表示异步电动机的空载损耗；P_{kD} 为额定功率时的负载损耗或额定功率时的可变损耗，也可称为短路损耗。

将式（3-54）代入电动机的效率公式，同样可得

$$\beta_D = \sqrt{P_{0D}/P_{KD}} \tag{3-55}$$

上式的物理意义为：当电动机的空载损耗与负载损耗相等时，此时电动机的有功效率最高或者它的有功损耗率最小。

同样考虑电动机的投资和运行维护费用，可表示为

$$\begin{aligned} C_B &= C\hat{T} + C_Z\hat{T} + C_y \\ &= \frac{r_0(1 + r_0)^n}{(1 + r_0)^n - 1}\hat{T}_D + T_D k_c (P_{0D} + \beta_D^2 P_{KD}) \end{aligned} \tag{3-56}$$

对式（3-56）求极值，可以得到电动机的经济负载系数

$$\beta_D = \sqrt{\frac{P_{0D}}{P_{KD}} + \frac{(C + C_Z)}{Tk_c P_{KD}}} \tag{3-57}$$

比较式（3-57）与变压器的经济负载率式（3-26）和输电线路的经济负载率式（3-15）在结构上相同，变化的地方仅是由于电动机由于空载时，通常也是停运，因此不再产生功率损耗。

同样考虑到电动机的无功消耗引起的损耗时，式（3-56）可表达为

$$C_B = C\hat{T} + C_z\hat{T} + C_y$$
$$= \frac{r_0(1+r_0)^n}{(1+r_0)^n - 1}\hat{T}_D + T_D k_c \left[P_{0D} + \beta_D^2 P_{KD} + k'(Q_0 + \beta_D^2 Q_K) \right] \qquad (3-58)$$

对式（3-58）求极值，可以得到电动机的经济负载系数

$$\beta_{D,\ opt} = \sqrt{\frac{P_{0D} + k'Q_{0D}}{P_{KD} + k'Q_{KD}} + \frac{(C + C_Z)}{Tk_c(P_{KD} + k'Q_{KD})}} \qquad (3-59)$$

比较式（3-59）与变压器的经济负载率式（3-30）和输电线路的经济负载率在结构上相同。

3.2.5 电力系统元件经济运行指标的统一

由3.2.1～3.2.4的介绍可见，输电线路、变压器和异步电动机不仅在物理意义上具有相同点，而且在经济负载率的表达式具有一致性，也正是因为输电线路、变压器和异步电动机具有近似的物理特点，决定了输电线路、变压器和异步电动机可用统一的经济运行指标——经济负载系数（率）来确定它们的运行经济性。

（1）由于输电线路具有无功充电特性，变压器和电动机具有电磁感应特性，因此三者都存在空载损耗，该空载损耗是这三个元件的固有特性。当等效的空载损耗等于负载损耗时，输电线路、变压器和电动机三个电力系统元件效率最高，损耗率最低。

（2）当考虑到这三个元件的实际运行特性以及这三个元件的投资回收，推导出的这三个元件的经济负载率在结构上也是一致的，表明这三个元件可用统一的经济运行指标——经济负载系数（率）来衡量。

（3）由于输电线路、变压器和异步电动机的固有特性，输电线路、变压器和异步电动机的空载损耗在这三个元件运行特性中所占的比例不同，输电线路的空载损耗最小，而异步电动机最大，变压器则居中。

（4）考虑了输电线路、变压器和异步电动机的实际运行特性以及这三个元件的投资回收，推导出的这三个元件的经济负载系数（率）能比较全面地反映这三个元件运行的经济性，能为电网运行管理人员提供有益的指导。

（5）由于变压器和电动机要消耗大量无功功率，这些无功功率需要通过网络传输，将造成有功损耗，所以引入了无功经济当量的概念来反映这些元件消耗无功引起的系统有功损耗。

（6）考虑了无功消耗引起的有功损耗的变压器和电动机的经济负载系统在结构上也是相同的。

3.3 电力系统中有功功率的最优分布

3.3.1 有功功率电源的最优组合

电力系统有功功率的最优分布包括有功功率电源的最优分布和有功功率负荷的最优分布。

机组合理组合的方法有最优组合顺序法、动态规划法和整数规划法。

机组合理组合的本质是根据各类发电厂的特性进行合理组合，使系统运行费用最小。通常由于水力发电厂和核电厂的一次性投资大，而运行费用小，所以作为优先机组考虑发电；而火力

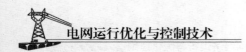

发电厂其运行需要消耗燃料资源，通常其组合次序在核电厂和水力发电厂后。此外由于水力发电厂的水轮机组投入运行和再度投入相对于汽轮机组（火电厂和核电厂）不需要消耗大量能量和很多时间，所以水电机组通常用作调峰机组和其他一些调节功能。

3.3.2 有功功率负荷的最优分配

在传统的电力系统中，有功功率负荷分布的最优准则是等耗量微增率准则，指的是当各发电机组的有功微增耗量相等时，此时系统运行最经济。其数学表达式为

$$\text{Min}F_\Sigma = F_1(P_{G1}) + F_2(P_{G2}) + \cdots + F_n(P_{Gn}) = \sum_{i=1}^{n} F_i(P_{Gi}) \tag{3-60}$$

满足约束条件

$$\sum_{i=1}^{n} P_{Gi} - \sum_{i=1}^{n} P_{Li} - \Delta P_\Sigma = 0 \tag{3-61}$$

不等式约束

$$P_{Gi,\ min} \leqslant P_{Gi} \leqslant P_{Gi,\ max} \tag{3-62}$$

$$Q_{Gi,\ min} \leqslant Q_{Gi} \leqslant Q_{Gi,\ max} \tag{3-63}$$

$$U_{i,\ min} \leqslant U_i \leqslant U_{i,\ max} \tag{3-64}$$

$$P_{ij,\ min} \leqslant P_{ij} \leqslant P_{ij,\ max} \tag{3-65}$$

式中：$P_{Gi,max}$、$P_{Gi,min}$ 为发电机有功功率上下限；$Q_{Gi,max}$、$Q_{Gi,min}$ 发电机无功上下限；$U_{i,max}$、$U_{i,min}$ 为节点电压上下限；$P_{ij,max}$、$P_{ij,min}$ 为线路的传输功率极限；n 表示节点数。

构造拉格朗日函数

$$C = \sum_{i}^{n} F_i(P_{Gi}) - \lambda \left(\sum_{i=1}^{n} P_{Gi} - \sum_{i=1}^{n} P_{Li} - \Delta P_\Sigma \right) \tag{3-66}$$

对式（3-66）求导，得

$$\frac{\partial F_1(P_{G1})}{\partial P_{G1}} \cdot \frac{1}{(1 - \partial \Delta P_\Sigma / \partial P_{G1})} = \frac{\partial F_2(P_{G2})}{\partial P_{G2}} \cdot \frac{1}{(1 - \partial \Delta P_\Sigma / \partial P_{G2})} = \cdots$$
$$= \frac{\partial F_n(P_{Gn})}{\partial P_{Gn}} \cdot \frac{1}{(1 - \partial \Delta P_\Sigma / \partial P_{Gn})} \tag{3-67}$$

其中，$\dfrac{1}{(1 - \partial \Delta P_\Sigma / \partial P_{Gn})}$ 为网损修正因子。

式（3-67）表明系统具有同一的等耗量微增率时，系统运行最经济。由于各节点网损修正因子的不同，因此各节点的耗量微增率 $\dfrac{\partial F_i(P_{Gi})}{\partial P_{Gi}}$ 不相等；若不计网损时，各节点的 $\dfrac{\partial F_i(P_{Gi})}{\partial P_{Gi}}$ 应相等，即所谓的等耗量，其表达式如式（3-68）所示

$$\frac{\partial F_1(P_{G1})}{\partial P_{G1}} = \frac{\partial F_2(P_{G2})}{\partial P_{G2}} = \cdots = \frac{\partial F_n(P_{Gn})}{\partial P_{Gn}} \tag{3-68}$$

虽然等耗量微增率揭示的物理意义清晰，但在工程实践中难以应用。在工程实践中，通常采用以网络损耗或费用最小为目标函数，以节点功率、电压和电源功率为约束条件的最优潮流程序。

3.3.3 最优潮流

最优潮流是 20 世纪 50 年代由法国学者 Carpentier 率先把电力系统经典调度理论同潮流计算

结合起来的。最优潮流指的是系统在当前接线和负荷水平时，在满足一系列约束条件的情况下，通过调节控制变量使系统的运行状况达到最优。

经典的最优潮流数学模型可用式（3-69）表达

$$\mathrm{Min}F(x) = \sum_{i=1}^{n_C}[f_{Gi}(P_{Gi})] \tag{3-69}$$

式中：$f_{Gi}(P_{Gi})$ 表示发电机发出有功功率时需要的成本费用；n_C 表示发电机台数。

满足的等式约束（潮流约束）有

$$g_{pi} = P_{Gi} - P_{Li} - \sum_{j=1}^{n}U_iU_j|Y_{ij}|\cos(\theta_i - \theta_j - \delta_{ij}) = 0 \tag{3-70}$$

$$g_{qi} = Q_{Gi} - Q_{Li} - \sum_{j=1}^{n}U_iU_j|Y_{ij}|\sin(\theta_i - \theta_j - \delta_{ij}) = 0 \tag{3-71}$$

满足的不等式约束有

$$P_{Gi,\min} \leqslant P_{Gi} \leqslant P_{Gi,\max} \tag{3-72}$$

$$Q_{Gi,\min} \leqslant Q_{Gi} \leqslant Q_{Gi,\max} \tag{3-73}$$

$$U_{i,\min} \leqslant U_i \leqslant U_{i,\max} \tag{3-74}$$

$$P_{ij,\min} \leqslant P_{ij} \leqslant P_{ij,\max} \tag{3-75}$$

式中：θ_i、θ_j 为节点 i，j 的相角；Y_{ij} 为节点导纳矩阵；δ_{ij} 为导纳 Y_{ij} 的相角，其余字母含义同前。

采用内点法将不等式约束转变成等式约束，形成扩展的拉格朗日函数。

$$\begin{aligned}\min L =& \sum_{i=1}^{N_C}[f_{pi}(P_{gi}) + f_{qi}(Q_{gi})] - \sum_{i=1}^{N}\lambda_{pi}g_{pi} - \sum_{i=1}^{N}\lambda_{qi}g_{qi} + \sum_{i=1}^{N_C}\pi_{1pi}(P_{gi} - s_{1pi} - P_{gimin}) + \\ & \sum_{i=1}^{N_C}\pi_{upi}(P_{gi} - s_{upi} - P_{gimax}) + \sum_{i=1}^{N_C}\pi_{1qi}(Q_{gi} - s_{1qi} - Q_{gimax}) + \sum_{i=1}^{N_C}\pi_{uqi}(Q_{gi} - s_{uqi} - Q_{gimax}) + \\ & \sum_{i=1}^{N_n}\pi_{1Bi}(P_{Bi} - s_{1Bi} - P_{Bimin}) + \sum_{i=1}^{N_n}\pi_{uBi}(P_{Bi} - s_{uBi} - P_{Bimax}) + \sum_{i=1}^{N}\pi_{1Ui}(U_i - s_{1Ui} - U_{imin}) + \\ & \sum_{i=1}^{N}\pi_{uUi}(U_i - s_{uUi} - U_{imax}) - \mu\left(\sum_{i=1}^{k}\ln s_{ui} + \sum_{i=1}^{k}\ln s_{1i}\right)\end{aligned} \tag{3-76}$$

式中：s_1，s_u 为下限、上限松弛变量向量；$s_1 = [s_{1p}, s_{1q}, s_{1B}, s_{1U}]^T$，$s_u = [s_{up}, s_{uq}, s_{uB}, s_{uU}]^T$；$\pi_1$，$\pi_u$ 为下限、上限对偶变量向量；$\pi_1 = [\pi_{1p}, \pi_{1q}, \pi_{1B}, \pi_{1U}]^T$，$\pi_u = [\pi_{up}, \pi_{uq}, \pi_{uB}, \pi_{uU}]^T$；$\mu$ 为对数障碍函数。

$$\rho_i^p = \left.\frac{\partial L}{\partial P_i}\right|_* = \lambda_{pi} \tag{3-77}$$

$$\rho_i^q = \left.\frac{\partial L}{\partial Q_i}\right|_* = \lambda_{qi} \tag{3-78}$$

式（3-77）的 ρ_i^p 表示的数学意义是发电费用函数对每个节点消耗有功功率的偏导数，表明每个节点增加单位有功功率需要消耗的成本费用，ρ_i^p 也就是电力市场中的实时电价。两节点的实时电价差别则主要是由网损造成的；当不计网损时，两节点的实时电价相等。此外同时由式（3-77）的推导也可见：当忽略线路电阻时，即不考虑系统有功功率损耗时，由最优潮流求得的 λ_{pi} 相等。这和没有考虑有功网损的等网损微增率因子，即式（3-78）中的 λ 具有相同意义

（各点的耗量相等时，发电机成本费用最小）。当考虑有功网损时，即增加了网损修正因子

$\dfrac{1}{(1-\partial\ \Delta P_{\Sigma}/\partial\ P_{Gi})}$，各节点实时电价不同，也就是求解最优潮流时，各节点不同 λ_{pi} 的原因。由上述分析可见，最优潮流实质上是等耗量微增率的进一步发展。

式（3-78）的物理意义是系统费用函数对每个节点消耗无功功率的偏导数，表明每个节点增加单位无功功率需要消耗的费用。

[例题] 现以 IEEE9 节点为例进行分析。系统接线如图 3-7 所示。

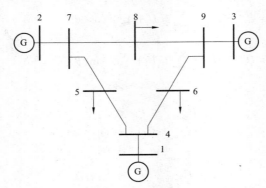

图 3-7　IEEE9 节点系统

当系统的各条线路电阻均为 0 时，系统的有功网损为 0，这样相当于忽略了系统的有功网损。这时，根据最优潮流计算所得结果见表 3-4。

表 3-4　　　　　　　　　　　最优潮流计算所得的计算结果

节点号	U/p. u.	P_{Gi}/MW	Q_{Gi}/Mvar	P_{Li}/MW	Q_{Li}/Mvar	λ_{pi}
1	1.093	86.56	-8.38	0.00	0.00	24.044
2	1.004	134.38	61.59	0.00	0.00	24.044
3	0.940	91.06	-3.40	0.00	0.00	24.044
4	0.910	0.00	0.00	0.00	0.00	24.044
5	0.914	0.00	0.00	125.00	50.00	24.044
6	0.944	0.00	0.00	90.00	30.00	24.044
7	0.949	0.00	0.00	0.00	0.00	24.044
8	0.969	0.00	0.00	100.00	35.00	24.044
9	0.968	0.00	0.00	0.00	0.00	24.044

由表 3-4 可见，在不计及有功网损的情况下，求解最优潮流所得的拉格朗日乘子均相同。即表明，当满足方程的拉格朗日乘子相同的情况下，系统运行状态最优。这和满足等耗量微增率的意义相同，即所有的节点的耗量微增率相等时，系统达到最优。因此这进一步论证了最优潮流和等耗量微增率之间的联系，即最优潮流包含了等耗量微增率，是等耗量微增率的进一步发展。

通常发电机费用函数可表达为

$$f_{Gi}(P_{Gi}) = a_i \cdot P_{Gi}^2 + b_i \cdot P_{Gi} + c_i \tag{3-79}$$

式中：a_i、b_i、c_i 为系数；P_{Gi} 为发电机有功出力。

若为水轮机组和核电机组，系数 a_i 和 b_i 均较小，而火电机组的 a_i 和 b_i 通常较大，因此由最优潮流求得的最优解必定是，在满足系统稳定运行情况下，水电机组和核电机组优先投入运行并多出力，而火电机组则次之，该结果同 3.3.1 得出的结论完全一致。因此通过最优潮流获得的机组最优组合显然包含了传统的经典有功功率电源的最优组合理论，是经典有功功率电源的最优组合理论的发展。

对比等耗量微增率的目标函数、约束条件同最优潮流的目标函数、约束条件，二者一致，因此最优潮流包含了等耗量微增率，是经典的等耗量微增率的进一步发展。

3.4　无功功率与电力系统经济运行

无功功率优化运行包括无功功率优化和无功功率补偿。通过对电力系统无功电源的合理配置和对无功负荷的最佳补偿，不仅可以维持电压水平和提高电力系统运行的稳定性，而且可以降低有功网损和无功网损，提高电力系统安全经济运行水平。

进行无功优化和无功补偿的目的可归纳为以下三点：

（1）减小线路损耗和系统网损，提高系统运行的经济性。由于无功功率在输电及配电网络上流动，将引起有功网损和无功网损。当网络中某支路（包括线路和变压器）进行无功补偿后，引起的有功功率损耗可用式（3-80）表达

$$\Delta P_{\Sigma} = \frac{P^2 + Q^2}{U_2^2} \times R \tag{3-80}$$

式中：ΔP_{Σ} 为有功功率损耗。

在负荷节点安装无功补偿设备后，输电线路上传输的无功功率将减小，因此无功功率传输引起的网损将下降。

$$\Delta P_{\Sigma} = \frac{P^2 + (Q - Q_C)^2}{U_2^2} \times R \tag{3-81}$$

由式（3-81）可见，当进行无功补偿后，有功功率损耗将下降，从而网损将下降。

对线路进行无功补偿前后的电路图如图 3-8 所示。

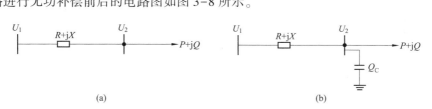

(a)　　　　　　　　　　　　(b)

图 3-8　简单输电线路传输功率图

（a）未进行无功补偿的传输功率；（b）进行无功补偿的传输功率

同时由于无功功率补偿设备的灵活性，无功补偿设备的配置和容量的选择获得了广泛的研究。

（2）减少电压损耗。随着高电压等级、大容量和跨区电网的迅速发展，对电压稳定和电压质量提出了更高的标准和更严格的要求。进行无功补偿可以提高受端电压水平，从而提高电压质量。

当进行无功补偿后，线路上的电压损耗可用式（3-82）表达

$$\dot{U}_2 = (\dot{U}_1 - \Delta U') - j\delta U' \tag{3-82}$$

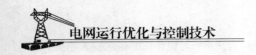

其中，
$$\Delta U' = \frac{PR + (Q - Q_C)X}{U_1} \qquad (3-83)$$

$$\delta U' = \frac{PX - (Q - Q_C)R}{U_1} \qquad (3-84)$$

式中，$\dot{U}_1$、$\dot{U}_2$ 分别为线路首端、末端的电压向量；R、X 为线路的电阻和电抗；P、Q 为线路上流动的有功功率和无功功率；$\Delta U'$、$\delta U'$ 为电压降落的纵轴分量和横轴分量。

由式（3-82）可见，当对负荷节点进行无功补偿后，使电压降落的两个分量 $\Delta U'$、$\delta U'$ 减小，从而使电压损耗下降，提高了负荷的节点电压水平。

（3）提高发电设备利用率。当系统进行无功补偿后，系统发电机的发电功率因数可以提高，这可用式（3-85）表达

$$\cos\varphi = \frac{P}{S} \qquad (3-85)$$

当进行无功功率补偿后，负荷的功率因数可提高，这样发电机所发的无功即可减少，发电机的功率因数可提高，由式（3-85）可见，发电机输出的有功功率就能增大，因此提高了发电设备的利用率。

3.5 电力系统中无功功率的最优分布

3.5.1 无功功率电源的最优分布
电力系统无功功率的最优分布包括无功电源的最优分布和无功功率负荷的最优补偿。

1. 等网损微增率
优化无功功率电源分布的目的是降低电力网络中的有功功率损耗。因此，目标函数是网络有功总损耗 ΔP_Σ。在除了平衡节点外其他各节点的注入有功功率一定的情况下，网络总损耗仅与各节点的注入无功功率有关。由于无功电源的多样性和灵活性，因此可以通过无功补偿设备——电容器、调相机和静止无功补偿器等提供感性无功功率，补偿无功功率负荷消耗的无功功率，从而降低网络的有功总损耗。

无功电源最优分布的目标是有功网损最小，即目标函数为
$$\text{Min}\Delta P_\Sigma(Q_{Gi}) \qquad (3-86)$$

满足等式约束

$$\sum_{i=1}^{n} Q_{Gi} - \sum_{i=1}^{n} Q_{Li} - \Delta Q_\Sigma = 0 \qquad (3-87)$$

式中：ΔQ_Σ 为网络的无功功率总损耗；Q_{Gi} 表示无功电源发出的无功功率；Q_{Li} 表示无功负荷的无功功率。

满足不等式约束条件

$$\begin{cases} Q_{Gimin} \leq Q_i \leq Q_{Gimax} \\ U_{imin} \leq U_i \leq Q_{imac} \end{cases} \qquad (3-88)$$

这样，根据列出的目标函数和等约束条件建立新的、不受约束的目标函数，即构造拉格朗日函数

$$C^* = \Delta P_\Sigma(Q_{Gi}) - \lambda \left(\sum_{i=1}^{n} Q_{Gi} - \sum_{i=1}^{n} Q_{Li} - \Delta Q_\Sigma \right) \qquad (3-89)$$

对式（3-89）求导，可得其最小值的条件

$$\begin{cases} \dfrac{\partial \Delta P_\Sigma}{\partial Q_{G1}} \dfrac{1}{(1-\partial \Delta Q_\Sigma/\partial Q_{G1})} = \dfrac{\partial \Delta P_\Sigma}{\partial Q_{G2}} \dfrac{1}{(1-\partial \Delta Q_\Sigma/\partial Q_{G2})} = \cdots \\[3mm] \dfrac{\partial \Delta P_\Sigma}{\partial Q_{Gn}} \dfrac{1}{(1-\partial \Delta Q_\Sigma/\partial Q_{Gn})} = \lambda \\[3mm] \displaystyle\sum_{i=1}^n Q_{Gi} - \sum_{i=1}^n Q_{Li} - \Delta Q_\Sigma = 0 \end{cases} \tag{3-90}$$

式（3-90）中的第一式即为无功电源最优分布的准则，而第二式则是无功功率平衡关系式。由式（3-90）可见，当系统具有统一的等网损微增率时，系统的损耗最小。

2. 网损微增率的计算

通常网损微增率的计算采用转置潮流雅克比矩阵法，具体计算步骤如下：

由于网络损耗既是所有节点有功功率和无功功率的函数，也是所有节点电压的函数，即

$$\Delta P_\Sigma = F(P,\ Q) = f(\delta,\ U) \tag{3-91}$$

可列出

$$\left[(\partial \Delta P_\Sigma/\partial P)^T (\partial \Delta P_\Sigma/\partial Q)^T\right]\begin{bmatrix}\Delta P \\ \Delta Q\end{bmatrix} = \left[(\partial \Delta P_\Sigma/\partial \delta)^T (\partial \Delta P_\Sigma/\partial U)^T\right]\begin{bmatrix}\Delta \delta \\ \Delta U/U\end{bmatrix} \tag{3-92}$$

潮流计算时的修正方程式

$$\begin{bmatrix}\Delta P \\ \Delta Q\end{bmatrix} = \begin{bmatrix}H & N \\ J & L\end{bmatrix}\begin{bmatrix}\Delta \delta \\ \Delta U/U\end{bmatrix} \tag{3-93}$$

将式（3-92）代入式（3-93），可得

$$\left[(\partial \Delta P_\Sigma/\partial P)^T (\partial \Delta P_\Sigma/\partial Q)^T\right]\begin{bmatrix}H & N \\ J & L\end{bmatrix} = \left[(\partial \Delta P_\Sigma/\partial \delta)^T (\partial \Delta P_\Sigma/\partial U)^T\right] \tag{3-94}$$

再将式（3-94）转置，可得

$$\begin{bmatrix}H & N \\ J & L\end{bmatrix}^T\begin{bmatrix}\partial \Delta P_\Sigma/\partial P \\ \partial \Delta P_\Sigma/\partial Q\end{bmatrix} = \begin{bmatrix}\partial \Delta P_\Sigma/\partial \delta \\ U\partial \Delta P_\Sigma/\partial U\end{bmatrix} \tag{3-95}$$

于是，可解得

$$\begin{bmatrix}\partial \Delta P_\Sigma/\partial P \\ \partial \Delta P_\Sigma/\partial Q\end{bmatrix} = \left[\begin{bmatrix}H & N \\ J & L\end{bmatrix}^T\right]^{-1}\begin{bmatrix}\partial \Delta P_\Sigma/\partial \delta \\ U\partial \Delta P_\Sigma/\partial U\end{bmatrix} \tag{3-96}$$

由式（3-96）可解得的 $\Delta P_\Sigma/\partial Q$ 中提取待求的 $\partial\Delta P_\Sigma/\partial Q_{Gi}$。

由于 $\Delta P_\Sigma = P_1+P_2+\cdots+P_n$，可得

$$(\partial \Delta P_\Sigma/\partial \delta_j) = \sum_{i=1}^{i=n}\partial P_i/\partial \delta_j \tag{3-97}$$

$$U_j\partial \Delta P_\Sigma/\partial U_j = \sum_{i=1}^{i=n}U_j\partial P_i/\partial \delta_j \tag{3-98}$$

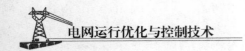

式中：$j=1，2，\cdots，n$。

同样，可列出$\partial\Delta Q/\partial Q_{Gi}$的计算式如下

$$\begin{bmatrix} \partial\Delta Q_\Sigma/\partial P \\ \partial\Delta Q_\Sigma/\partial Q \end{bmatrix} = \begin{bmatrix} H & N \\ J & L \end{bmatrix}^{T-1} \begin{bmatrix} \partial\Delta Q_\Sigma/\partial\delta \\ U\partial\Delta Q_\Sigma/\partial U \end{bmatrix} \tag{3-99}$$

式中的$\partial\Delta Q_\Sigma/\partial\delta$和$U\Delta Q_\Sigma/\partial U$的每个元素都是$J$阵或$L$阵中相应行诸元素之和。

3. 无功功率电源的最优分布

求出了等网损微增率，就可以进行无功功率电源最优分布的计算，其具体计算步骤如下：

（1）根据初始条件，进行潮流计算并求取网损微增率$\partial\Delta P_\Sigma/\partial Q_{Gi}$、$\partial\Delta Q_\Sigma/\partial Q_{Gi}$和$\dfrac{\partial\Delta P_\Sigma}{\partial Q_{Gi}}\bigg/\left(1-\dfrac{\partial\Delta Q_\Sigma}{\partial Q_{Gi}}\right)$。

（2）根据网损微增率调整Q_i和U_i：网损微增率大的节点少发无功功率，即减小Q_i或降低U_i；网损微增率小的节点应增大Q_i或提高U_i，即令这些节点的无功电源多发无功。

（3）根据调整后的Q_i和U_i进行潮流计算、网损微增率计算和网损ΔP_Σ计算。

（4）若$\Delta P_{\Sigma i}-\Delta P_{\Sigma i-1}\leqslant\varepsilon$，完成计算，获得结果；否则转入（2）。

需要指出的是，网损ΔP_Σ不再减小，并不表示各节点的网损微增率全部相等，这是因为在调整过程中，有些节点的Q_i和U_i可能已达到其上下限。只有Q_i限额内的节点，网损微增率才相等。

虽然等网损微增率揭示的物理意义清晰，但由上面的迭代过程可见，该方法计算量大，因此在工程实践中难以应用。在工程实践中，通常采用以网络损耗为目标函数，以节点功率、电压和电源功率为约束条件的无功优化程序。

3.5.2 无功功率负荷的最优补偿

无功功率负荷的最优补偿指的是最优补偿容量的确定、最优补偿设备的分布和最优补偿顺序的选择等。无功功率负荷的最优补偿通常遵循的是最优网损微增率准则，下面介绍最优网损微增率准则。

无功功率负荷补偿的最优准则的目标是在该节点进行无功补偿后带来的效益最大，即可用式（3-100）的目标函数来表示

$$\text{Max}C_e(Q_{ci}) - C_c(Q_{ci}) \tag{3-100}$$

其中，$C_e(Q_{ci})=k_c(\Delta P_{\Sigma 0}-\Delta P_\Sigma)\tau_{max}$，表示无功补偿后带来的效益，$C_c(Q_{ci})=(\alpha+\gamma)K_cQ_{Ci}$表示无功补偿需要的投资费用。

同样构造拉格朗日函数可得

$$C = k_c(\Delta P_{\Sigma 0} - \Delta P_\Sigma)\tau_{max} - (\alpha+\gamma)K_cQ_{Ci} \tag{3-101}$$

式中：k_c为每度电价；τ_{max}为年最大负荷损耗小时数；α、γ分别表示为无功补偿设备年度折旧维护率和投资回收率；K_c为单位无功补偿设备的价格；Q_{Ci}为各节点无功补偿容量，$\Delta P_{\Sigma 0}$为补偿前的有功网损；ΔP_Σ为补偿后的有功网损。

对式（3-101）求极值，即对Q_{ci}求偏导

$$\frac{\partial\Delta P_\Sigma}{\partial Q_{ci}} = -\frac{(\alpha+\gamma)K_c}{k_c\tau_{max}} \tag{3-102}$$

式（3-102）右边为最优网损微增率，表示每增加单位容量无功补偿设备所减小的有功损耗。这样可列出如下的最优网损微增率准则

$$\frac{\partial \Delta P_{\Sigma}}{\partial Q_{ci}} \leqslant -\frac{(\alpha + \gamma) K_c}{k_c \tau_{max}} = \gamma_{eq} \tag{3-103}$$

这个准则表明，只有在网损微增率为负，且仍不大于 γ_{eq} 时进行无功补偿；设置补偿后的网损微增率仍然为负，且仍然不大于 γ_{eq} 为界。而补偿设备节点的先后，则以网损微增率的大小为序，首先从 $\partial \Delta P_{\Sigma}/\partial Q_{ci}$ 最小的节点开始。

等网损微增率是无功功率电源最优分布的准则，而最优网损微增率是无功功率负荷最优补偿的准则，综合运用这两个准则可以统一的解决无功补偿设备的最优补偿容量和最优分布问题。但在实际运用中却很繁琐，这是因为在运用最优网损微增率准则来确定系统中无功功率负荷的最优补偿时，其前提为充分利用电网中已有的无功电源。因此首先根据系统最大负荷来确定最优无功电源分布方案，选出系统中无功功率的分点，并计算它们的网损微增率，选择网损微增率最小的节点为补偿点，在此按最优网损微增率进行补偿。补偿后重新计算电网中各点网损微增率，再选择网损微增率较小的点进行无功补偿，每隔几次中间插入一次无功电源的最优分布计算。如此反复，直至电网所有节点的网损微增率都约等于最优网损微增率 γ_{eq} 时，此时系统无功功率的配置达到最优。由此可见，上述计算过程是一个迭代的过程，不仅繁琐而且费时。因而本章在下面的章节将介绍如何克服这二者的"脱钩"，并构造新的目标函数进行无功功率的优化。

3.5.3 无功优化和补偿的原则和类型

（1）无功优化和补偿的原则。在无功优化和无功补偿中，首先要确定合适的补偿点。无功负荷补偿点一般按以下原则进行确定：

1）根据网络结构的特点，选择几个中枢点以实现对其他节点电压的控制。

2）根据无功就地平衡原则，选择无功负荷较大的节点。

3）无功分层平衡，即避免不同电压等级的无功相互流动，以提高系统运行的经济性。

（2）无功优化和补偿的类型。电力系统的无功补偿不仅包括容性无功功率的补偿而且包括感性无功功率的补偿。在超高压输电线路中（500kV 及以上），由于线路的容性充电功率很大，据统计在 500kV/km 的容性充电功率达 1.2Mvar/km。这样就必须对系统进行感性无功功率补偿以抵消线路的容性功率。实际上，电网在 500kV 的变电所都进行了感性无功补偿，并联了高压电抗和低压电抗，尽量使无功功率在 500kV 电网平衡。

3.6 开式网无功负荷的最优补偿容量及约束补偿容量

3.6.1 开式网的相关特点

就电网潮流分布计算的特点而言，一般把放射式、干线式及链式接线的电力网络称为开式电力网，如图 3-9 所示。开式网的网络中支路的功率可由负荷功率及相应的功率损耗相加直接求得。

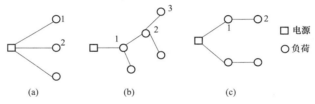

图 3-9　开式电力网络

（a）放射式；（b）干线式；（c）链式

　　为了说明相关特点，以图3-10所示的开式网为例，并为了使问题简化，忽略线路和变压器的对地支路。

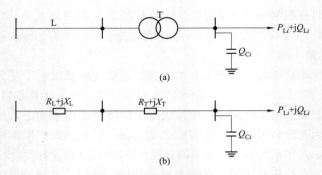

图 3-10　简单开式电力网

（a）网络接线；（b）简化等值电路图

　　在节点 i 设置无功补偿设备 Q_{Ci}，此时网络中实际网损 ΔP_{Σ} 及所降低的网损 $\Delta\Delta P_{\Sigma}$ 分别为

$$\Delta P_{\Sigma} = \frac{P_{Li}^2 + (Q_{Li} - Q_{Ci})^2}{U_i^2} \times R_i \tag{3-104}$$

$$\Delta\Delta P_{\Sigma} = \Delta P_{\Sigma 0} - \Delta P_{\Sigma} = \frac{2Q_{Li}Q_{Ci} - Q_{Ci}^2}{U_i^2} \times R_{\Sigma} \tag{3-105}$$

　　相应的实际网损微增率 $\partial\Delta P_{\Sigma}/\partial Q_{Ci}$ 及其降低的网损微增率 $\partial\Delta\Delta P_{\Sigma}/\partial Q_{Ci}$ 分别为

$$\frac{\partial\Delta P_{\Sigma}}{\partial Q_{Ci}} = \frac{2(Q_{Ci} - Q_{Li})}{U_i^2} \times R_{\Sigma} \tag{3-106}$$

$$\frac{\partial\Delta\Delta P_{\Sigma}}{\partial Q_{Ci}} = \frac{-2(Q_{Ci} - Q_{Li})}{U_i^2} \times R_{\Sigma} \tag{3-107}$$

　　式中：$\Delta P_{\Sigma 0}$ 表示节点 i 设备无功补偿设备前，网络中的实际网损；R_{Σ} 表示供应点至无功负荷点支路元件电阻和。

　　由式（3-106）和式（3-107）可见：

　　（1）在节点 i 设置无功补偿时，其实际网损微增率 $\partial\Delta P_{\Sigma}/\partial Q_{Ci}$ 与降低网损微增率 $\partial\Delta\Delta P_{\Sigma}/\partial Q_{Ci}$ 正好相差一个 "-" 号；

　　（2）这两个网损微增率均与网络因素相关，即与节点电压 U_i、节点负荷 Q_{Li} 及网络参数 R_{Σ} 相关，同时构成了补偿容量 Q_{Ci} 与网损微增率的内在联系。

3.6.2　开式网最佳补偿容量

1. 目标函数的构成

　　为了将二者接合起来，我们重新构造目标函数，即以电网年运行费用最小为目标函数，包括年电网网损费用和无功补偿投资的年运行维护折算费用，如式（3-108）所示

$$F = k_c \tau_{max} \Delta P_{\Sigma} + (\alpha + \gamma) K_C Q_{C\Sigma} \tag{3-108}$$

　　式中：$Q_{C\Sigma}$ 为补偿总容量。

　　式（3-108）同样满足式（3-87）的约束条件，这样构造新的拉格朗日函数

$$F' = k_c \tau_{max} \Delta P_{\Sigma} + (\alpha + \gamma) K_C Q_{C\Sigma} - \lambda \left(\sum_{i=1}^{n} Q_{Gi} - \sum_{i=1}^{n} Q_{Li} - \Delta Q_{\Sigma} \right) \tag{3-109}$$

对式（3-109）求导，可得其最小值的条件是

$$\begin{cases} \dfrac{\partial \Delta P_{\Sigma}}{\partial Q_{Ci}} \dfrac{1}{(1 - \partial \Delta Q_{\Sigma} / \partial Q_{Ci})} = \lambda = -\dfrac{(\alpha + \gamma) K_C}{\beta \tau_{max}} \\[4mm] \displaystyle\sum_{i=1}^{n} Q_{Gi} - \sum_{i=1}^{n} Q_{Li} - \Delta Q_{\Sigma} = 0 \end{cases} \tag{3-110}$$

为了计算简单，可不计无功的网损修正系数，这样式（3-110）改写为

$$\frac{\partial \Delta P_{\Sigma}}{\partial Q_{Ci}} = \lambda = -\frac{(\alpha + \gamma) K_C}{k_c \tau_{max}} = \gamma_{eq} \tag{3-111}$$

式（3-111）左边为等网损微增率，右边为最优网损微增率，由此可见，式（3-111）将等网损微增率准则和最优网损微增率准则完美的接合到一起，即在无功优化中采用该目标函数模型实际上是将二准则接合在一起，虽然很多学者提出了该模型，但却忽视了该数学模型对这二准则的"连接"意义。特别是在开式网中，采用该数学模型推导出的计算公式可直接求出无功功率的最优分布。

2. 最佳补偿容量计算公式的推导

现采用上述模型来推导开式网的无功功率的优化分布问题，首先推导放射式开式网的最佳无功补偿容量。

（1）放射式开式网的最佳无功补偿容量。对于网络为放射式网络，此时网络年计算支出费用与无功补偿的关系可用式（3-112）表达

$$F = k_c \tau_{max} \frac{P_1^2 + (Q_{C1} - Q_{L1})^2}{U_1^2} R_1 + (\alpha + \gamma) K_C Q_{C\Sigma} \tag{3-112}$$

由于主要研究的是无功功率对有功网损的影响，所以有功功率对网损的影响可不考虑，式（3-112）可简化为式（3-113）

$$F = k_c \tau_{max} \frac{(Q_{C1} - Q_{L1})^2}{U_1^2} R_1 + (\alpha + \gamma) K_C Q_{C\Sigma} \tag{3-113}$$

令式（3-113）对 $Q_{C\Sigma}$ 的偏导数等于零，可得出在 i 节点设置的最佳补偿容量为

$$Q_{C1,op} = Q_{L1} + \frac{\gamma_{eq} U_1^2}{2 R_1} \tag{3-114}$$

其中：$\gamma_{eq} = \dfrac{(\alpha + \gamma) K_C}{k_c \tau_{max}}$

相应的网损微增率为

$$\frac{\partial \Delta P_{\Sigma}}{\partial Q_{C1}} = \frac{2(Q_{C1} - Q_{L1})}{U_1^2} R_1 = \gamma_{eq} \tag{3-115}$$

在其余节点的补偿 $Q_{Cn,op}$ 均与上式相同。

（2）干线式和链式开式网的最佳无功补偿。对于干线式及链式开式网，在第 $i=1$ 点设置无功补偿，其 $Q_{C1,op}$ 同放射式开式网，若在 $i=1$，2 设置无功补偿，如图 3-8 所示。

此时年计算支出费用可用式（3-116）表达

$$F = k_e \tau_{max} \left[\frac{(Q_{C1} + Q_{C2} - Q_{L1} - Q_{L2})^2}{U_1^2} R_1 + \frac{(Q_{C2} - Q_{L2})^2}{U_2^2} R_2 \right] + (\alpha + \gamma) K_C Q_{C\Sigma} \quad (3-116)$$

同理，可求得 $Q_{C2,op}$ 的表达式为（为了简化起见，节点 2 电压可认为与节点 1 电压近似相等）

$$Q_{C2,op} = Q_{L2} + \frac{\gamma_{eq} U_1^2}{2R_\Sigma} - \frac{R_1(Q_{C1} - Q_{L1})}{R_\Sigma} \quad (3-117)$$

式中：R_Σ 为干线式或链式接线开式网线路电阻之和，此处 $R_\Sigma = R_1 + R_2$。

同样可求其网损微增率为

$$\begin{cases} \dfrac{\partial \Delta P_\Sigma}{\partial Q_{C1}} = \dfrac{2(Q_{C1} + Q_{C2} - Q_{L1} - Q_{L2})}{U_1^2} R_1 = \gamma_{eq} \\ \dfrac{\partial \Delta P_\Sigma}{\partial Q_{C2}} = \dfrac{2(Q_{C1} + Q_{C2} - Q_{L1} - Q_{L2})}{U_1^2} R_1 + \dfrac{2(Q_{C2} - Q_{L2})}{U_2^2} R_2 = \gamma_{eq} \end{cases} \quad (3-118)$$

推广到网络节点数为 i，干线式或链线式开式网线路段数为 m，综合可得开式网各处无功负荷最佳补偿容量 $Q_{Ci,op}$ 的计算通式为

$$Q_{Ci,op} = Q_{Li} + \frac{\gamma_{eq} U_1^2}{2R_\Sigma} - \sum_{j=1}^{i-1} \frac{R_j(Q_{Cj} - Q_{Lj})}{R_\Sigma} \quad (3-119)$$

相应网损微增率通式为

$$\frac{\partial \Delta P_\Sigma}{\partial Q_{Ci}} = \sum_{j=1}^{i} \frac{2\left(\sum_{k=j}^{n} Q_{Ck} - \sum_{k=j}^{n} Q_{Lk}\right)}{U_j^2} R_j = \gamma_{eq} \quad (3-120)$$

上述公式简单明了，且将著名的等网损微增率准则和最优网损微增率准则接合在一起，通过计算公式一次性可得出最佳补偿容量，避免了计算的迭代过程。

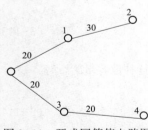

图 3-11　开式网等值电路图

[例题]　对图 3-11 所示网络（参考文献《电力系统稳态分析》的算例），简化的 60kV 等值网络图，图 3-11 中，各负荷节点的无功功率负荷分别为：$Q_{L1} = 10\text{Mvar}$，$Q_{L2} = 7\text{Mvar}$，$Q_{L3} = 5\text{Mvar}$，$Q_{L4} = 8\text{Mvar}$。各线段的电阻已示于图 3-11 中。已知最大负荷损耗时间 $\tau_{max} = 5000\text{h}$；无功功率补偿设备采用电容器，其单位容量投资 K_C 与电能损耗价格 k_e 的比值 $K_C/k_e = 800$，折旧维修率和投资回收率分别为 $\alpha = 0.1$，$\gamma = 0.1$。试在不计无功功率网损的前提下计算最优补偿容量及分布。

根据式（3-114）和式（3-117）计算

$$Q_{C1,op} = Q_{L1} + \frac{\gamma_{eq} U_1^2}{2R_1} = 10 - 0.032 \times \frac{60^2}{2 \times 20} = 7.12$$

$$Q_{C2,op} = Q_{L2} + \frac{\gamma_{eq} U_1^2}{2R_\Sigma} - \frac{R_1(Q_{C1} - Q_{L1})}{R_\Sigma} = 7 - 0.032 \times \frac{60^2}{2 \times 50} + \frac{20 \times 2.88}{50} = 7$$

同理可求出节点 3 和节点 4 的最优补偿容量为 2.12Mvar 和 8Mvar。

由此可见利用本文的推导公式可一次性计算出，与文献《电力系统稳态分析》按等网损微增率准则，求解 5 元联立方程组，列表试算 6 次迭代并作图所得出的补偿及最优分布完全一样，可参见表 3-5 和图 3-12 所示。因此本文提出的方法将等网损微增率和最优网损微增率完美的接合到一起，使系统的无功功率最优配置计算简单、容易。

表 3-5   无功功率补偿设备的最优分布

顺序	$Q_{C\Sigma}$	Q_{C1}	Q_{C2}	Q_{C3}	Q_{C4}	$\partial\Delta P_{\Sigma}/\partial Q_{Ci}$
1	20	5	7	0	8	-0.0556
2	22	6	7	1	8	-0.0444
3	24	7	7	2	8	-0.0333
4	26	8	7	3	8	-0.0222
5	28	9	7	4	8	-0.0111
6	30	10	7	5	8	0

由此可见，采用了年运行费用最小的目标函数"连接"了等网损微增率和最优网损微增率准则，本节对其进行了深刻阐述，证明了该模型在无功优化中的意义，为无功功率的最优分布提供了有价值的指导意义，具有工程实际价值。

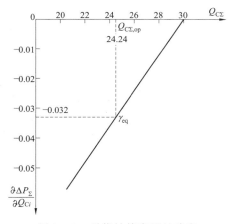

图 3-12   最优补偿容量的确定

3.6.3 开式网无功负荷的约束补偿容量

按式（3-119）计算所得的最优补偿容量 $Q_{Ci,op}$ 必须同时满足 $Q_{C\Sigma} = \sum_{i \in C} Q_{Ci}$ 等约束条件。但在实际工作中，由于受资金周转的限制不能投入这么多的补偿容量，此时各负荷的最佳补偿容量问题将受到给定补偿容量 $Q_{C\Sigma}$ 的约束限制，即

$$Q_{C\Sigma} < \sum_{i \in C} Q_{Ci} \qquad (3-121)$$

这样，开式网无功负荷的最佳补偿容量问题将转化为在给定的约束补偿容量条件下，寻求各负荷点实际补偿容量并称之为约束补偿容量，用 $Q_{Ci,st}$ 表示。

选择拉格朗日乘子，构造拉格朗日函数如式（3-122）所示

$$L = J(Q_{Ci}) - \lambda\left(Q_{C\Sigma} - \sum_{i \in C} Q_{Ci}\right) \qquad (3-122)$$

为了获得式（3-122）的最小值，令式（3-122）对 $Q_{C\Sigma}$ 及 λ 求偏导等于零，则可得

$$\frac{\partial J}{\partial Q_{C\Sigma}} = \lambda \qquad (3-123)$$

$$Q_{C\Sigma} = \sum_{i \in C} Q_{Ci} \qquad (3-124)$$

此时类似最佳补偿容量 $Q_{Ci,op}$ 的推导，可以求出开式网无功功率负荷的约束补偿容量 $Q_{Ci,st}$ 的计算通式为

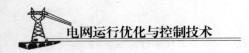

$$Q_{Ci,\,\text{st}} = Q_{Li} + \frac{\gamma_{eq} + \gamma_{st}}{2R_\Sigma} \cdot \frac{U_i^2}{R_\Sigma} - \sum_{j=1}^{i-1} \frac{R_j(Q_{Cj} - Q_{Lj})}{R_\Sigma} \tag{3-125}$$

相应的网损微增率通式为

$$\frac{\partial \Delta P_\Sigma}{\partial Q_{Ci}} = \sum_{j=1}^{i} \frac{2\left(\sum\limits_{k=j}^{m} Q_{Ck} - \sum\limits_{k=j}^{m} Q_{Lk}\right)}{U_j^2} R_j = \gamma_{eq} + \lambda_{st} = \lambda_i \tag{3-126}$$

式中：$\lambda_{st} = \dfrac{\lambda}{\beta \tau_{max}}$ 称之为约束补偿容量乘子；λ_i 表示约束网损微增率。

式（3-126）表明：

（1）当新建拉格朗日目标函数最小原则确定的无功负荷约束补偿容量 $Q_{Ci,st}$ 时，其实际网损微增率 $\partial P_\Sigma / \partial Q_{Ci}$ 正好等于约束网损微增率 λ_i；

（2）在补偿容量 $Q_{C\Sigma}$ 受到约束时，λ_{st} 总是负值；

（3）不同补偿容量 $Q_{C\Sigma}$ 与年计算支出费用 J 之间的关系如图 3-13 所示。

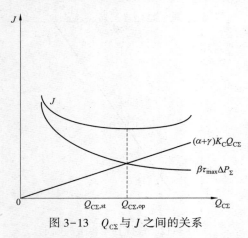

图 3-13　$Q_{C\Sigma}$ 与 J 之间的关系

由图 3-12、图 3-13 可见，当开式网的无功功率负荷一定，约束补偿总容量 $Q_{C\Sigma,st} < Q_{C\Sigma,op}$ 时，其单位补偿容量所能减小的有功网损相对较大，但此时并不是 J_{min} 所对应的最优补偿容量。

由于 $\dfrac{\partial \Delta P_\Sigma}{\partial Q_{Ci}} = f(Q_{C\Sigma})$ 为线性关系，可利用最优补偿容量求出的最优网损微增率 γ_{eq} 和最优补偿容量得到 $\dfrac{\partial \Delta P_\Sigma}{\partial Q_{Ci}} = f(Q_{C\Sigma})$ 的线性关系曲线或函数关系表达式，这样根据曲线关系或函数关系表达式所决定的约束补偿容量对应的约束网损微增率 λ_{st}，即可计算出每个节点对应的最优无功约束补偿容量。

[例题]　同样以文献《电力系统稳态分析》例题 6-4 为例，所有条件以 6-4 为基础。试计算在补偿容量为 $Q_{C\Sigma,st}$ 为 20Mvar 下的各节点的最优无功负荷补偿容量。

首先作出 $\dfrac{\partial \Delta P_\Sigma}{\partial Q_{Ci}} = f(Q_{C\Sigma})$ 的线性关系曲线，由于各节点无功负荷在全补偿时，$\dfrac{\partial \Delta P_\Sigma}{\partial Q_{Ci}} = 0$，可以确定直线一点；此外根据最优网损微增率 γ_{eq} 和最优负荷补偿容量 $Q_{C\Sigma}$ 可以确定直线另一点，这样可以作出直线，如图 3-14 所示。

这样由图 3-14 的线性关系可以求得当 $Q_{C\Sigma,st} = 20\text{Mvar}$ 时的 λ_{st} 为 -0.0236。由于 $\lambda_{st} = \lambda_i - \gamma_{eq}$，将相关数据代入式（3-125），可计算所得出各节点的约束补偿容量 $Q_{Ci,st}$ 如下

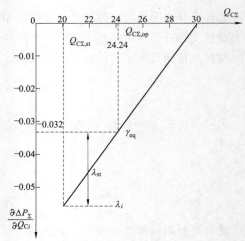

图 3-14　约束补偿容量的确定

$$Q_{C1,\,st} = Q_{L1} + \frac{(\gamma_{eq} + \lambda_{st})U_1^2}{2R_1} = 10 - (0.032 + 0.0236) \times \frac{60^2}{2 \times 20} = 5$$

$$Q_{C2,\,st} = Q_{L2} + \frac{(\gamma_{eq} + \lambda_{st})U_1^2}{2R_\Sigma} - \frac{R_1(Q_{C1} - Q_{L1})}{R_\Sigma} = 7 - 0.0556 \times \frac{60^2}{2 \times 50} + \frac{20 \times 5}{50} = 7$$

同理求出 $Q_{C3,st} = 0$，$Q_{C4,st} = 8\text{Mvar}$，$Q_{C\Sigma,st} = 20\text{Mvar}$。

上述计算结果完全同文献《电力系统稳态分析》例题 6-4 的计算结果一致。

由此可见，采用本文提出的约束补偿容量计算方法可有效的计算出在资金受限的情况下的最优补偿容量，较文献《电力系统稳态分析》提出的联立 5 元方程组求解的方法简单、实用。

3.6.4 配电线路上的无功补偿

由于 35、10kV 及一些低压配电线路的电阻相对较大，无功潮流在线路上流动时引起的功率损耗较大且电压损耗较大，所以通常在配电线路上进行无功补偿。经典的线路补偿理论认为电容器安装的位置可见表 3-6。

表 3-6　　　　　　　　　　　配电线路上最佳无功补偿点的确定和容量的确定

电容器组数	离线路末端距离			电容器安装总容量
	第一组	第二组	第三组	
1	$L/3$			$2Q/3$
2	$L/5$	$3L/5$		$4Q/5$
3	$L/7$	$3L/7$	$5L/7$	$6Q/7$

其原理可简述如下：

当线路输送的无功功率为 Q，线路长度为 L，每组补偿距离为 x 时，每组补偿容量为 Q_x：

$$Q_x = Qx/L \tag{3-127}$$

当电容器安装在补偿区间中心时，降低的线损最大。无功潮流图如图 3-15 所示。

当第 i 组电容器安装地点离末端的距离为

$$x_i = ix - x/2 = (i - 1/2)x \tag{3-128}$$

此时，线路的损耗可用式（3-129）表达

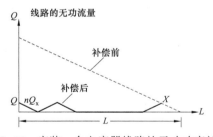

图 3-15　安装 n 台电容器线路的无功功率补偿

$$\Delta P_x = \frac{(Q_x/2)^2}{3U^2}\frac{x}{2}2nr + \frac{(Q - nQ_x)^2}{3U^2}(L - nx)r \tag{3-129}$$

式（3-129）对 x 求偏导，可得出式（3-130）

$$x = 2L/(2n + 1) \tag{3-130}$$

任一组电容器安装位置离末端的位置为

$$x_i = L(2i - 1)/(2n + 1) \tag{3-131}$$

其最佳补偿容量为

$$nQ_x = 2nQ/(2n + 1) \tag{3-132}$$

这样即可求得表 3-6 的数据。

对于配电线路的无功补偿可有效降低网损，但它是假定无功潮流是均匀分布的，如果线路

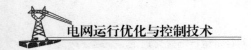

上的无功潮流为非均匀分布的，得出的结论也将不同。

3.7 电力系统无功功率优化——闭式网

3.6节介绍的是简单开式网的最优无功补偿容量，但在实际电网运行中，电网运行管理者所关注的是全网的无功分配情况及经济运行情况，这就需要全网的无功优化计算。无功优化计算就是在系统网络结构和系统负荷给定的情况下，通过调节控制变量（发电机的无功出力和机端电压水平、无功补偿设备的安装及投切和变压器分接头的调节）使系统在满足各种约束条件下网损达到最小。通过无功优化不仅使全网电压在额定值附近运行，而且能取得可观的经济效益，使电能质量、系统运行的安全性和经济性完美地结合在一起，因而无功优化的前景十分广阔。无功补偿可看作是无功优化的一个子部分，即通过调节电容器的安装位置和电容器的容量，使系统在满足各种约束条件下网损达到最小。

3.7.1 无功优化模型

国内外学者对无功优化进行了大量研究，提出了大量的无功优化的数学模型和优化算法。无功优化数学模型主要有两种，其一为不计无功补偿设备的费用，以系统网损最小为主要目的。无功优化时的目标函数可用式（3-133）表达

$$\text{o. b.} \quad \text{Min} \quad F = \Delta P_{\Sigma} \tag{3-133}$$

$$\text{s. t.} \quad \underline{V_i} \leqslant V_i \leqslant \overline{V_i}$$

$$\underline{Q_{Ci}} \leqslant Q_{Ci} \leqslant \overline{Q_{Ci}}$$

$$\underline{K_{ij}} \leqslant K_{ij} \leqslant \overline{K_{ij}}$$

$$\underline{Q_{Gi}} \leqslant Q_{Gi} \leqslant \overline{Q_{Gi}}$$

式中：$\underline{V_i}$、$\overline{V_i}$ 表示电压的下限、上限；$\underline{Q_{Ci}}$、$\overline{Q_{Ci}}$ 表示电容器组的下限、上限；$\underline{K_{ij}}$、$\overline{K_{ij}}$ 表示变压器变比的下限、上限；$\underline{Q_{Gi}}$、$\overline{Q_{Gi}}$ 表示发电机电压的下限、上限。

其二，以系统运行最优为目标函数，它计及了系统由于补偿后减小的网损费用和添加补偿设备的费用，可用式（3-134）表达

$$F = k_{\text{e}} \tau_{\text{max}} \Delta P_{\Sigma} + (\alpha + \gamma) K_{\text{C}} Q_{\text{C}\Sigma} \tag{3-134}$$

$$\text{s. t.} \quad \underline{V_i} \leqslant V_i \leqslant \overline{V_i}$$

$$\underline{Q_{Ci}} \leqslant Q_{Ci} \leqslant \overline{Q_{Ci}}$$

$$\underline{K_{ij}} \leqslant K_{ij} \leqslant \overline{K_{ij}}$$

$$\underline{Q_{Gi}} \leqslant Q_{Gi} \leqslant \overline{Q_{Gi}}$$

式中：k_{e} 为每度电价；τ_{max} 为年最大负荷损耗小时数；α、γ 分别表示为无功补偿设备年度折旧维护率和投资回收率；K_{C} 为单位无功补偿设备的价格；$Q_{\text{C}\Sigma}$ 为无功补偿总容量。

模型二考虑了投资问题，通常可认为是一种比较理想的无功优化模型。特别是随着电力市场的实行，各部门都追求经济效益，显然考虑了无功投资问题更合理一些。

3.7.2 优化算法

由于电力系统的非线性、约束的多样性、连续变量和离散变量混合性，以及计算规模较大使

电力系统的无功优化存在着一定的难度。

1. 常规优化算法

最早应用于无功优化的算法是单纯形法，这种方法的概念易懂，实现简单，得到广泛应用。但在实践中发现它是一种指数收敛算法，随着系统的增大，求解问题维数的增加，其迭代次数急速增长，因而不适于求解大规模的无功优化问题，此外它处理不等式约束也不方便。1968 年有人提出简化梯度下降法，它在拉格朗日函数的基础上，对变量求梯度，并用它来修正变量。该方法与单纯形法相比，它提供了目标函数快速下降的方向，但其逼近最优解的路径是锯齿形的，越接近最优点，收敛速度越慢，且不等式约束罚因子的选取没有一定的规则可循，因而同样不适宜求解带不等约束的优化问题。

1984 年 Karmarkar 提出了具有多项式时间特性的内点算法，在每步迭代中通过空间变换将线性解置于多胞体的中心，使其在可行域内部移动。内点法中的原—对偶仿射尺度法，即路径跟随法，本质上是牛顿法、拉格朗日函数和对数壁垒函数三者的结合。这种方法具有收敛可靠和计算速度快的优点，成为近年来研究的热点，在无功优化和最优潮流中获得了广泛应用，本节将详细介绍原—对偶仿射尺度的内点法。

上述常规算法都只能处理连续变量，而无功优化属于混合整数规划问题。为了使获得的优化结果能应用于实际控制，人们起先将连续优化后的解直接就近靠拢归整，由于无功优化非线性的本质，导致结果不能达到最优，甚至会使一些变量越限。至今已提出的处理方法有决策树法、偏分法、割平面法、分支定界法和罚函数法。随着变量数的增加，分支定界法所确立的分支数目增加。虽然从穷尽搜索的角度来看可以获得最优解，但增加了大量的计算。

2. 人工智能方法

为了提高收敛性和非线性的对于无功优化中的离散变量（变压器分接头的调节，电容器组的投切）的处理，研究人员逐渐把人工智能方法运用于无功优化这一领域。基于对自然界和人类本身的有效类比而获得启示的智能方法被称人工智能算法，其中以专家系统、神经网络、遗传算法、改进的遗传算法、分布计算的遗传算法、启发式算法、模拟退火方法、Tabu 搜索方法、模糊集理论、粗糙集理论等为代表。近年来，遗传算法以其全局寻优的特性及易于处理离散变量的优点获得了较广泛的研究。遗传算法中最优解的搜索过程模仿生物染色体之间的交叉和染色体的变异这一进化过程，使用遗传算子（选择算子、交叉算子和变异算子）作用于群体内，从而得到新一代群体。遗传算法的致命缺点在于迭代次数多，计算时间长，难以应用于实时的无功优化当中。

由上可见，对离散变量的处理方法是决定内点法及其他连续优化方法能否实用于控制的关键，而智能算法的计算速度成为将其应用于实时控制的瓶颈。

3. 无功优化需要解决的问题

（1）以网损为最小的目标函数，它本身是电压平方的函数，在求解无功优化时，最终求得的解可能有不少母线电压接近于电压的上限，而电网实际运行部门又不希望电压接近于上限运行。如果将电压约束范围变小，可能造成无功优化的不收敛或者要经过反复修正、迭代才能求出解（需人为的改变局部约束条件）。如何将电压质量和经济运行指标统一仍需进一步研究。

（2）电力系统的无功优化问题是一个多目标、多变量、多约束的混合非线性规划问题，其优化变量既有连续变量如节点电压，又有离散变量如变压器挡位、无功补偿装置组数等，使得整个优化过程十分复杂，特别是优化过程中离散变量的处理更增加了优化问题的难度。对电网无功电压进行自动优化控制无论在国外还是在国内输电网都没有普遍应用。理论上，无功分布可以达到最优，特别是近年来遗传算法的发展使无功优化收敛性得到保证。但在一个复杂庞大的实际电力系统中，却几乎不可能在线实现最优控制。如当运行条件变化时，要维持系统无功潮流和电压最优分布，根据电网无功功率与电压的特点，势必要求全系统各点各种无功功率调节手段与电压调节手段频繁动作，没有高度发达的通信网络和自动化条件就办不到，实际上许多无功控制设备也不允许频繁调节。其次，和频率调节不同的是，变压器分接头、电容（抗）器的无功调节无法做到均匀调节。由于不可能建立全网电压标准，只能以就地测量电压为依据，分散的量测误差势必给优化带来影响。目前全局无功优化软件在实际电网中的应用还停留在开环状态，即提供调整方案，再由调度人员判断正确后下令调整有关无功设备，尽可能使电网运行在较优水平。从工程应用角度看，现实中的电力系统无功只能实现次优分布，如何实现次优分布目前也是研究中的课题，还没有统一模式。但从电力系统总的概念出发，一般认为，比较接近无功次优分布的做法是，无功功率尽量做到分区分层平衡，减少因大量传送无功功率而产生的压降和线损，在留足事故紧急备用的前提下，尽可能使系统中的各点电压运行于允许的高水平，此举不但有利于系统运行的稳定性，也可以获得接近优化的经济效益。

3.8　电力系统经济运行理论的统一

3.8.1　无功功率经典调度理论与无功优化

1. 经典无功功率调度理论

经典的无功功率电源的最优分布是按等网损微增率准则进行分布的，其推导在3.5.1已详细介绍；无功功率负荷的最优补偿遵循的是最优网损微增率，其推导在3.5.2已详细介绍。二者的统一就是建立以系统综合运行费用最小的目标函数，即以年运行费用最小为目标函数，其目标函数为式（3-108），式（3-108）对 Q_{Ci} 求导得到式（3-111）。

2. 无功优化理论

以系统运行最优为目标函数的无功优化，它计及了系统由于补偿后减小的网损费用和添加补偿设备的费用，其模型可以表达

$$\text{Min} \quad F = k_c \tau_{\text{max}} \Delta P_\Sigma + (\alpha + \gamma) K_C Q_{C\Sigma} \tag{3-135}$$

$$\text{s. t.} \quad g_{pi} = P_{Gi} - P_{Li} - \sum_{j=1}^{n} U_i U_j \mid Y_{ij} \mid \cos(\theta_i - \theta_j - \delta_{ij}) = 0 \tag{3-136}$$

$$g_{qi} = Q_{Gi} - Q_{Li} - \sum_{j=1}^{n} U_i U_j \mid Y_{ij} \mid \sin(\theta_i - \theta_j - \delta_{ij}) = 0 \tag{3-137}$$

$$U_{i,\ \text{min}} \leqslant U_i \leqslant U_{i,\ \text{max}} \tag{3-138}$$

$$Q_{Gi,\ \text{min}} \leqslant Q_{Gi} \leqslant Q_{Gi,\ \text{max}} \tag{3-139}$$

$$K_{ij,\ \text{min}} \leqslant K_{ij} \leqslant K_{ij,\ \text{max}} \tag{3-140}$$

$$Q_{Ci,\ \text{min}} \leqslant Q_{Ci} \leqslant Q_{Ci,\ \text{max}} \tag{3-141}$$

由此可见，当不计及变压器变比时，上述模型包含了等网损微增率准则。因此无功优化理论包含了经典的等网损微增率理论。

最优网损微增式（3-103）目标函数等同于以系统综合运行费用最小的目标函数，证明如下。

进行无功补偿后，系统的运行总费用表达为

$$\text{Min } C^* = k_c \Delta P_\Sigma \tau_{\text{max}} + (\alpha + \gamma) K_C Q_{Ci} \tag{3-142}$$

对 Q_{Ci} 求导，得

$$\frac{\partial \Delta P_\Sigma}{\partial Q_{Ci}} = -\frac{(\alpha + \gamma)K_C}{\beta \tau_{max}} = \gamma_{eq}^* = \gamma_{eq} \qquad (3-143)$$

同样由式（3-103）和式（3-143）比较可见，无功优化也包含了最优网损微增率。

因此计及无功补偿费用的无功优化是经典的无功电源最优分布——等网损微增率和无功功率负荷的最优补偿——最优网损微增率的融合与发展。

3.8.2 最优潮流和无功优化的关系

纵观最优潮流和无功优化的数学表达式，可以看出，最优潮流的约束条件与无功优化的约束条件相比缺少了变压器的变比调节和无功补偿设备的调节。在目标函数方面，缺少了无功补偿设备的投资费用。因此若对最优潮流进行扩展，计入无功补偿设备的投资费用、变压器的变比调节和无功补偿设备的调节，可形成扩展的最优潮流，其函数表达如下所示

$$\text{Min} \quad F(x) = \sum_{i=1}^{n_c}[f_{Gi}(P_{Gi})] + \sum_{i=1}^{n_c}[f_{Ci}(Q_{Ci})] \qquad (3-144)$$

$$\text{s. t.} \quad g_{pi} = P_{Gi} - P_{Li} - \sum_{j=1}^{n}U_iU_j \mid Y_{ij} \mid \cos(\theta_i - \theta_j - \delta_{ij}) = 0 \qquad (3-145)$$

$$g_{qi} = Q_{Gi} - Q_{Li} - \sum_{j=1}^{n}U_iU_j \mid Y_{ij} \mid \sin(\theta_i - \theta_j - \delta_{ij}) = 0 \qquad (3-146)$$

$$P_{Gi,\,min} \leqslant P_{Gi} \leqslant P_{Gi,\,max} \qquad (3-147)$$

$$Q_{Gi,\,min} \leqslant Q_{Gi} \leqslant Q_{Gi,\,max} \qquad (3-148)$$

$$U_{i,\,min} \leqslant U_i \leqslant U_{i,\,max} \qquad (3-149)$$

$$P_{ij,\,min} \leqslant P_{ij} \leqslant P_{ij,\,max} \qquad (3-150)$$

$$K_{ij,\,min} \leqslant K_{ij} \leqslant K_{ij,\,max} \qquad (3-151)$$

$$Q_{Ci,\,min} \leqslant Q_{Ci} \leqslant Q_{Ci,\,max} \qquad (3-152)$$

其中，$f_{Ci}(Q_{Ci})$ 为无功设备的费用函数，显然可以表达为式（3-144）右边第二项的形式。

上述可见，扩展的最优潮流理论包含了无功优化理论，而无功优化理论又包含了经典的等网损微增率和最优网损微增率准则，同时由 3.3 我们又可知，最优潮流理论包含了经典的有功功率电源的最优组合和有功功率负荷的最优补偿——等耗量微增率准则。因此扩展的最优潮流理论是有功功率电源的最优组合、等耗量微增率准则、等网损微增率、最优网损微增率和无功功率优化 5 个理论的综合和发展。

4 面向多级调度的发电调度计划优化

4.1 概　　述

发电机组计划优化编制是电力系统提高电网安全经济运行的最有效手段之一，也是实现资源广域优化配置的有效措施。由于经典的最优潮流在电网调度运行中具有不可操作性，因而在电网调度运行中没有采用。在电网调度运行中，发电机组发电计划编制是以电网运行安全为前提。提升电网对安全风险的预防预控能力，一是要求在时间上实现安全防线的有效前移，摒弃单纯依靠短期安全约束经济调度，将网络约束在一个更长的时间范围内进行统筹考虑，通过月度、周安全约束机组组合，进一步寻求机组最优投入与安全经济运行的组合优化，提高电网抵御安全风险的水平；二是提高日前调度计划和安全校核工作的准确度，提高电网安全风险辨识和预防能力。

机组组合问题一直是电力系统研究中的热点和难点，长期以来，国内外研究者对机组组合的求解方法提出多种不同的数学模型。从 20 世纪 80 年代末期开始，国外电力市场的发展特别是日前市场的需求驱动了安全约束发电计划应用软件的发展。尤其在日前和实时调度领域，对考虑安全约束的日前计划和实时计划编制提出了迫切需求。安全约束机组组合能将机组开停、出力分配、电网安全联合优化，可解决电力生产的多时段连续过程优化问题。近年来，国外主要电力市场如 PJM、纽约、德州等已在短期发电计划优化领域广泛应用了安全约束机组组合和安全约束经济调度技术，并取得了不少研究成果，能够在日前和实时市场中充分考虑各种电网安全约束，在计算速度和收敛性方面也取得了突破性进展，并且形成了一整套完整的优化调度体系和功能规范，但这些成果主要针对市场模式，基于市场竞价模型，与我国发电计划的需求有比较明显的差别。

我国在"十一五"期间，随着节能发电调度办法的试行，国家电网公司组织开展了节能发电调度关键技术研究和试点工作，自主研发了安全约束机组组合（Security Constrained Unit Commitment，SCUC）和安全约束经济调度（Security Constrained Economic Dispatch，SCED）等核心应用软件，填补了国内空白，基于安全约束机组组合和安全约束经济调度的日前发电计划在福建、江苏等电网投入试运行，有效提高了电网运行精益化水平和资源优化配置能力。"十二五"期间，随着智能电网调度技术支持系统 D5000 的建设，在短期调度计划制定方面已经取得了显著的研究成果，实现了满足电网安全约束的日前、日内和实时计划的滚动优化，但是在周发电计划和月度发电计划方面尚未开展有效的研究工作。电力系统的运行特点决定了发电计划是一个多周期滚动的过程，必须进行各周期持续动态优化，才能在广域时间范围内提升发电调度计划的安全性、经济性和公平性。从安全运行和经济效益角度看，相对短期计划中面临的经济调度问题，长期的机组组合往往更加重要，可产生更大经济效益。我国火电所占比重较高，而火电机组一般启停时间较长，这样的能源结构决定了机组不宜采用频繁启停的调度经营模式。这些都凸显了月度、周机组组合在实际生产中的重要性，迫切要求拓展计划安全经济编制周期。月度、周机组组合可以在更长的时间跨度内统筹考虑电网运行的经济效益，考虑电网安全约束、机组启停费用、机组启停时间等约束，实现月度、周范围内发电机组的优化调度，提升资源在长时间范围内的优化配置水平。

我国电力系统采用"统一调度，分级管理"的模式，实行国家、省级、地（市）三级调度运行模式，各级电网在不同级别之间存在着明显的层次关系。一般以电压等级划分，省级电网负责编制接入 220kV、330kV 电压等级及以上机组的发电计划，地区电网负责 110kV 及以下电压等级机组的发电计划，两级电网在发电计划编制过程中各自编制所属机组的出力计划，相互缺乏协调，全网的电力平衡、备用、调峰调频由省级电网负责。

随着可再生能源发电成本的逐年降低，大量的小容量新能源机组接入地区电网，地区管辖的电源容量占省级调度电源的比例逐渐提高，这些电源包括小水电、小风电、小光伏、小火电等。目前，地区计划的编制没有严格的原则，具有一定随意性。同时地区水电站装机小，无专人根据来水情况制定短期发电计划，大多根据实际来水发电，计划性差，对省级调度计划编制有较大影响，影响省调机组的计划执行性。此外，地区电网除了部分可调机组之外，还包括大量的不可调节电源，包括分布式电源等，并不可以在电力系统中无条件的使用，只有在满足一些技术约束的条件和情况下，才能发挥其作用。此外，地区电网机组通常由于容量小，缺乏相应的自动控制系统，也会给电力系统的正常运行和稳定性带来许多问题和挑战。因此，针对地区电源对电力系统的不良影响，研究解决不良问题的具体方法，实现地区机组、省调机组的联合优化控制，发挥地区机组对传统电力系统的补充优势有重要的实际应用价值。

由此可见，发电调度计划优化编制本质上是一个多维度的复杂优化问题，需要通过分解协调的方法在多个维度上协调寻优。即通过先进的协调优化方法，利用多维度发电计划协调运作的准则，构建科学合理的优化调度模型，寻求快速高效的求解方法，实现安全经济优化协调的发电调度计划。

4.2 基于数值气象信息的负荷分析及预测技术

4.2.1 基于数值天气预报的负荷预测架构

1. 数值天气预报基本原理

数值天气预报（Numerical Weather Prediction，NWP）是根据大气实际情况，在一定初值和边值条件下，通过数值计算，求解描写天气演变过程的流体力学和热力学方程组，预报未来天气的方法。与一般用天气学方法，并结合经验制作出来的天气预报不同，这种预报是定量和客观的预报。预报所用或所根据的方程组和大气动力学中所用的方程组相同，即由连续方程、热力学方程、水汽方程、状态方程和 3 个运动方程共 7 个方程所构成的方程组。方程组中，含有 7 个预报量（速度沿 x、y、z 三个方向的分量 u、v、w 和温度 T，气压 P，空气密度 ρ 以及比湿 q）和 7 个预报方程。方程组中的粘性力 F，非绝热加热量 Q 和水汽量 S 一般都当作时间、空间和这 7 个预报量的函数。通过高性能计算机求解方程组，获得未来 7 个未知数的时空分析，即未来天气分布。

数值天气预报与经典的以天气学方法作天气预报不同，它是一种定量、客观的预报。正因为如此，数值天气预报首先要求建立一个较好地反映预报时段的（短期的、中期的）数值预报模式和误差较小、计算稳定并相对运算较快的计算方法。其次，由于数值天气预报要利用各种手段（常规的观测、雷达观测、船舶观测、卫星观测等）获取气象资料，因此，必须恰当地作气象资料的调整、处理和客观分析。此外，由于数值天气预报的计算数据非常之多，很难用手工或小型计算机去完成，因此，必须要用高性能的计算机。

数值天气预报预测结果包含每数十平方公里的气压、温度、湿度、风、云和降水量等多种信息，并且所有信息都可以提供精细到小时或更短时间尺度的预测结果。随着数值天气预报的不断成熟和数据的充分积累，采纳数值天气信息将可有效提升系统及母线负荷预测精度，提升负荷预测应对气候变化的能力。

2. 母线负荷预测与数值天气预报的关系

目前，数值天气预报 NWP 已广泛应用于新能源预测。以风功率预测为例，风场选址建立之初就已确定其地理位置信息，其中包括精确的经纬度。风场进行风功率预测时可通过经纬度直接从气象中心获取该风场的气象预报数据。而母线负荷是一个相对较小区域的终端负荷的总和，一般无法确定其供电终端负荷的经纬度，从而无法获取负荷所对应的数值气象信息。母线负荷预测一般以 220kV 以下电压等级电网负荷作为预测对象，其供电范围可涵盖最大行政划区为县、乡或市辖区，其也正是负荷集中区域。因此可通过母线负荷供电行政划区提取与母线地理位置紧密对应的高精度数值天气预报信息，其关系图如图 4-1 所示。

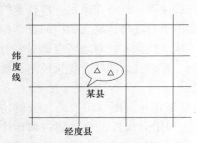

图 4-1　母线负荷与 NWP 对应关系

图 4-1 中三角形表示位于该区域内的 220kV 变电站，即母线负荷预测对象，这样便可通过行政划区的经纬度获取与网格内母线负荷相对应的数值天气预报信息。通过分析母线负荷与 NWP 信息的相关性，确定影响不同母线负荷的气象因子，充分考虑预测日与相似日的气象要素，进行相似日的选取，将 NWP 信息作为输入向量，对母线负荷进行分类预测。其应用流程如图 4-2 所示，步骤如下：

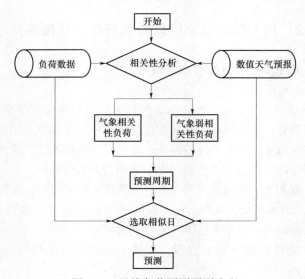

图 4-2　母线负荷预测预测流程

（1）根据母线负荷所属辖区的地理坐标，获取与其匹配的气温、气压、湿度、降雨量等NWP数据。

（2）分析母线负荷与NWP信息的相关性，确定影响不同母线负荷的气象因子，对负荷分类。

（3）将与母线负荷匹配的气象数据按发生时间分别归类，形成短期、超短期母线负荷预测的预测气象数据和历史气象数据，并滚动刷新。

（4）充分考虑预测日与相似日的气象要素，进行相似日的选取。

（5）综合考虑NWP气象信息、母线负荷历史数据等相关信息，不同母线负荷选取适合其负荷特性的预测算法，对母线负荷进行分类预测。

基于数值天气预报的母线负荷预测，其气象信息更加完备。在天气发生变化时，考虑数值天气预报的母线负荷预测值更好地反映负荷变化趋势，因此基于参照母线负荷预测的系统负荷预测，可通过计算各点母线负荷总加值，再根据其与系统负荷总加在该时刻的历史系数关系，求得系统负荷值。

4.2.2 基于数值天气预报的负荷特征分析

1. 电网各类负荷特性分析

由于系统负荷或母线上的用户负荷、风力发电负荷、光伏发电负荷受到节气、气象条件等因素的影响，表现出不同的负荷特征。系统负荷或母线负荷模式预测时，负荷特征将影响聚类因子的确定和预测方法的选择，因此各类负荷特征分析对于电网系统负荷或母线负荷预测具有重大意义。

（1）用户负荷分析。电网系统负荷或母线上的用户负荷为用户实际消耗的电能。这一部分负荷与传统负荷流动方向相同，大多由传统的火力发电、水力发电等大型电厂以集中发电的方式生产提供，经由系统负荷或母线流向用户满足用户电能需求；小部分由用户侧分布式电源发电提供后直接提供给用户使用，系统负荷或母线用户负荷的大小等于用户所实际消耗的电能总量。

通过分析用户日负荷曲线，可以获得系统负荷或母线用户负荷特征。图4-3为从某电网某母线2014年7月用户负荷数据中选取的连续三日负荷曲线。

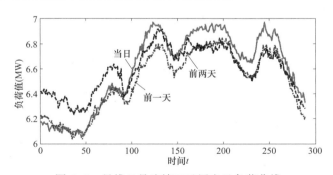

图4-3　母线7月连续三日用户日负荷曲线

由图4-3可知，由于人们的生产生活规律和昼夜更替规律是相符的，连续若干天内的用户日负荷变化趋势大体相近，按照人类活动因素符合"四峰四谷"的变化特点，且峰值、谷值及各自出现时间段等负荷特征指标基本相同。

用户负荷的大小受到人们生产、生活影响，按照人们活动随时间的变化规律的不断变化，具有明显周期性，较为连贯，波动较小相对稳定。不同日期用户负荷曲线样本相似度高，彼此差异较小，具有样本重现性。同时用户负荷的大小还受到气象等随机因素影响具有一定的随机波动性。根据系统负荷或母线用户负荷以上特点，可以对系统负荷或母线用户负荷建立负荷模式作为预测的数据支持。

由于系统负荷或母线用户负荷受人们生产活动的影响，在工作日和节假日之间人们活动规律的不同会体现在用户负荷的变动上，导致不同日期类型的用户负荷彼此间差异对比相同日期类型较大。系统负荷或母线用户日负荷在工作日和节假日之间表现出了不同的特性，因此，在建立系统负荷或母线负荷模式的时候，将预测日期类型作为聚类分析影响因子之一。

系统负荷或母线用户负荷除了受到日期类型的影响外，同时还有天气情况、最高温度、最低温度、相对湿度、海平面气压等气象因素的影响。随着人们生活逐渐改善，电热器、空调、冰箱等设备的应用逐渐增多，系统负荷或母线用户负荷中的温度敏感负荷所占比例越来越高。相对湿度、海平面气压和风速等因素通过影响体感舒适度影响人们对电能的应用。天气情况更是会涉及照明负荷等因素而间接影响用户负荷的大小。

综上所述，在建立系统负荷或母线负荷模式时，综合选取日期类型和各种气象因素作为聚类影响因子，才能建立样本差异小的负荷模式作为预测输入，提高预测精度。

（2）分布式负荷分析。系统负荷或母线分布式发电功率经用户使用过后可以将剩余的部分注入系统负荷或母线，成为系统负荷或母线提供电能的一部分，导致了能量在系统负荷或母线上双向流动，改变了传统的系统负荷或母线潮流结构。由于注入系统负荷或母线的分布式发电功率与传统系统负荷或母线潮流方向相反，将其定义为系统负荷或母线负负荷。分布式发电负荷由于受到风速、日照等不确定因素的影响相对于用户负荷具有较大的间歇性和波动性，并不稳定，是加剧电网负荷波动的主要因素，属于间歇性负荷范畴。

1）风电。分布式风力发电机发电原理为风吹动风机叶片，使叶片旋转，带动发电机发电，将风的动能转化为电能。风机发电功率如下式所示

$$P_w = \frac{\pi}{2}\eta\rho R^2 v^3 \tag{4-1}$$

式中：P_w 为风力发电机发电功率，W；η 为风力发电机转化效率，%；R 为风力发电机叶片长度，m；ρ 为空气密度，kg/m³；v 为吹过叶片的风速，m/s。

由式（4-1）可知，对于一台现有的分布式风力发电机，其发电功率与风速和空气密度有关，而空气密度这一物理量变化很小，对风力发电机工作影响有限，因此风力发电机发电功率波动主要由风速决定。图4-4为某电网连续三日风电日负荷曲线。

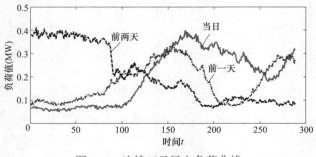

图4-4　连续三日风电负荷曲线

由图4-4可以看出，不同日期的风力日负荷曲线的最大、最小值和最大值、最小值时刻等特性指标彼此间差异很大，没有相似之处。由于风力发电功率的变化主要由风速的变化决定，而

风速的变化具有相当的随机性波动和间歇性，导致了风电负荷没有明显周期性，不同日期之间负荷变动较大、波动剧烈，日负荷样本间没有相似性。同时，风电负荷具有间歇性，负荷样本中可能有较长时间风电负荷接近零。由于不同日期的风电负荷差异很大，所以预测系统负荷或母线风电负荷时不宜建立风电负荷模式。同时又由于风电负荷具有明显的时序特性，可以使用时间序列的方法进行预测。

2）光伏。光伏发电的原理为利用半导体材料的光电效应将照射在光伏电池上的太阳能转化为电能，若干光伏电池组集合为光伏列阵输出直流电能，再通过逆变装置生成交流电并网供用户使用。光伏电池列阵的输出功率如下式所示

$$P_s = \eta SQ[1 - 0.005(t + 25)] \tag{4-2}$$

式中：P_s 表示光伏列阵输出功率，W；η 表示光伏列阵能量，转化效率，%；S 表示光伏列阵有效面积，m^2；Q 表示日照辐射强度，W/m^2；t 表示温度，℃。

在式（4-2）中光伏列阵转化效率同环境温度存在着近似的反比关系，这也解释了公式两边量纲不平衡的问题。通过式（4-2）可知光伏列阵输出功率同日照辐射强度和温度有关。通常来说，温度相同、日照越强，光伏列阵输出功率越高；日照强度相同、温度越高，光伏列阵输出功率越低。图 4-5 为 2010 年 7 月某电网连续三日的光伏日负荷曲线。

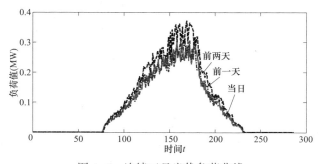

图 4-5　连续三日光伏负荷曲线

通过观察日负荷曲线能够发现，光伏发电负荷值同一天内的昼夜日照变化有明显的相关性：夜晚时段由于没有日照，光伏发电负荷为零，具有间歇特性；白天时段随着时间变化光伏负荷首先逐渐增长，在正午后达到最大值，随后逐渐减小直至为零，变化趋势较为简单。同时，对比三日光伏负荷曲线，发现临近的不同日期下，其负荷变化趋势基本相同，具有一定的相似性；在时间上以日为周期变化，具有周期性。综上所述，将光伏发电负荷特点总结为不连续，具有显著间歇性；具有一定的波动性但并不剧烈；具有一定的重现性和周期性。

由于系统负荷或母线光伏负荷具有周期性和重现性的特点，在预测时可以建立光伏负荷模式来提高负荷预测精度。光伏负荷大小主要受到日照负荷强度和温度的影响，而阴晴、云量和雨雪等天气情况将影响日照强度；同时大气压强、湿度等因素也能够影响光伏列阵接收到的太阳辐射强度。因此，在聚类分析建立系统负荷或母线光伏负荷模式时选取天气情况、温度、大气压强和相对湿度等作为聚类因子。

（3）净负荷分析。净负荷参考系统负荷或母线上传统用户负荷的潮流方向，将用户负荷看作是正值，风电负荷、光伏负荷看作负值，其大小等于用户负荷与两种分布式负荷的差值

$$P_n = P - P_s - P_w \tag{4-3}$$

式中：P_n 表示系统负荷或母线净负荷，W；P 表示系统负荷或母线用户负荷，W；P_s 表示

系统负荷或母线光伏发电负荷，W；P_w 表示系统负荷或母线风力发电负荷，W。

由定义可知，系统负荷或母线净负荷的物理意义为电网系统负荷或母线上除去用户侧分布式发电负荷后的实际负荷需求，这一部分负荷全部由发电厂发电产生，经过输电、配电最终由系统负荷或母线供用户消费。净负荷预测是智能电网负荷预测最重要的组成部分，系统负荷或母线上的负荷调度是按照净负荷预测值进行的，预测净负荷是实现电能调度的基础。只有准确预测净负荷，排除分布式发电对系统负荷或母线负荷的扰动，才能够提供储能装置运行决策，平抑系统负荷或母线负荷波动；指导用户智能用电，避开用电高峰，缓解电网高峰压力；安排发电设备运行实现负荷合理调度，使系统负荷或母线上功率的"供"、"需"达到动态平衡。

图 4-6 为某日系统负荷或母线上的各类负荷曲线，图中净负荷和用户负荷使用左侧纵坐标轴，风电和光伏负荷使用右侧纵坐标轴。由于接入了分布式电源，系统负荷或母线净负荷要显著的低于用户负荷，在白天时段尤为明显。

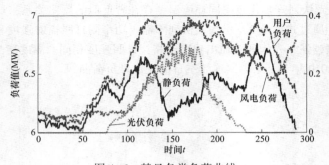

图 4-6　某日各类负荷曲线

由于组成系统负荷或母线净负荷的各类系统负荷或母线负荷来源特性各不相同，同一种预测方法不能够适用于所有种类负荷的预测，采用单一方法预测各类系统负荷或母线负荷将会带来较大预测误差。要提高预测系统负荷或母线净负荷应当首先对各类系统负荷或母线负荷采用各自合适的预测方法分别预测，再将预测结果代入式（4-3）中求得系统负荷或母线净负荷预测值，这样充分地针对系统负荷或母线上各类负荷不同的特点选择最合适的预测方法，将每一种系统负荷或母线负荷的预测误差都减至最小，最终得到的净负荷预测结果也就更加精确。

2. 考虑天气因子及各时段的负荷相关性分析

电力系统负荷样本具有明显的重现性。同属一个节气、同是工作日或节假日的负荷样本彼此之间强相关。不同负荷模式反映不同时间段负荷样本的共性，在掌握负荷样本共性的同时，考虑其特殊性，以便赢得调度的主动权。

考虑天气因子的负荷相关性分析包括以下方面内容：

（1）关注自然界中各种气象因子的相关规律对负荷样本和模式的影响。在考虑相关规律中，有地球围绕太阳转动导致的季节周期变化规律和阴、晴、雨、雪天气情况，温度、湿度影响的规律等。电力系统负荷样本有明显的重现性，重现性使得大量的电力系统负荷样本中有模式可寻。重现性的根源，可以从上述规律中去寻找。要求所建立的负荷模式能充分反映这些规律。

（2）关注电网所在地区人们生活起居习惯、生产作息、上下班制度和特殊事件对广大用户的用电需求以及负荷曲线样本的起落走势产生影响的规律性。要求所建立的不同负荷模式能充分反映这些规律性。

（3）建立各时间段负荷模式，具有灵活性。建模的灵活性，可以适应不同场合的不同需要。

例如，对于针对性强，有特殊要求的场合，模式可以建立得精细一些，以便具有适应特殊性的要求；对于需要覆盖面宽的场合，模式可以建立得粗犷一些，以便精简类型，使每种模式能代表更多的样本。

（4）负荷模式建模过程要突出重点。提取特征时，应力求简洁，既要考虑标志性，又要考虑重要性。样本聚类时，应当对重要特征或环境因素倾斜，给以较大权重。

3. 考虑天气因子的负荷模式建立

人民生活起居、生产作业的用电需求和用电规律，以及节气和纬度对昼长的影响，使负荷样本具有重现性，重现性表现在样本的近似日周期性和近似年周期性上。一年有春分、夏至、秋分、冬至等 24 个节气。在一个节气十几个工作日中，负荷样本的对应特征指标，如峰值、峰谷差等彼此较接近，可以将这些样本归为一类，可以对日负荷样本按节气聚类建模。其具体做法是：每年每个节气（为期半月）建立一个工作日负荷模式，每两个节气（为期一月）建立一个节假日负荷模式。半月中一般有两个星期六和两个星期天，因此一个节气一般含 11 个工作日左右。特殊的节气只含 8 个工作日，如国庆、春节。所以一个节气工作日负荷模式或节假日负荷模式，包含的负荷样本数都是 8~11 个。

根据上述按节气划分样本，进行聚类建模所得出的负荷模式，其特征指标能较好地代表各个节气对负荷的影响。对于负荷预测，可按节气对样本进行聚类建模，同时考虑气候因素。

通常考虑气候因素，可以对选出的工作日（或节假日）负荷样本，先建立面向预测日的节气模式，计算出节气模式的特征指标向量。然后基于节气模式的样本，考虑气候等因素，用模糊聚类法进行再分类，建立节气模式的气候因素分模式。也可以对上述选出的工作日（或节假日）负荷样本，用模糊聚类法直接建立节气因素与气候因素的综合模式。

在计算面向预测日的节气模式特征指标时，所选的样本大同小异，对它们的各个特征元素，应作加权平均化处理。为了体现对最新信息的重视，权重须向新近倾斜。节气变化的年周期性，使其具有在一年之中缓变的特点，相邻两个节气特征向量接近，同时强相关。

4.2.3 考虑天气因子的母线负荷特性分析

1. 考虑天气因子的用户负荷模式建立

影响配电网馈线用户负荷大小的因素包括了日期类型、天气情况、最高温度、最低温度、相对湿度、海平面气压、风速等。现实中这些因素共同作用于馈线用户负荷，而不能严格区分界定不同影响因子单独作用时用户负荷的变化规律。模糊聚类相比于严格聚类的传统聚类方式更适用于这种没有明确界定的情况。因此，可采用模糊 C 均值聚类方法来处理馈线用户负荷的聚类问题。

模糊 C 均值聚类（Fuzzy C-Means，FCM）的聚类思路为将数据样本空间按照一定规则划分为多个数据簇，要求同一簇内部的数据彼此间差异较小，不同簇的数据间彼此差异较大。设计采用天气情况、最高温度、最低温度、相对湿度、海平面气压和风速共 6 种天气数据作为聚类因子，对工作日和休息日分别建立由预测日天气预报数据、预测日之前若干同类日期的历史天气数据共同组成样本空间。由于聚类时要求聚类因子数据化，但天气情况为文本格式，无法作为聚类分析的输入，因此设置了天气情况识别系数，识别系数见表 4-1。

表 4-1　　　　　　　　　　天气情况识别系数

天气	晴	多云	阴	小雨	中雨	大雨	小雪	中雪	大雪
系数	1	0.9	0.8	0.7	0.6	0.5	0.4	0.3	0.2

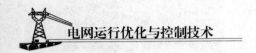

由于各类影响因子数据的量纲不同，而且数量级差异很大，所以在聚类之前还应对数据进行归一化处理，使所有数据都落入特定的区间，设 d 为归一前数据，d' 为归一后数据，则采用的 $[0, 1]$ 归一化公式如下所示

$$d' = \frac{d - d_{min}}{d_{max} - d_{min}} \tag{4-4}$$

式中：d_{min} 和 d_{max} 分别表示归一前的最大值和最小值。

设规范化后的 1 天的天气因子数据类型向量组合成的待分类样本空间如下式。

$$D^{(m)} = \{D_1, D_2, D_3, \cdots, D_l\} \tag{4-5}$$

式中：$D^{(m)}$ 在 $m=1$ 时代表工作日天气样本空间，$m=2$ 时代表休息日；$D_1, D_2, D_3, \cdots, D_l$ 为 1 天的数据类型向量，表达式如式（4-6）所示

$$D_k = (D_{k1}, D_{k2}, D_{k3}, D_{k4}, D_{k5}, D_{k6})^T \tag{4-6}$$

其中 $k=1, 2, \cdots, l$。D_{k1} 为第 k 日的天气情况，D_{k2} 为第 k 日的最高温度，D_{k3} 为第 k 日的最低温度，D_{k4} 为第 k 日的海平面气压，D_{k5} 为第 k 日的相对湿度，D_{k6} 为第 k 日的平均风速。

模糊 C 均值聚类就是样本空间划分为 c 类。设 $V = \{V_1, V_2, V_3, \cdots, V_c\}$ 为 c 类样本的样本聚类中心，其中 $V_i = (v_{i1}, v_{i2}, \cdots, v_{i6})$。$U = \{u_{ik}\}_{c \times l}$ 为隶属度矩阵，其中 u_{ik} 代表 D_k 划分入第 i 个簇的概率。u_{ik} 计算公式见下式

$$u_{ik} = \frac{1}{\sum_{j=1}^{c} \left(\frac{d_{ik}}{d_{jk}} \right)^{\frac{2}{m-1}}} \tag{4-7}$$

式中：m 为加权指数；d_{ik} 为 D_k 同 V_i 之间的欧式距离。

聚类中心 $V = \{V_1, V_2, V_3, \cdots, V_c\}$ 的计算公式见下式

$$V_i = \frac{\sum_{k=1}^{l} (u_{ik})^m D_k}{\sum_{k=1}^{l} (u_{ik})^m} \tag{4-8}$$

其中，$i=1, 2, \cdots, c$。

聚类时最小目标函数公式见下式

$$J(U, V) = \sum_{k=1}^{l} \sum_{i=1}^{c} u_{ik}^m d_{ik}^2 \tag{4-9}$$

模糊 C 均值聚类过程就是不断迭代求取矩阵 U、V，使目标公式（4-9）达到最小。经聚类分析选出与预测日相似的日期，这些日的馈线用户负荷曲线就建立了馈线用户负荷模式，即

$$M = \{X_1, X_2, \cdots, X_n\} \tag{4-10}$$

式中：M 代表馈线用户负荷模式；X_i 代表选中日期的负荷数据，$1 \leqslant i \leqslant n$；$n$ 为选中天数即模式内馈线用户负荷样本的个数。

2. 母线上高峰负荷模式建立

采用更新递推法建立母线用户高峰负荷模式，可用下式表述

$$y_{ij} = (1-a) \, y_{(i-1)j} + a d_{ij} \tag{4-11}$$

式中：y_{ij} 表示一个母线用户高峰负荷模式第 i 天的第 j 个特征指标；d_{ij} 表示第 i 天负荷样本第 j 个特征值；$y_{(i-1)j}$ 表示这个模式前一天 [第 $(i-1)$ 天] 第 j 个特征指标；$1-a$ 和 a 表示权重。

式 (4-11) 表述的更新递推方式，其含义是：母线用户高峰负荷模式的特征指标可以天天更新，模式中第 i 天第 j 个特征指标 y_{ij} 由前一天 [第 $(i-1)$ 天] 第 j 个特征指标 $y_{(i-1)j}$ 与第 i 天负荷样本第 j 个特征值 d_{ij} 加权平均形成，权重分别为 $1-a$ 和 a。

现在用数学归纳法分析，从上一个节气母线用户负荷模式到当前模式逐步过渡的进程。设上一个节气模式最后工作日（或节假日）第 j 个特征指标为 y_{pre}，则在当前模式中第 1 天的第 j 个特征指标为

$$y_{1j} = (1-a)y_{pre} + ad_{1j} = w_{1pre}y_{pre} + w_{11}d_{1j}$$

在当前模式中的第 2 天第 j 个特征指标为

$$
\begin{aligned}
y_{2j} &= (1-a)y_{1j} + ad_{2j} \\
&= (1-a)^2 y_{pre} + (1-a)ad_{1j} + ad_{2j} \\
&= w_{2pre}y_{pre} + w_{21}d_{1j} + w_{22}d_{2j}
\end{aligned}
$$

在当前模式中的第 n 天第 j 个特征指标为

$$
\begin{aligned}
y_{nj} &= (1-a)y_{(n-1)j} + ad_{nj} \\
&= (1-a)^n y_{pre} + (1-a)^{n-1}ad_{1j} + (1-a)^{n-2}ad_{2j} + \cdots + (1-a)ad_{(n-1)j} + ad_{nj} \\
&= (1-a)^n y_{pre} + \sum_{k=1}^{n}(1-a)^{n-k}ad_{kj} \\
&= w_{npre}y_{pre} + w_{n1}d_{1j} + w_{n2}d_{2j} + \cdots + w_{nk}d_{kj} + \cdots + w_{n(n-1)}d_{(n-1)j} + w_{nn}d_{nj}
\end{aligned}
$$

即

$$y_{nj} = w_{npre}y_{pre} + \sum_{k=1}^{n}w_{nk}d_{kj} \tag{4-12}$$

式中：w_{npre} 是第 n 天的上一个节气母线用户高峰负荷模式最后工作日（或节假日）第 j 个特征指标的影响系数；w_{nk} 是当前模式中第 k 个工作日（或节假日）第 j 个特征指标的影响系数。

对更新递推法进行算例分析，设当前母线用户高峰负荷模式是在大暑期间，本模式的工作日有 11 天。若将权重 a 取为 0.18，$1-a=0.82$。在式 (4-12) 中

$$w_{npre}y_{pre} = (1-a)^n y_{pre} = 0.82^n y_{pre}$$

$$\sum_{k=1}^{n}w_{nk}d_{kj} = \sum_{k=1}^{n}(1-a)^{n-k}ad_{kj} = \sum_{k=1}^{n}0.82^{n-k}0.18d_{kj}$$

式中：y_{pre} 表示上一个节气母线用户高峰负荷模式（小暑）最后工作日模式的第 j 个特征指标；D_{kj} 表示当前母线用户负荷模式中第 k 天样本第 j 个特征值。

由此，可以将当前模式中全部工作日（从第 1 天到第 11 天）的第 j 个特征指标的影响系数列如表 4-2 所示。

表 4-2　　　　某年大暑期间工作日高峰负荷模式特征指标的影响系数表

日期	y_{pre}	w_{1j}	w_{2j}	w_{3j}	w_{4j}	w_{5j}	w_{6j}	w_{7j}	w_{8j}	w_{9j}	w_{10j}	w_{11j}
7-08	0.82	0.18										
7-09	0.67	0.15	0.18									
7-10	0.55	0.12	0.15	0.18								

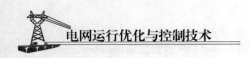

续表

日期	y_{pre}	w_{1j}	w_{2j}	w_{3j}	w_{4j}	w_{5j}	w_{6j}	w_{7j}	w_{8j}	w_{9j}	w_{10j}	w_{11j}
7–11	0.45	0.099	0.12	0.15	0.18							
7–12	0.37	0.081	0.099	0.12	0.15	0.18						
7–15	0.31	0.067	0.081	0.099	0.12	0.15	0.18					
7–16	0.25	0.055	0.067	0.081	0.099	0.12	0.15	0.18				
7–17	0.21	0.045	0.055	0.067	0.099	0.12	0.15	0.18				
7–18	0.17	0.037	0.045	0.055	0.067	0.081	0.099	0.12	0.15	0.18		
7–19	0.14	0.03	0.037	0.045	0.055	0.067	0.081	0.099	0.12	0.15	0.18	
7–22	0.11	0.025	0.03	0.037	0.045	0.055	0.067	0.081	0.099	0.12	0.15	0.18

从大暑期间 11 个工作日的影响系数表看,进入大暑的前两天,上一个节气(小暑)对高峰负荷模式特征的影响还是比较大的,其影响系数分别为 0.82 和 0.67。在大暑的中期(大暑第 5、6 个工作日),节气小暑的作用就不大了,其影响系数分别为 0.37 和 0.31,而本节气前几天样本的特征指标,综合起来将起主要作用。在大暑的末期(大暑第 10、11 工作日)小暑的作用就十分微小了,其影响系数分别为 0.14 和 0.11,而本节气各工作日样本的特征指标,综合起来将起决定性作用。

在形成母线用户高峰负荷模式第 n 工作日的特征指标 y_{nj} 时,除了上一个节气模式的作用外,本模式第 1 工作日到第 n 个工作日样本的特征指标,都有一定作用,而影响系数的分布是向新近倾斜的,离第 n 个工作日越近越大。第 n 个工作日样本特征指标的影响系数为 0.18,第 $n-1$ 个工作日样本特征指标的影响系数 0.15,第 $n-2$ 个工作日样本特征指标的影响系数为 0.12 等。

长期对母线用户高峰负荷模式的特征指标进行更新递推,可以使模式特征指标含有丰富的信息,既有最新信息,又有本节气相关的信息,还有上一个节气相关的信息。上一个节气相关的信息中,又含有前面许多节气相关的信息。

更新递推可充分利用历史信息资源,不需要较大的存储容量。影响系数表能帮助我们认识由更新递推得到的模式特征指标,含有丰富的信息。所提出的更新递推法,可以形成高峰负荷模式的特征指标,使其天天更新信息。该方法不仅十分简捷,而且能体现出从前面的节气到后面的节气逐步过渡的进程。既利用了丰富的历史信息资源,又能够按照向新近倾斜的原则,按日自动地更新各历史样本相应特征指标的影响系数。

3. 算例

某地区电网母线 2010 年 7 月 6 日至 21 日共 16 天的日期、天气等母线各类负荷影响因子如表 4–3 所示。

表 4–3 各类母线负荷影响因子

日期	日期类型	天气	最高气温(℃)	最低气温(℃)	气压(hPa)	相对湿度(%)	平均风速(m/s)
7–6	2	晴	32	20	1015	78	4.5
7–7	2	晴	31	21	1021	84	3.75
7–8	2	晴	30	22	1018	75	2.5

日期	日期类型	天气	最高气温（℃）	最低气温（℃）	气压（hPa）	相对湿度（%）	平均风速（m/s）
7-9	2	晴	33	19	1020	67	1.75
7-10	1	多云	30	20	1034	78	1.75
7-11	1	多云	31	22	1035	77	2
7-12	2	阴	29	22	1027	72	2
7-13	2	多云	30	21	1029	81	4.5
7-14	2	多云	27	22	1026	73	5.25
7-15	2	多云	27	22	1022	71	6.75
7-16	2	晴	32	20	1018	70	4.25
7-17	1	晴	30	20	1008	68	5
7-18	1	中雨	25	22	1003	89	3.75
7-19	2	阵雨	28	20	993	92	7.75
7-20	2	阴	31	20	993	83	6.5
7-21	2	晴	31	19	1013	81	5

表 4-3 中，日期类型 1 代表了休息日，2 代表了工作日。设 2010 年 7 月 21 日星期三为预测日，选择 12 天工作日的天气情况、最高温度、最低温度、相对湿度、海平面气压和风速共 6 种影响因子建立气候样本空间，采用模糊 C 均值聚类方式进行聚类分析，样本空间分为两类，各样本分属于不同类别的概率即隶属度如表 4-4 所示。

表 4-4   各样本分属于两类的概率

样本日期	7-6	7-7	7-8	7-9	7-12	7-13
隶属度 A	0.239	0.1237	0.7735	0.887	0.809	0.8137
隶属度 B	0.761	0.8763	0.2265	0.113	0.191	0.1863
样本日期	7-14	7-15	7-16	7-19	7-20	7-21
隶属度 A	0.9434	0.116	0.1033	0.77	0.4831	0.4655
隶属度 B	0.0566	0.884	0.8967	0.23	0.5169	0.5345

对比上表中样本分属两个类别的概率，将样本划入概率较大的一类，就完成了对样本空间的聚类分析。经 C 模糊聚类后，选定日期 7 月 21 日隶属于 B 类的概率大于隶属于 A 类的概率，故将其划入 B 类，与 7 月 21 日同样划分入 B 类的日期为 7 月 6 日、7 日、15 日、16 日和 20 日；这五日的母线用户负荷数据构成了母线用户负荷模式 $M = \{X_1, X_2, \cdots, X_5\}$。

4.3　大电网多周期安全约束机组组合

4.3.1　机组组合优化策略

1. 考虑节能发电调度原则

一般而言，机组组合的优化策略体现在机组组合模型的目标函数和各项约束条件中。输入电源、负荷和网络等初始参数后，通过模型求解，自然得到最优的机组组合方案。但为了指导人工机组组合，或提高机组组合初始解的可行性从而提高收敛速度，制定机组组合方案时可结合我国当前的节能发电调度原则进行优化。

（1）优先安排风电、光伏等可再生能源发电。按照《节能发电调度办法实施细则》（发改能源〔2007〕3523号）规定，无调节和有调节的可再生能源机组具有最高的调度优先级。因此，制定机组组合方案时，首先安排风电、光伏等可再生能源发电。

（2）核电承担基荷运行。核电站建设成本高，建成运行后燃料消耗费用低，边际成本近乎为0，而且，温室气体的排放率低。核电机组停机后再次启动所需时间较长，同时由于核电运行安全约束，核电机组出力不能在短时间内迅速地调整或频繁调整。因此，无论是从安全性还是经济性考虑，都决定了核电上网后通常在基荷位置运行。《节能发电调度办法实施细则》（发改能源〔2007〕3523号）规定，核电机组的调度优先级仅次于无调节和有调节的可再生能源机组，高于任何类型的火电机组，如煤机、气机、热电联产机组等。

（3）可调节水电丰水期基荷运行、枯水期调峰运行。水电厂按其水库的调节能力可以分为有调节水库水电厂和无调节水库水电厂，无调节水库水电厂任何时候发出的功率都取决于天然流量，由于一昼夜间天然流量基本没变化，因而这种水电厂一昼夜间发出的功率也基本没变化。有调节水电厂的运行方式主要取决于水库调度给定的水电厂耗水量。丰水季节，给定的耗水量较大，为了避免无益的溢洪弃水，往往满负荷运行。枯水季节，给定的耗水量较小，为尽可能有效利用这部分水量，节约火电厂的燃料消耗，往往承担急剧变动的负荷。

无调节水库水电厂的全部功率和有调节水电厂的强迫功率都不可调，应首先投入。有调节水电厂的可调功率，在丰水季节，为防止弃水，往往也优先投入；而在枯水季节则恰恰相反，可承担高峰负荷。

（4）火电机组腰荷、峰荷运行。火电机组按燃料不同可以分为燃煤机组和燃气机组。火电机组的运行需要消耗大量的化石燃料，并产生大量的污染物。鉴于当前的环保政策，应尽量降低火电机组的在系统中的比例。

目前燃煤发电机组仍然是我国的主力机组，数量多，同时又由于目前调峰电源不够充足，系统需要火电的调节容量，因此燃煤机组现阶段应该承担腰荷。燃气机组由于启停时间较短，具有良好的调峰性能，适合在负荷高峰时段发电，低谷时段停机。

（5）抽水蓄能最后投入。抽水蓄能机组由于其出色的调节特性以及两倍于其自身容量的调峰能力，是系统中优质的调峰电源，适合在高峰负荷时段放水发电，低谷时段抽水蓄能。但是考虑到抽水蓄能电站运行中存在"四度换三度"的能量损失，所以抽水蓄能机组在机组组合中应该最后投入。

（6）弃风、弃水满足调峰要求。由于自然风存在日夜变化性的显著特点，风力发电具有反调峰的特性，在夜晚用电负荷处于低谷的时段，往往风能资源却较为丰富，风电并网出力较大。但电网调峰主要靠火电机组和抽水蓄能电站实现，深度调峰煤耗太高，负荷跟踪能力也较差，尤其在北方冬季的供热期，供热机组必须保持正常出力不能参与调峰，当风力发电规模超过了电网所能承受的范围时，电网只能限制风电场机组暂停发电，弃风不用。此外，丰水期的水电也可能面临电网调峰困难，在投入抽水蓄能机组仍不能满足调峰要求时，需要采取弃水措施。

2. 电力电量平衡机组组合策略

根据上述节能发电调度原则所确定的各类型机组调用顺序，并基于考虑备用、调峰等安全需要的电力电量平衡测算方法，通常机组组合优化策略及机组组合方案制定流程如下，其流程图如图 4-7 所示。

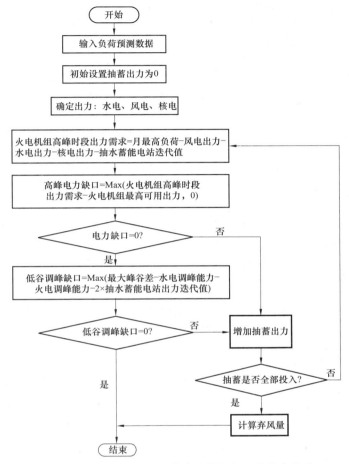

图 4-7　基于电力电量平衡方法的机组组合优化策略

（1）根据日（月/周）最高负荷安排各类机组出力并计算高峰负荷时段电力缺口。

1）初始设置抽水蓄能电站出力为 0MW。

2）核电按 100%安排出力。

3）风电、水电按发电能力安排出力。

4）计算火电机组高峰时段出力需求如下，确定火电开机方式

火电机组高峰时段出力需求=最高负荷-风电出力-水电出力-核电出力-抽水蓄能电站出力+上备用容量。

5）确定高峰负荷时段的电力缺口

高峰电力缺口=Max（火电高峰时段出力需求-火电机组最高可用出力，0）。

（2）通过迭代计算消除电力缺口所需的抽水蓄能电站容量。按一定步长逐步增加抽水蓄能电站容量的投入，重复第（1）部分 4）、5）两个计算步骤，直到电力缺口归零，此时的抽水蓄能电站出力迭代值即为消除电力缺口所需的抽水蓄能电站容量。

（3）根据日（周/月）最高峰谷差和各类机组的调峰能力计算低谷时段调峰缺额。

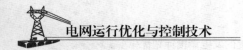

1）计算峰谷差

峰谷差＝（最大负荷＋上备用容量）－（最小负荷－下备用容量）。

2）确定抽水蓄能电站的低谷调峰能力

抽水蓄能电站的调峰能力＝2×抽水蓄能电站出力迭代值。

3）确定其他各类电源的低谷调峰能力

其他电源的低谷调峰能力＝高峰时段出力－最小技术出力。

4）计算系统低谷调峰容量缺额

低谷调峰缺口＝Max（最大峰谷差－水电调峰能力－火电调峰能力－2×抽水蓄能电站出力迭代值，0）。

（4）通过迭代计算消除电力缺口和调峰缺口所需的抽水蓄能电站容量。按一定步长逐步增加抽水蓄能电站容量的投入，重复第（1）部分4）、5）两个计算步骤，此时高峰电力缺口已归零，直到低谷调峰缺口归零，此时的抽水蓄能电站出力迭代值即为消除电力缺口和调峰缺口所需的抽水蓄能电站容量，计算完成。

（5）计算弃风量。若抽水蓄能电站全部投入之后，系统还存在调峰缺口，则需要弃风/弃水。弃风/弃水量＝抽水蓄能电站全部投入之后系统还存在的低谷调峰缺口。

根据各类机组的特性和在系统中调用顺序的分析，结合上述基于电力电量平衡方法的机组组合优化策略，得到制定机组组合方案时各类发电厂的顺序图，分为丰水期和枯水期两种情况，分别如图4-8和图4-9所示。

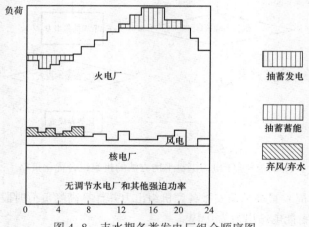

图4-8　丰水期各类发电厂组合顺序图

4.3.2　电力电量平衡的场景生成及提取

由于电力系统中存在间歇性电源的预测误差、负荷预测误差等不确定性因素，往往会对实际的电力电量平衡产生影响。因此，需要研究这些不确定性因素的规律性，并采用合适的场景生成技术模拟实际运行时可能出现的电力电量平衡场景，以校验机组组合方案、运行方式等的适用性。

1．间歇式电源的预测误差

（1）风电的预测误差。受到地形、季节、气象条件等多种因素的影响，风力发电具有很强的随机不确定性，风电功率难以准确预测。在考虑风电接入的潮流分析、机组组合、经济调度等问题中，风电功率预测误差描述的准确程度会对优化结果产生显著的影响。因此，需要在预测过程

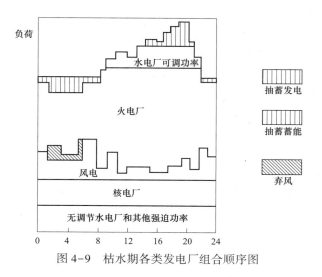

图 4-9　枯水期各类发电厂组合顺序图

中增加对风电功率预测误差区间及对应概率的分析。预测误差区间分析能够给出未来时刻风电功率波动的概率分布，这有利于决策者更好地认识未来可能存在的不确定性和面临的风险，便于做出更合理的决策。对于预测结果的使用者而言，预测误差的分布信息是与期望预测值同样重要的信息，掌握预测误差分布信息能够让使用者估计出信赖预测值的风险。

风速与风电功率预测效果一般会随着预测时间的延长逐渐变差，并使误差概率分布发生变化。以日前预测为例，全球范围内实际投入商业运行的风电预测软件的平均绝对百分误差（Mean Absolute Percentage Error，MAPE）为 14%~20%。一般情况下，可以认为日前风功率预测偏差服从正态分布或韦布尔分布。假设风功率预测偏差是服从均值为 0，方差为 σ_w^2 的正态分布的随机变量，如下式

$$\begin{cases} \varepsilon_w^t = W_a^t - W_f^t \\ \varepsilon_w^t \sim N(0,\ \sigma_w^2) \end{cases} \tag{4-13}$$

标准差 σ_w^2 可由下式计算

$$\sigma_w^2 = \frac{1}{5}W_f^t + \frac{1}{50}W_I \tag{4-14}$$

式中：W_f^t 表示风功率预测值；W_a^t 表示风电实际出力；W_I 表示风电场总装机容量；ε_w^t 表示风功率预测偏差值。

（2）光伏发电的预测误差。光伏发电很大程度上取决于光照、气候等自然条件，其间歇性和不确定性很难预估。目前，欧洲、日本等国家的光伏发电系统输出功率预测技术研究已有一定的研究进展，如丹麦、西班牙、意大利、日本等国已开展和研发利用气象预报信息对光伏电站输出功率进行预测的研究和应用。

在大气的云层之上，太阳照射到地球的光辐射量（Extraterrestrial Global Irradiation，EGI），一般可以很准确的预测到，而气候条件（云层、尘暴等）是影响光伏预测误差的主要因素。因此光伏发电预测误差分为 4 种情况：

1）夜间：预测误差等于零。

2）天气晴朗，无云层与尘暴：预测误差接近于零。

3）阴雨天气，云层较厚且面积很大：预测误差接近于零。

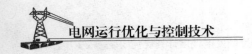

4）云层较薄且较为分散：预测误差较大，发电功率甚至会直接掉为零。

对光伏发电的预测误差实测数据进行的经验分布估计研究表明，其并无明显分布规律。夜间预测误差可视为零，白天预测误差与天气情况密切相关。光伏发电功率的上限一般考虑为依据 EGI 预测得到的发电功率，下限一般考虑为零。

（3）其他新能源发电。其他新能源发电形式主要包括生物质发电、海洋能发电、地热能发电等。这些发电形式因受限于技术水平、能量来源匮乏、价格昂贵等缺点，发展水平和受关注程度远不及风力及光伏发电，装机容量仅占很小比例，不作介绍。

2. 负荷的预测误差

准确的负荷预测有利于制定经济合理的系统发电计划、检修计划和燃料计划，提高电力系统的经济效益与社会效益。然而由于负荷预测是一种对未来负荷大小的估算，难免与客观实际值存在一定的偏差。电力系统的负荷预测误差与采用的预测方法和模型、预测周期和气候变化情况等密切相关。

日前发电计划的 t 时段负荷预测误差考虑一般服从均值为 0，方差为 σ_d^2 的正态分布的随机变量，如式（4-15）所示

$$\begin{cases} \varepsilon_d^t = D_a^t - D_f^t \\ \varepsilon_d^t \sim N(0, \sigma_d^2) \end{cases} \tag{4-15}$$

式中：D_f^t 表示负荷预测值；D_a^t 表示负荷实际值；ε_d^t 表示负荷预测的偏差值；σ_d^t 为其标准差，可由式（4-16）计算

$$\sigma_d^t = kD_f^t/100 \tag{4-16}$$

式中：k 一般取值为 1。

将风电出力作为负的负荷考虑，定义净负荷 L_a 为

$$L_a = D_a^t - W_a^t = D_f^t + \varepsilon_d^t - (W_f^t + \varepsilon_l^t) = L_f^t + \varepsilon_l^t \tag{4-17}$$

式中：L_a 表示净负荷；L_f^t 表示净负荷预测值；ε_l^t 表示净负荷预测偏差。

假设负荷预测偏差、风电出力预测偏差为互不相关的随机变量，则净负荷预测偏差为服从均值为 0、方差为 σ_l^t 的正态分布的随机变量，且标准差 σ_l^t 为

$$\sigma_l^t = \sqrt{(\sigma_d^t)^2 + (\sigma_w^t)^2} \tag{4-18}$$

若风电单独接入系统某一节点，则单独考虑风电预测误差；若风电和负荷同时接在系统某一节点，则考虑其净负荷的预测误差。

4.3.3 多周期机组组合优化模型

1. 优化目标

（1）成本最低模式，即系统发电成本最低。系统发电成本最低模式要求在满足系统和机组的各种安全约束的前提下，以系统发电成本最低为目标，优化发电计划曲线，优化时考虑机组启停费用。

（2）节能减排模式，即系统发电煤耗最低。节能减排模式目标要求在满足系统和机组的各种安全约束的前提下，以系统发电煤耗最小为目标，优化发电计划曲线，优化时机组启停损耗折合成标准煤耗。

（3）三公调度模式，即满足各机组的三公电量要求。三公调度目标要求在满足系统和机组约束的各种安全约束的前提下，使相同类型机组的年度合同完成率和峰谷比趋同，满足各机组的三公电量要求。

（4）电力市场模式，即系统购电费用最小。电力市场模式要求在满足系统和机组约束的各种安全约束的前提下，计算系统购电费用最小的方案。

SCUC 的目标函数可表示为

$$\min(F) = k_1 * F_1 + k_2 * F_2 + k_3 * F_3 + k_4 * F_4 \tag{4-19}$$

F_1 表示出力运行成本

$$F_1 = \sum_{t=1}^{T} \sum_{i=1}^{I} \{ C_{o,i} [p_i(t)] \} \tag{4-20}$$

F_2 表示启动成本

$$F_2 = \sum_{t=1}^{T} \sum_{i=1}^{I} \{ S_i [x_i(t-1), u_i(t)] \} \tag{4-21}$$

F_3 表示可调度负荷成本

$$F_3 = \sum_{t=1}^{T} \sum_{i=1}^{L} \{ C_{l,i} [l(t)] \} \tag{4-22}$$

F_4 表示排放折合成本

$$F_4 = \sum_{t=1}^{T} \sum_{i=1}^{I} \{ C_{e,i} [p_i(t)] \} \tag{4-23}$$

式中：$C_{o,i} [p_i(t)]$ 表示机组 i 在 t 时的运行成本（费用）；$S_i [x_i(t-1), u_i(t)]$ 表示机组 i 有状态变化时，从 $t-1$ 时段到 t 时段的开机成本（费用）；$C_{l,i} [l(t)]$ 表示 t 时切负荷 $l(t)$ 的成本；$C_{e,i} [p_i(t)]$ 为机组 i 在 t 时的排放折合成本；T 为系统调度期间的时段数；I 为系统机组数；$p_i(t)$ 为机组 i 在 t 时的有功功率；$x_i(t)$ 为机组 i 在 t 时的连续开停机时间，$x_i(t) > 0$ 表示连续开机时间，$x_i(t) < 0$ 表示连续停机时间；$u_i(t)$ 为机组 i 在 t 时的状态，$u_i(t) = 1$ 表示开机，$u_i(t) = 0$ 表示停机。

为实现全局寻优，在处理多目标建模时，采用归一化处理，把多目标分别按统一的计量单位折合进来（如煤耗、成本等），此时式中权重系数 k_1、k_2、k_3、k_4 等都取 1，在特定时候也可通过调整每个目标的权重系数来控制优化的侧重方面。除了以上各项目标外，SCUC 还可以根据实际系统情况在目标函数中考虑别的辅助服务如 AGC 备用成本等。通过以上目标建立方式，理论上可以得到系统的全局最优解。

2. 分时序的机组组合优化

建立机组组合各周期之间形成了整体递进优化，长周期组合在较长时间维度上对系统作资源优化配置；短周期组合基于更准确的网络拓扑和预测数据，提高计划精度及可执行度。通过不同时序的协调优化，保证多周期调度计划在实际调度过程中得到最优执行。

月度机组组合将大容量机组的开停计划和电厂电量计划传递到周层面，周机组组合以此为基础，优化中小容量机组的开停计划，连同电厂或机组的日电量计划传递到日前；在日前机组组合中，一般仅对燃气、水电和抽蓄等机组的开停进行优化；从而建立了分时序的机组组合优化模型，形成了由远及近的协调过程和由近及远的反馈机制。

分时序机组组合优化模型如图 4-10 所示，实现了时序递进和逐级反馈。

3. 月度机组组合

月度机组组合的核心是安排未来月份的电力、电量平衡，其以成本或能耗最小为优化目标，编制满足系统运行约束、机组运行约束及电网安全约束的机组出力计划和机组状态，从而获得发电机组的月度开停机方案，为周及日前发电计划的制订提供重要的参考依据。从电网实际调度运行的角度来看，月度机组组合所关注的主要方面如下：

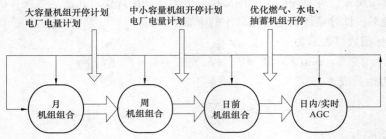

图 4-10 分时序机组组合优化模型

（1）组合方案合理：根据月度负荷预测和电量需求预测，统筹协调系统发电资源，分解落实月度的电量、燃料、排放合同，制订切实有效的机组组合方案。

（2）计划安全可行：根据设备投运和检修计划，在满足电网安全约束的条件下，制订满足网络边界的月度机组组合方案，并要求通过电网安全校核，保证月度计划的可执行性。

（3）机组持续运行：在满足运行约束、检修约束、电网安全约束等条件下，应尽量减少机组的启停次数，保证机组持续运行。

机组组合问题是一个大规模混合整数非线性规划问题，对于短期机组组合问题，通过安全约束机组组合技术，人们已经提出各种优化方法进行求解。虽然月度机组组合问题可以通过扩展计算时段，采用与短期机组组合相同的模型进行求解，但机组组合的计算时间随计算规模呈指数级增长，月度机组组合的高维度会使得计算性能得不到保障。

月度机组组合是一个长周期的发电计划，相对日前发电计划，月度机组组合若采用精细的、以小时或 15min 粒度的优化模型，一方面程序计算性能受局限，计算效率较低，另一方面如此精细的粒度在长周期计划里也没有必要，对实际生产缺乏指导意义。月度机组组合模型的简化通常以优化时段的缩减或合并实现，主要考虑以下几种方法：

（1）自适应时段选取的月度机组组合模型。根据系统负荷曲线，判断负荷的变化趋势，自动选择有限的关键点，作为月度机组组合的优化时段。这种建模策略，可以满足机组的运行约束、电网的安全约束，同时可以兼顾负荷峰谷差的影响。

1）优化时段选取方法。比较相邻时段的负荷变化趋势，根据设置的阈值，自动添加优化时段。计算方法如式（4-24）所示

$$k = \frac{P_{t-1} - P_t}{P_t - P_{t+1}}(t = 2, 3, \cdots, H-1) \tag{4-24}$$

式中：k 表示负荷变化趋势；p_t 表示 t 时段的负荷值；H 表示负荷曲线的总时段数。将时段选取为优化时段的判断标准如式（4-25）所示

$$\begin{cases} k \leq \dfrac{1}{\delta} \\ k \geq \delta \end{cases} \tag{4-25}$$

式中：δ 为设置的阈值，一般可以取 4~7，取值越小，选取的优化时段数越多，取 1 时，表示选取所有的时段。

另外需要指出，我国以火电机组为主，火电机组的启停费用高昂且启停过程复杂，理论上和实际中，一日之内机组不宜 2 次启停，否则得到的组合方案是不经济的。基于此，在月度机组组合建模中，可以考虑机组每日一个开停状态。

2）电量偏差分析。月度机组组合建模中，还需要考虑机组电量的完成进度，因此机组出力电力电量的转换是月度时段简化过程中需要考虑的问题，这也是影响月度机组组合实际应用效果的问题。

以某地区某日实际运行的 54 台机组为例，分别以 96 时段和根据负荷趋势选取的有限时段来计算机组电量，采用日前计划数据分析。

在日前计划中，根据系统负荷曲线，选择 05：00、06：30、12：30、19：00、24：00 作为关键点。负荷曲线如图 4-11 所示。

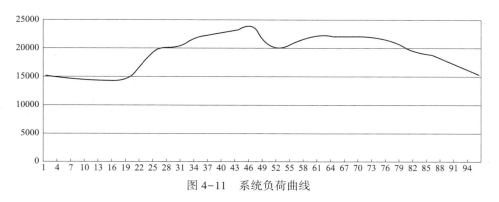

图 4-11　系统负荷曲线

当日机组出力曲线如图 4-12 所示。

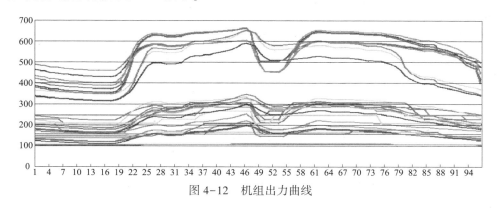

图 4-12　机组出力曲线

分别以 96 时段统计机组电量和以 5 时段为关键点统计机组电量，并计算两者偏差，偏差计算公式如式（4-26）

$$\mu = \frac{E_{96} - E_5}{E_{96}} \times 100\% \qquad (4-26)$$

式中：E_{96} 表示以 96 时段统计的机组电量；E_5 表示以 5 时段为关键点统计的机组电量。仅考虑开机机组，各机组的电量偏差分布于正负 1% 到 6% 之间，最大偏差 5.8%，平均偏差为-2.7%，如图 4-13 所示。

为了减少电量偏差，可以增加选择的时段数。选取的时段数越多，电量偏差越小，但计算量也就越大。通常选取 5~7 个时段即可满足月度机组组合求解中电力电量转换精度的需求。

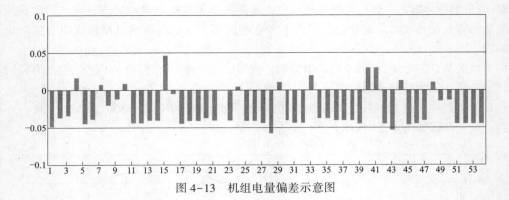

图 4-13　机组电量偏差示意图

3）数学模型。机组组合问题的求解目标为在保证各机组满足多种不同约束的前提下求解出使总费用最小的各机组状态及发电功率。总费用包括机组的运行费用、启机费用和停机费用，停机费用一般不予考虑。常用的目标函数可以表达为式（4-27）

$$F = \sum_{i=1}^{N_G} \sum_{t=1}^{N_T} B_i [P_i(t),\ t] + \sum_{i=1}^{N_G} \sum_{t=1}^{N_T} Cu_i(t) \tag{4-27}$$

式中：N_G 表示发电机组数；N_T 表示时段数；i 表示机组序号；t 表示时段序号；$P_i(t)$ 表示时段 t 机组的有功出力；$B_i[P_i(t),\ t]$ 表示第 i 台发电机第 t 时段的发电费用；$Cu_i(t)$ 表示时段 t 机组 i 的启机费用。

约束条件

$$\sum_{i=1}^{N_G} P_i(t) = P_{\text{load}}(t) \tag{4-28}$$

$$P_{i,\ \min} u_i(t) \leqslant P_i(t) \leqslant P_{i,\ \max} u_i(t) \tag{4-29}$$

$$E_{Gi,\ \min} \leqslant \sum_{t=1}^{N_T-1} [P_i(t) + P_i(t+1)] \times H_{t,\ t+1}/2 \leqslant E_{Gi,\ \max} \tag{4-30}$$

$$\sum_{i=1}^{N_G} r_i(t) \geqslant p_r(t) \tag{4-31}$$

$$-p_i^{\text{down}} \times H_{t,\ t-1} \leqslant P_i(t) - P_i(t-1) \leqslant p_i^{\text{up}} + H_{t,\ t-1} \tag{4-32}$$

$$T_{i,t}^{\text{on}} \geqslant T_{\min,i}^{\text{on}} [u_i(t) - u_i(t-1)] \tag{4-33}$$

$$T_{i,t}^{\text{off}} \geqslant T_{\min,i}^{\text{off}} [u_i(t-1) - u_i(t)] \tag{4-34}$$

$$p_{ij,\min} \leqslant p_{ij} \leqslant p_{ij,\max} \tag{4-35}$$

$$p_{J,\min} \leqslant \sum_{ij \in J} p_{ij} \leqslant p_{J,\max} \tag{4-36}$$

式中：$P_{\text{load}}(t)$ 表示第 t 时段的系统负荷；$u_i(t)$ 表示机组在 t 时段的启停状态；$P_{i,\min}$、$P_{i,\max}$ 表示机组的最小和最大出力；$E_{Gi,\min}$、$E_{Gi,\max}$ 表示机组的电量下限和上限；$p_r(t)$ 表示 t 时段的系统备用需求；$r_i(t)$ 表示机组在 t 时段提供的旋转备用；$H_{t,t-1}$ 表示第 t 时段和第 $t-1$ 时段的时间间隔；p_i^{up} 和 p_i^{down} 分别是机组在时段内上调和下调的最大出力；$T_{i,t}^{\text{on}}$ 和 $T_{i,t}^{\text{off}}$ 分别表示机组由时段

开始的连续运行时间及连续停运时间；$T_{\min,t}^{on}$ 和 $T_{\min,t}^{off}$ 分别表示机组的最小连续运行时间和最小连续停机时间；p_{ij} 表示支路的有功潮流；$p_{ij,\min}$ 和 $p_{ij,\max}$ 分别表示支路的有功下限和上限；$\sum_{ij\in J} p_{ij}$ 表示断面 J 的有功潮流，$p_{J,\min}$ 和 $p_{J,\max}$ 分别表示断面的有功下限和上限。

式（4-28）为负荷平衡约束，式（4-29）为机组出力约束，式（4-30）为机组电量约束，式（4-31）为系统备用约束，式（4-32）为机组爬坡速率上下限约束，式（4-33）及式（4-34）为机组最小开停机时间约束，式（4-35）及式（4-36）为支路和断面潮流约束。

（2）日粒度的月度机组组合模型。采用一日为一优化时段，可以显著降低模型约束条件和变量的数目，提高计算性能。相比于日前机组组合的 96 个优化时段，月度机组组合的优化时段数为 30 个，仅为日前求解规模的 1/3，因此，模型的计算性能可以满足实际运行需求。

在国内省级电网运行中，对于负荷峰谷差不是很大的系统，利用火电的最小技术出力，不需要火电机组的启停即可满足调峰要求；同时，在短期计划时，电网公司可以调用抽水蓄能机组进行调峰填谷，也减少了火电机组在一日内的启停次数；鉴于此，可采用以日作为月度机组组合的计算粒度。

1）电量计算。月度机组组合建模的核心是电力与电量关系的处理。日粒度机组组合模型中采用负荷率来计算月度开机机组的日发电量，基于负荷率的机组日发电量折算公式如式（4-37）所示

$$E(i,\ t)=24P_{i,\max}u(i,\ t)R(i,\ t) \tag{4-37}$$

式中：$E(i,\ t)$ 表示机组在时段的发电量；$P_{i,\max}$ 表示机组的出力上限；$u(i,\ t)$ 表示机组在时段的启停状态；$R(i,\ t)$ 表示机组在时段的负荷率。

机组负荷率由机组初始负荷率和修正因子两项构成，如式（4-38）所示

$$R(i,\ t)=r_{0,i,t}r(t) \tag{4-38}$$

式中：$r_{0,i,t}$ 表示计算参数，它给出了各机组的负荷率初值，同时表示了各机组间的负荷率比例关系，考虑到在不同的优化时段，受机组检修等因素的影响，机组在系统中承担负荷的位置可能会发生改变，在不同时段的取值可以变化；$r(t)$ 表示 t 时段的负荷率修正因子，是时变的优化变量，其对所有机组的初始负荷率进行同步修正，获得机组的负荷率。

通常采用负荷率来处理月度发电计划中的电力与电量关系，这是因为：

a）在月度的调度周期，尤其对于火电机组，通常采用负荷率来衡量机组的发电水平，从生产运行角度，根据机组状态就可以通过负荷率来定量计算机组发电量，因此，模型采用负荷率折算是有基础的。

b）负荷率是电网运行的月度经营性指标，对于正常运行的机组，其负荷率一般在 70%~80%，因此，模型采用负荷率折算是有依据的。

c）在月度机组组合模型中，机组负荷率并不是固定值，而是根据各时段的开机方案动态修正，从而保证了负荷率折算方式的有效性。

2）优化目标。月度机组组合优化各日机组开停计划以满足月峰荷曲线，开机机组基于负荷率等效折算日发电量，优化目标是在满足各种约束的条件下，最小化机组月度发电量与合同电量的差异。同时，为尽量减少机组的开停次数，在优化目标中加入机组的开机成本，以保证机组连续运行。因此，月度机组组合的优化目标包含 2 个部分：一部分是电量进度偏差成本，通过对机组的电量进度偏差进行分段，如图 4-14 所示。随着偏差量所在段数的增加，微增成本递增，

从而优化机组发电量贴近于其合同电量；另一部分是机组开机成本。

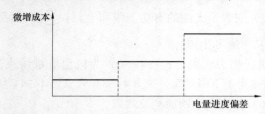

图 4-14　电量进度偏差的微增成本曲线

为保证量纲一致，对开机成本基于电量进度偏差的微增成本曲线进行折算，计算公式如式 (4-39) 所示

$$S_{i,t} = c_{i,1} L_{i,1} \qquad (4-39)$$

式中：$S_{i,t}$ 表示机组在时段 t 的开机成本；$c_{i,1}$ 表示机组成本曲线第 1 段微增成本；$L_{i,1}$ 表示机组成本曲线第 1 段长度，其物理意义为机组一次开机对电量完成进度的影响，等同于电量进度偏差曲线的第 1 段偏差量。

3）数学模型。优化目标为机组电量进度偏差成本与开机成本之和最小，如下式所示

$$\min f = \sum_{i=1}^{N_G} \sum_{S=1}^{S} l(i, s) c_{i,s} + \sum_{i=1}^{N_r} \sum_{t=1}^{N_G} y(i, t) S_{i,t} \qquad (4-40)$$

式中：S 为电量进度偏差成本的线性分段数，电量进度偏差成本函数为分段线性递增的凸曲线；$l(i, s)$ 为机组处于分段内的机组电量进度偏差的增量；$c_{i,s}$ 为机组成本曲线的段微增成本；$y(i, t)$ 表示机组在时段是否有停机到开机状态变化的标志。

约束条件：

$$\frac{\left| \sum_{t=1}^{N_r} E(i, t) - E_o(i) \right|}{E_o(i)} = \sum_{S=1}^{S} l(i, s), \ 0 \leqslant l(i, s) \leqslant L_{i,s} \qquad (4-41)$$

$$\sum_{i=1}^{N_G} P_i(t) = P_{\text{load}}(t) \qquad (4-42)$$

$$\sum_{i=1}^{N_G} E(i, t) = E_d(t) \qquad (4-43)$$

$$\sum_{i=1}^{N_G} r_i(t) \geqslant p_r(t) \qquad (4-44)$$

$$P_{i,\min} u_i(t) \leqslant P_i(t) \leqslant P_{i,\max} u_i(t) \qquad (4-45)$$

$$T_{i,t}^{\text{on}} \geqslant T_{\min,i}^{\text{on}} [u_i(t) - u_i(t-1)] \qquad (4-46)$$

$$T_{i,t}^{\text{off}} \geqslant T_{\min,i}^{\text{off}} [u_i(t-1) - u_i(t)] \qquad (4-47)$$

$$p_{ij,\min} \leqslant p_{ij} \leqslant p_{ij,\max} \qquad (4-48)$$

$$p_{J,\min} \leqslant \sum_{ij \in J} p_{ij} \leqslant p_{J,\max} \qquad (4-49)$$

式中：$E(i, t)$ 表示机组的月度计划电量；$E_d(t)$ 表示时段的总电量需求，其余字母含义同前。

式 (4-41) 为机组月度电量进度偏差约束；式 (4-42) 为系统负荷平衡约束；式 (4-43) 为系统电量平衡约束；式 (4-44) 为系统旋转备用约束；式 (4-45) 为机组出力上下限约束；式 (4-46) 及式 (4-47) 为机组最小开停机时间约束；式 (4-48) 为支路潮流约束；式 (4-49) 为断面潮流约束。

上述模型具有以下特征：

a）时段简化，以日作为一个优化的逻辑时段，实现了关键需求与理论复杂性解耦。

b）在同一组合方式下，采用负荷率来等效折算电量，实现了电力与电量解耦。

c）安全校核基于电力，发电计划基于电量，电力与电量的解耦进一步实现了计划与安全的解耦。

在此基础上，采用机组组合技术可以支持月度发电计划的要求，通过简化建模，起到优化电力生产经营的效果，来解决月度生产调度的实际问题。

4. 周机组组合

周机组优化组合是在月度机组组合的基础上，确定大容量火电机组的机组状态和各电厂周电量计划，根据未来一周的系统负荷预测、发输电设备检修计划，考虑电力供需平衡、系统备用及未来电网运行安全约束，优化决策未来周的机组开停方案和机组出力计划。

在周层面上对机组下周每天的启停状态、启停时间进行优化决策，而对机组的实际出力曲线进行精细化的决策放在日前计划的编制中。周机组组合以短期系统负荷预测为基础，在考虑机组检修等因素的前提下，以经济性、公平性为目标并兼顾机组煤耗水平，进行周机组组合和发电计划的制定，在实现电力电量平衡的同时，提高发电负荷率，降低系统煤耗，是中期发电计划向短期发电计划时序递进协调的调度计划优化策略的重要组成部分。

周机组组合在月度机组组合的基础上，进一步优化机组启停和机组出力，为日前发电计划优化提供基础。周机组组合以小时为优化粒度。

目标函数

$$F = \sum_{i=1}^{N_G} \sum_{t=1}^{N_T} B_i [P_i(t), t] + \sum_{i=1}^{N_G} \sum_{t=1}^{N_T} Cu_i(t) \tag{4-50}$$

约束条件

$$\sum_{i=1}^{N_G} P_i(t) = P_{\text{load}}(t) \tag{4-51}$$

$$P_{i,\min} u_i(t) \leqslant P_i(t) \leqslant P_{i,\max} u_i(t) \tag{4-52}$$

$$E_{Gi,\min} \leqslant \sum_{t=1}^{N_T} P_i(t) \leqslant E_{Gi,\max} \tag{4-53}$$

$$\sum_{i=1}^{N_G} r_i(t) \geqslant p_r(t) \tag{4-54}$$

$$-p_i^{\text{down}} \leqslant P_i(t) - P_i(t-1) \leqslant p_i^{\text{up}} \tag{4-55}$$

$$T_{i,t}^{\text{on}} \geqslant T_{\min,i}^{\text{on}} [u_i(t) - u_i(t-1)] \tag{4-56}$$

$$T_{i,t}^{\text{off}} \geqslant T_{\min,i}^{\text{off}} [u_i(t-1) - u_i(t)] \tag{4-57}$$

$$p_{ij,\min} \leqslant p_{ij} \leqslant p_{ij,\max} \tag{4-58}$$

$$p_{J,\min} \leqslant \sum_{ij \in J} p_{ij} \leqslant p_{J,\max} \tag{4-59}$$

式中字母含义同前。

5. 日前机组组合

日前机组组合编制次日至未来多日每日 96 个时段的机组开停和出力计划。日前机组组合一般不考虑调整燃煤火电机组的开停，仅考虑燃气、水电、抽蓄机组启停状态。日前机组组合是连接周机组组合和系统实时运行的重要环节，是决策机组次日发电出力曲线的核心应用。根据更为精确的系统与母线短期负荷预测、网络拓扑等信息，以确保电网安全运行为前提，兼顾发电计划的节能、环保、经济指标，制定满足电网安全约束条件的机组发电计划。

日前发电计划优化基于安全约束机组组合/安全约束经济调度（SCUC/SCED）技术，既可以同时优化机组启停方案和出力计划，也可以在已知机组组合状态的条件下，只对机组出力计划进行优化计算。

目标函数如式（4-60）所示

$$F = \sum_{i=1}^{N_G} \sum_{t=1}^{N_T} B_i[P_i(t), t] + \sum_{i=1}^{N_G} \sum_{t=1}^{N_T} Cu_i(t) \tag{4-60}$$

约束条件如下：

（1）系统运行约束。

1）负荷平衡。

$$\sum_{i=1}^{N_G} P_i(t) = P_{\text{load}}(t) \tag{4-61}$$

2）旋转备用。

$$\sum_{i=1}^{N_G} \overline{r_i}(t) \geqslant \overline{p_r}(t) \tag{4-62}$$

$$\sum_{i=1}^{N_G} \underline{r_i}(t) \geqslant \underline{p_r}(t) \tag{4-63}$$

式中：$\overline{r_i}(t)$ 为机组第 t 时段的上调旋转备用；$\overline{p_r}(t)$ 为系统第 t 时段的上调旋转备用需求；$\underline{r_i}(t)$ 为机组第时段的下调旋转备用；$\underline{p_r}(t)$ 为系统第时段的下调旋转备用需求。

3）调节（AGC）备用约束。

$$\sum_{i=1}^{N_G} \overline{r'_i}(t) \geqslant \overline{p'_r}(t) \tag{4-64}$$

$$\sum_{i=1}^{N_G} \underline{r'_i}(t) \geqslant \underline{p'_r}(t) \tag{4-65}$$

式中：$\overline{r'_i}(t)$ 为机组第 t 时段的 AGC 上调备用；$\overline{p'_r}(t)$ 为系统第 t 时段的 AGC 上调备用需求；$r'_i(t)$ 为机组第 t 时段的 AGC 下调备用；$p'_r(t)$ 为系统第 t 时段的 AGC 下调备用需求。

（2）机组运行约束。

1）机组输出功率上下限约束。

$$\underline{p_i}u_i(t) \leqslant p_i(t) \leqslant \overline{p_i}u_i(t) \tag{4-66}$$

式中：$\overline{p_i}$、$\underline{p_i}$ 分别表示发电机组 i 输出功率的上下限。

2）最小运行时间和最小停运时间约束。最小运行时间和最小停运时间约束

$$(V_{t,i}^{\text{on}} - T_i^{\text{min\_on}}) \cdot [u(i, t-1) - u(i, t)] \geqslant 0 \tag{4-67}$$

$$(V_{t,i}^{\text{off}} - T_i^{\text{min\_off}}) \cdot [u(i, t) - u(i, t-1)] \geqslant 0 \tag{4-68}$$

式中：$T_i^{\min-on}$ 和 $T_i^{\min-off}$ 分别为机组 i 的最小开机时间和最小停机时间；$V_{t,i}^{on}$ 和 $V_{t,i}^{off}$ 分别为机组 i 在 t 时段之前的连续开机和停机时间。

最大开停次数，其不含人工指定的开停，实际应用时可能置 0。

$$\sum_{t=1}^{T} y(i,\ t) = N_S \tag{4-69}$$

式中：N_S 表示调度期内最大开停次数；$y(i,\ t)$ 为机组 i 在时段 t 是否有停机到开机状态变化的标志。

3）机组加、减负荷速率（ramp rate）约束

$$\Delta_{i1} \leqslant p_i(t) - p_i(t-1) \leqslant \Delta_{i2} \tag{4-70}$$

式中：Δ_{i1} 和 Δ_{i2} 表示机组 i 每时段可加减负荷的最大值。

4）可用状态（检修、最早开机时间）约束

$$u_i(t) = 0, \ 如果 \ t \in T_r \tag{4-71}$$

式中：T_r 表示检修时间区间，或表示最早开机时间前的停机时间区间。

（3）电网安全约束。

1）支路潮流约束

$$\underline{p_{ij}} \leqslant p_{ij}(t) \leqslant \overline{p_{ij}} \tag{4-72}$$

式中：p_{ij}、$\overline{p_{ij}}$、$\underline{p_{ij}}$ 分别表示支路 ij 的潮流功率及上下限。

2）联络线断面潮流约束。

$$\underline{P_{ij}} \leqslant P_{ij}(t) \leqslant \overline{P_{ij}} \tag{4-73}$$

式中：P_{ij}、$\overline{P_{ij}}$、$\underline{P_{ij}}$ 分别表示联络线断面 ij 的潮流功率及上下限。

（4）实用化约束。

1）机组固定出力。机组在特定时段内按照给定的发电计划运行，在此特定时段内该机组不参与经济调度计算。

$$p_i(t) = P_i(t) \tag{4-74}$$

式中：$P_i(t)$ 表示机组 i 的出力设定值。

2）机组固定启停方式。用于表示机组在特定时段内的可用状态，包括必开和必停。在此特定时段内两类机组不参与机组组合计算

$$u_i(t) = U_i(t) \tag{4-75}$$

式中：$U_i(t)$ 表示机组 i 的启停方式设定值（运行或停止）。

3）机组群出力约束

$$\underline{p} \leqslant \sum_{i \in Av} \sum_{t=T_1}^{T_2} p_i(t) \leqslant \overline{p} \tag{4-76}$$

式中：A_v 表示机组群；$\underline{p}$ 表示机组群出力下限；$\overline{p}$ 表示机组群出力上限，其中 $\underline{p}$ 和 $\overline{p}$ 可以表示成系统负荷预测的一个百分比。

4）分区备用约束

$$\sum_{i \in A_r} r_i(t) \geqslant R_{Ar} \tag{4-77}$$

式中：A_r 表示有功备用分区。

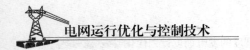

（5）经营性约束。

1）燃料约束

$$\sum_{i\in I} \sum_{t=1}^{T} F[p_i(t)] \leqslant F(T) \tag{4-78}$$

式中：$F[p_i(t)]$ 表示机组 i 的燃料消耗特性函数；I 表示电厂；$F(T)$ 表示调度周期 T 的燃料约束。

2）机组群电量约束

$$H_1(T) \leqslant \sum_{i\in I} \sum_{t=1}^{T} p_i(t) \leqslant H_2(T) \tag{4-79}$$

式中：I 表示机组或机组群；$H_1(T)$ 和 $H_2(T)$ 表示调度周期 T 的电量上下限约束，两者取相同的值时可以处理机组或机组群的固定电量约束。

3）合同约束

$$\sum_{i\in I} \sum_{t=1}^{T} C[p_i(t)] \geqslant C(T) \tag{4-80}$$

式中：$C[p_i(t)]$ 表示机组 i 的合同成分函数；I 表示电厂；$C(T)$ 表示调度周期 T 的合同电量约束。

4）环保排放约束

$$\sum_{i\in I} \sum_{t=1}^{T} E[p_i(t)] \leqslant E(T) \tag{4-81}$$

式中：$E[pi(t)]$ 表示机组 i 的环保排放函数，用平均系数表示；I 表示电厂；$E(T)$ 表示调度周期 T 的排放约束。

6. 算例

根据多周期发电计划协调优化运行的实际需求，通过对实际大规模电力系统的计算和对比分析，根据建模方法和求解策略，设计了多周期发电计划间的相互协调和闭环迭代方案，开发了适用于大规模电网的多周期安全约束机组组合软件。图 4-15 给出了月机组计划展示和修改界面；图 4-16 给出了周机组计划展示和修改界面；图 4-17 给出了检修计划界面；图 4-18 给出断面信息界面。

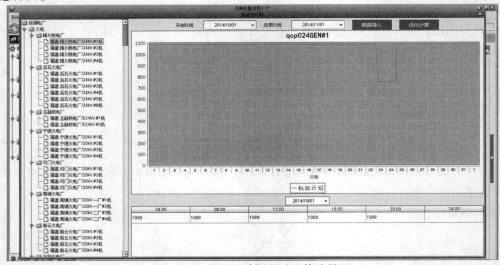

图 4-15　月机组计划展示和修改界面

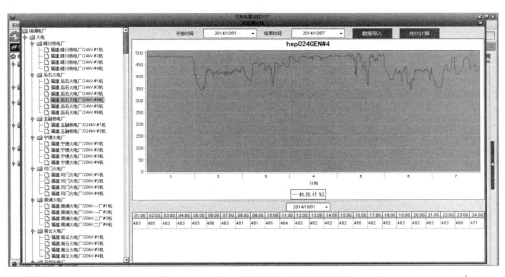

图 4-16　周机组计划展示和修改界面

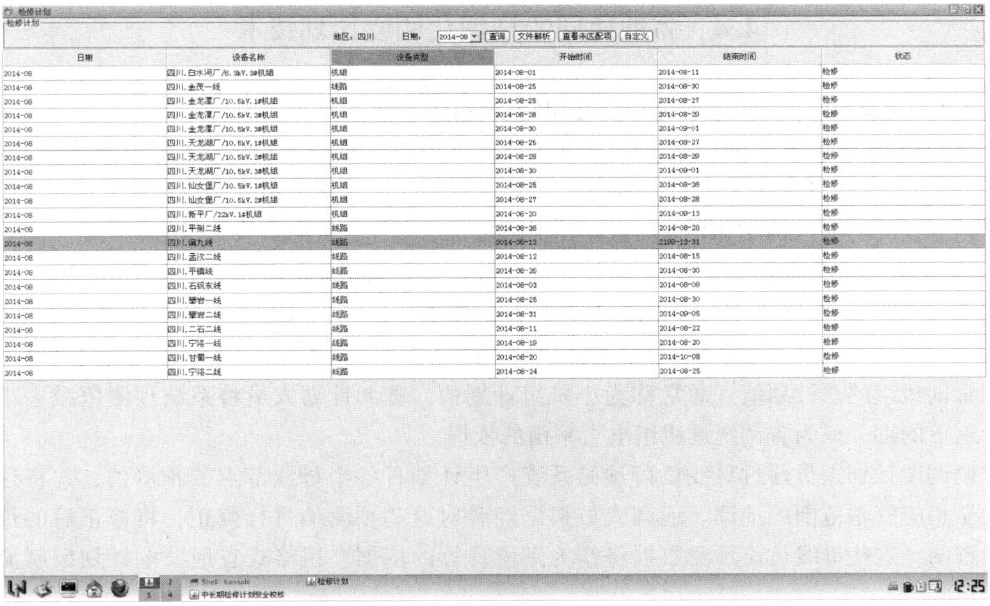

图 4-17　检修计划界面

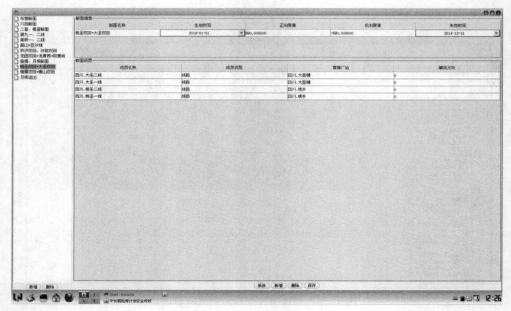

图 4-18　断面信息界面

4.4　省地协同的精细化调度计划技术

4.4.1　地区调度计划对电网安全性和经济性的影响

通常日前发电计划由省调完成编制，实现省内的电力电量平衡。日前发电计划编制步骤是：首先获取初始数据，包括机组模型、网络拓扑模型、联络线计划、检修计划、系统负荷预测、母线负荷预测；然后电网调度计划人员根据情况设定机组开停、机组限值和机组的固定出力；最后进行优化计算，对于得出的机组计划进行安全校核。与地调相关的内容主要包括两方面，一是对系统负荷预测的影响，另一个是对母线负荷预测的修正。

省调调度计划人员通过系统负荷预测系统产生计划日的预测值，同时地调人员需要上报本地区内管辖机组的总计划值，通常称为小机组计划值。省调计划人员将系统预测值减去小机组计划，剩下的部分成为省调统调机组电力平衡的依据。

省调调度计划人员通过母线负荷预测系统产生计划日各个母线节点的预测值，并将这些数据下发至相应管辖范围的地调。地调人员根据经验对这些预测值进行修正，将修正后的预测值反馈给省调，这些母线负荷预测数据将作为潮流计算的依据。粗略式省地发电计划编制流程如图 4-19 所示。

地调调度计划安排对电网安全性和经济性的影响包括以下三个方面。

（1）弃水弃风弃光容易发生。地调电源小水电占绝大部分，由于计划编制时缺少必要的输电断面安全校核环节，丰水季节小水电大发，很多断面超极限输电，给电网安全稳定运行带来了极大的威胁。小水电大多为径流式电站，调节能力较差，其富集地多处于经济较落后地区，当地用户消纳负荷能力有限，汛期来水丰富时，小水电弃水、窝电现象非常严重。风能、太阳能受气候条件影响巨大，当风光多发时，由于没有足够的储能容量，就地消纳困难，需要在更大范围内进

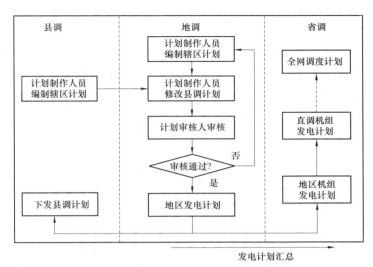

图 4-19 粗略式省地发电计划编制流程图

行消纳，防止弃风弃光发生。

（2）安全性难以把握。地调工作人员在修正母线负荷预测时，由于不掌握准确的地区发电计划，对母线预测值的影响程度和对哪个母线节点产生影响都难以做出准确的判断。这样就会对电网的安全控制带来不利的影响。

（3）经济目标难以协调。在制定发电计划过程中，省地调度没有协调，省调的调度目标，如三公、购电最小、煤耗最小、污染排放最少等，无法根据机组的出力特性曲线优化得到满足要求的机组计划，省地之间支援能力和受援需求都无法得到满足，造成资源浪费。由于地区机组并未参与到经济调度中，可能会引起本该由更为经济的大型机组负担的出力却由经济上不利的地区机组来承担的情况。

地调调度计划对省调计划编制的影响包括系统平衡、备用调峰以及调频等方面。

（1）系统平衡。地调管辖的地区机组从调度的角度来说分为地区可调机组（小火电、小水电）和地区非可调机组。对于地区可调机组，需要掌握其计划日的准确发电计划，对于非可调机组，需要对其发电情况进行预测。由于现阶段地调普遍没有可调机组的计划编制系统，地区可调机组的计划大都是以经验为主，而非可调机组的发电情况通常也难以掌握。从发电计划的编制过程中可以发现，地区机组的计划会通过系统负荷预测影响统调机组的电力平衡。

（2）备用调峰。地区发电计划不准确首先影响电网机组出力备用的储备。因为统调机组的电力平衡量由系统负荷预测和全省各地地区发电计划总计的差值决定，也就是由统调机组发电预测决定。当出力备用以统调机组发电预测按一定比例准备时，地区发电计划总计的不准确就会影响出力备用计算的准确程度；再次是调峰方面，在进行峰谷调整过程中，如果地区机组的计划或者实际出力是逆向调整，无疑加重调峰机组的压力，在夏季或者冬季供热的情况下，可能导致需要进行启停调峰，对电网经济性不利。

（3）系统调频。地区机组的出力变化甚至机组启停不能确切掌握，会给电网保持频率稳定带来较大冲击。为了覆盖地区机组出力的未知变化，需要增大调频范围，加入更多的调频机组。在运行过程中，地区机组出力的无序变化，也加重了调频机组动作的频率和力度，增加设备控制工作量和影响设备使用年限。对于网省公司之间的联络线功率转移计划的执行也是存在同样的问题。

4.4.2 省地协同的调度计划编制策略

地区电网通过220kV变电站与省网相连，将地区电网进行化简，只要化简得到的等值电网能体现地区电网原来的网络特性，就可以进行全省电网的发电调度优化计算，这就需要网络变换、化简和等值。网络变换可以把原网络变换成便于计算的形式；网络化简可以把网络中不需要详细分析的部分用简化网代替，保留需要详细分析的部分；网络等值可以使我们研究的网络规模大大减小，一方面提高计算速度，另一方面可集中针对重点关注的部分。

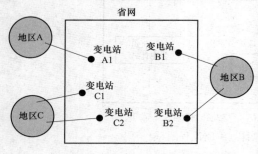

图4-20 省地协调优化原理

地区电网等值协调优化模式是：将各个地区电网在与其相关联的各220kV变电站处对地区电网进行等值，这样每个地区电网等值为一个由等值节点组成的小网，每个等值节点上连接着一个等值发电机，并带有一定的负荷，而地区电网内部的物理规律都可以通过各等值节点进行反映。图4-20和图4-21为区域电网等值前后示意图，图4-20可以看到全网由三个地区通过五座变电站相连，图4-21为进行等值之后的结构图，可以看到地区电网在变电站连接处都化为了等值节点，每个等值节点连接一个等值发电机和等值负荷。

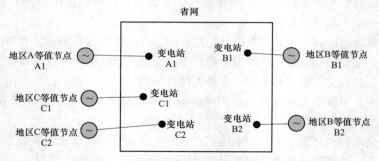

图4-21 地区电网等值协调优化模式原理图

地区电网向省网提交各自等值节点的信息，包括各等值节点所连发电机的参数。等值发电机组参数包括：发电机组出力上下限，发电机爬坡速率，发电机组发电成本曲线。省网将地区电网等值为节点，以全网发电成本最小为目标，以各等值节点连接的等值发电机出力和直调机组出力为决策变量，进行有安全约束的机组组合或经济调度优化计算，形成并发布直调机组在执行日的调度计划、关联变电站的交换功率计划、地区电网的总出力计划。地区电网执行省网下达的联络变电站的交换功率计划和地区电网内总出力计划，求解本地区的机组调度计划。省地两级调度计划协调等值流程如图4-22所示。

4.4.3 省地协同调度计划框架和流程

省地两级调度计划等值协调方式为：地调向省

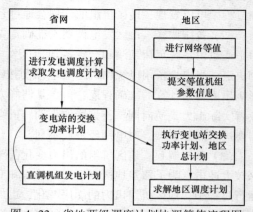

图4-22 省地两级调度计划协调等值流程图

调上报本网络等值节点的信息，包括等值节点所连接的发电机参数和等值节点的负荷。省调以变电站联络点连接各地级电网进行网络等值后的等效节点，以全网购电成本或煤耗最小为目标，以各等值节点连接的等值发电机出力和直调机组出力为决策变量，制定满足安全约束的直调电厂调度计划和关联变电站交换功率。

等值节点的负荷为地级电网的负荷经网络等值后的等效值，各等值节点连接的发电机组参数为：发电机出力上下限，发电机爬坡速率，发电机报价/成本曲线。各等值发电机出力上下限为使地级电网调度计划有可行解的地区内机组出力之和的上限和下限，在精度较低的情况下，可将地区内所有机组出力上限之和作为等值机出力上限，地区内机组出力下限之和作为等值机组出力下限。地区内机组爬坡出力之和作为等值机的爬坡。等值机的报价/成本曲线为对应关联变电站连接点的等效购电成本/煤耗曲线。

省调在省地两级调度计划等值协调方式中的主要职责是：求解地级电网等值下的调度计划；省地关联变电站交换功率计划；地级电网各自计划总出力以及直调机组的计划。地调在省地两级调度计划等值协调方式中的主要职责是：对本地进行网络等值，将等值节点所连得发电机参数，将节点负荷发送给省调；接收并执行省调下发的变电站交换功率计划和地级电网出力计划。

省地协同调度计划的框架示意图如图 4-23 所示。

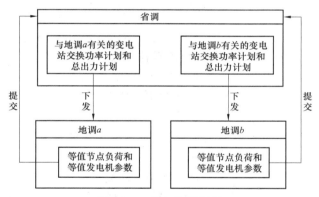

图 4-23　省地协同框架

省地协同调度计划编制首先应当保证省级电网和地级电网优化模型的相对独立性；其次，需要考虑降低协调成本，提高计算效率，将全网大规模优化问题分解为省调模型和地调模型；最后，省调模型和地调模型均为安全经济调度问题，只是省调模型需要增加等值机组，地调则在省调确定好的关联变电站交换功率计划基础上，根据地区电网的特点和阻塞情况，优化可调机组出力。省地协同调度计划编制流程示意图如图 4-24 所示。

省地协同调度计划的等值协调流程如下：

1）地调机组信息收集，包括各个地调汇集所调机组的出力预测或出力可调范围。

2）进行 WARD 等值将机组信息和负荷信息进行等值归算。

3）地调向省调上报等值机组信息和等值负荷信息。

4）省调将各个地调汇总等值信息进行整合，构建考虑全省电网经济性和安全性的调度模型。

5）省调将等值机组和直调机组作为优化变量，求解安全约束机组组合或经济调度问题；得到直调机组出力计划和省地关联变电站的交换功率计划。

6）各地调执行省地关联变电站交换功率计划，在此基础上，求解本地区的安全经济调度问

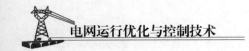

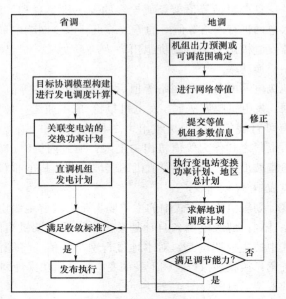

图4-24 省地协同调度计划编制流程

题，得到地调机组出力计划。

7）各地调判断优化结果是否满足地区电网负荷平衡，如果不满足，修正等值发电机参数，转到3）。

8）省调收集各地调调度计划信息，综合判断各地调是否收敛，如果满足收敛条件，满足发布执行。

基于以上流程，即可在综合考虑全网运行安全约束条件的基础上，制定全省最优的发电计划。

在上述等值协调流程中，省调模型与地级模型之间交互的信息主要包括等值机组信息及最有关联变电站交换功率。由于省地一般通过220kV变电站关联，因此关联变电站的数量不大，同时数据只交互一次，在当前的通信条件下足以满足要求。省调在进行发电调度计划的优化过程中，充分考虑了地级模型中所隐含的信息，实现了全局最优的优化过程。

4.4.4 安全经济协同发电计划模型

1. 省调优化模型

在保证系统安全运行的前提下，在所研究的周期内，如何合理的安排机组的开停机计划，从而合理的安排机组的运行，使系统总购电成本（或其他目标）最少，建立省调调度计划模型。包括机组组合模型和经济调度模型。

机组组合目标函数

$$\min \sum_{t=1}^{T} \sum_{i \in G_r} C_i(P_{i,t}^r) + \sum_{t=1}^{T} \sum_{k \in G_d} [C_k(P_{k,t}^d) + (1 - u_{k-1}^d) S_k^d] u_{k,t}^d \qquad (4\text{-}82)$$

式中：T 表示决策周期；G_r 表示第 r 个地区电网所包含的等值发电机组集合；G_d 表示省调直调机组集合；$P_{i,t}^r$ 表示第 r 个地区电网等值发电机组 i 在 t 时段的出力；$C_i(P_{i,t}^r)$ 为第 r 个地区电网等值机组 i 在出力为 $P_{i,t}^r$ 下的价格；$P_{k,t}^d$ 表示省调直调机组 k 在 t 时段的出力；$C_k(P_{k,t}^d)$ 为省调直调机组 k 在出力为 $P_{k,t}^d$ 下的价格；$u_{k,t}^d$ 为直调机组 k 在 t 时段的启停状态；S_k^d 为直调机组 k 的启动费用。

机组组合发电调度的决策变量为地区电网等值机组的出力以及省调直调机组的启停及出力。

一般，省调"三公"管理要求或纳入购电成本考虑的机组，地调除了省调许可电厂和自备电厂外，大多为水电、风电等机组。省调、地调目标不一致时，可通过协调因子将省地目标统一起来，机组组合目标函数

$$\min \sum_{t=1}^{T} \sum_{i \in G_r} \lambda_r F_i(P_{i,t}^r) + \sum_{t=1}^{T} \sum_{k \in G_d} [C_k(P_{k,t}^d) + (1 - u_{k-1}^d)S_k^d] u_{k,t}^d \tag{4-83}$$

式中：λ_r 表示第 r 个地区电网优化目标的协调因子；$F_i(P_{i,t}^r)$ 为第 r 个地区电网等值机组 i 在出力为 $P_{i,t}^r$ 下的关注目标的值。

经济调度模型目标

$$\min \sum_{t=1}^{T} \sum_{i \in G_r} C_i(P_{i,t}^r) + \sum_{t=1}^{T} \sum_{k \in G_d} C_k(P_{k,t}^d) \tag{4-84}$$

同理，目标不一致时，目标函数可以表示为

$$\min \sum_{t=1}^{T} \sum_{i \in G_r} \lambda_t F_i(P_{i,t}^r) + \sum_{t=1}^{T} \sum_{k \in G_d} C_k(P_{k,t}^d) \tag{4-85}$$

约束条件包括：电网安全约束、等值机组约束、直调机组约束。电网安全约束包括：系统功率平衡、系统正负备用、关联变电站功率极限、线路潮流约束、断面潮流极限。等值机组约束包括：等值机组出力上下限约束、等值机组爬坡约束。直调机组约束包括：直调机组出力上下限约束、直调机组爬坡约束。机组组合时还需考虑直调机组的启停约束。

（1）系统功率平衡。所制定的调度计划中机组出力总和必须等于全网负荷

$$\sum_{i \in G_r} P_{i,t}^r + \sum_{i \in G_d} P_{k,t}^d = D_t \tag{4-86}$$

式中：D_t 表示 t 时段全网负荷。

（2）系统正负备用。为防止系统负荷的波动，来水的不确定性以及机组非计划停运，系统需要留有一定的正负备用

$$\sum_{k \in G} u_{k,t}^d p_k^{\max} \geqslant D_t \cdot (1 + R_t^{sp})$$

$$\sum_{k \in G} u_{k,t}^d p_k^{\min} \leqslant D_t \cdot (1 - R_t^{sn}), \quad t = 1, 2 \cdots T \tag{4-87}$$

式中：R_t^{sp} 表示 t 时段系统正备用，R_t^{sn} 表示 t 时段系统负备用。

（3）线路潮流极限。制定的调度计划必须满足安全方式规定的线路潮流极限

$$\underline{L_k} \leqslant |L_{k,t}| \leqslant \overline{L_k}, \quad t = 1, 2, \cdots, T, \quad k \in L^0 \tag{4-88}$$

式中：$L_{k,t}$ 为线路 k 在 t 时段的有功潮流；$\overline{L_k}$ 为线路 k 的正向极限；$\underline{L_k}$ 为线路 k 的反向极限；L^0 为线路集合。

（4）断面潮流极限。全网制定的调度计划必须满足安全方式规定的断面潮流极限

$$\underline{S_k} \leqslant |S_{k,t}| \leqslant \overline{S_k}, \quad k \in M \tag{4-89}$$

式中：$S_{k,t}$ 表示断面 k 在 t 时段的有功潮流；$\overline{S_k}$ 表示断面 k 的正向极限；$\underline{S_k}$ 表示断面 k 的反向极限；M 表示断面集合。

（5）关联变电站安全极限

$$\underline{X_i} \leqslant |X_{i,t}| \leqslant \overline{X_i}, \quad i \in N \tag{4-90}$$

式中：$X_{i,t}$ 为关联变电站 i 在 t 时段的潮流；$\overline{X}_i$ 为关联变电站正向极限；$\underline{X}_i$ 为关联变电站反向极限；N 为省地电网之间关联变电站集合。

（6）直调机组出力上下限约束。所制定的计划中机组出力计划必须在机组物理允许的出力上下限之间

$$u_{k,t}^d p_k^{\min} \leqslant P_{k,t}^d \leqslant u_{k,t}^d p_k^{\max} \tag{4-91}$$

式中：$p_k^{\max}$ 为直调机组 k 出力上限；$p_k^{\min}$ 为直调机组 k 出力下限。

（7）直调机组相邻两时段的出力必须满足机组爬坡极限

$$\left| P_{k,t}^d - P_{k,t-1}^d \right| \leqslant \Delta p_k \tag{4-92}$$

式中：Δp_k 表示直调机组 k 在一个时段内的爬坡升降极限值。

（8）直调机组的启停约束

$$\sum_{t=1}^{T} \left| u_{k,t}^d - u_{k,t-1}^d \right| \leqslant N_k^d \tag{4-93}$$

$$(u_{k,t}^d - u_{k,t-1}^d)(T_{k,t}^{\mathrm{off}} - T_{k,\min}^{\mathrm{off}}) \geqslant 0 \tag{4-94}$$

$$(u_{k,t}^d - u_{k,t-1}^d)(T_{k,t}^{\mathrm{on}} - T_{k,\min}^{\mathrm{on}}) \geqslant 0 \tag{4-95}$$

式中：N_k^d 为直调机组 k 在调度周期内的最大允许启停次数；$T_{i,t}^{\mathrm{off}}$ 和 $T_{i,t}^{\mathrm{on}}$ 分别为机组 i 在时段 t 的停机持续时间和开机持续时间；$T_{i,\min}^{\mathrm{off}}$ 和 $T_{i,\min}^{\mathrm{on}}$ 分别为机组 i 允许的最小连续停运时间和最小连续运行时间。此约束在经济调度模型中不考虑。

（9）等值机组出力上下限约束。等值机组出力计划必须在其允许的出力上下限之间

$$p_i^{r,\min} \leqslant P_{i,t}^r \leqslant p_i^{r,\max} \tag{4-96}$$

式中：$p_i^{r,\max}$ 表示地区电网 r 等值机组 i 出力上限；$p_i^{r,\min}$ 表示地区电网 r 等值机组 i 出力下限。

（10）等值机组爬坡约束。等值机组相邻两时段的出力必须满足等值机组爬坡极限

$$\left| P_{i,t}^r - P_{i,t-1}^r \right| \leqslant \Delta p_i^r \tag{4-97}$$

式中：Δp_i^r 表示地区电网 r 等值机组 i 在一个时段内的爬坡升降极限值。

（11）等值机组出力之和约束。同一地区电网内所有等值机组出力之和应小于区域内所有机组的出力上限之和；同一地区电网内所有等值机组出力之和应大于某一设定的出力下限。

$$p^{r,\min} \leqslant \sum_{i \in G_r} P_{i,t}^r \leqslant p^{r,\max}, \qquad t = 1, 2, \cdots, T \tag{4-98}$$

式中：$p^{r,\max}$ 和 $p^{r,\min}$ 表示地区电网 r 所有等值机组的出力上、下限。

（12）等值机组爬坡之和约束。同一区域电网内所有等值机组相邻两时段的出力之差之和应小于地区内所有机组爬坡升极限之和大于地区内所有机组爬坡降极限之和。

$$\left| \sum_{i \in G_r} P_{i,t}^r - P_{i,t-1}^r \right| \leqslant \Delta p^r \tag{4-99}$$

式中：Δp^r 表示地区电网 r 总的爬坡极限。

2. 地调优化模型

在馈线负荷预测基础上，地调可以进行安全约束负荷预测的编制，没有馈线负荷预测的情况下，进行无网络约束的求解。地调机组众多，但大多数都没有可调能力，因此将负荷平衡约束松弛到目标函数，松弛罚因子取极大数。

机组组合目标函数

$$\min\left\{ \sum_{t=1}^{T} \sum_{i=1}^{I} \left[F_i(P_{i,t}) + (1 - u_{i-1})S_i \right] u_{i,t} + M \sum_{k \in G_r} \sum_{t=1}^{T} \Delta D_{k,t} \right\} \tag{4-100}$$

式中：I 表示地区电网所调机组数量，$P_{i,t}$ 表示地调机组 i 在 t 时段的出力；$F_i(P_{i,t})$ 为地调机组 i 在出力为 $P_{i,t}$ 下的价格（或其他目标值）；$u_{i,t}$ 为地调机组 i 在 t 时段的启停状态；S_i 表示地调机组 i 的启动费用；机组组合发电调度的决策变量为地调机组的启停及出力；M 表示关联变电站关联功率平衡偏差的罚因子；$\Delta D_{k,t}$ 表示关联变电站 k 在 t 时段的交换功率偏差。

经济调度模型目标

$$\min \sum_{t=1}^{T} \sum_{i=1}^{I} F_i(P_{i,t}) + M \sum_{k \in G_r} \sum_{t=1}^{T} \Delta D_{k,t} \tag{4-101}$$

地调优化模型约束条件包括电网安全约束、地调机组约束。电网安全约束包括：线路安全极限、断面安全极限。地调机组出力上下限约束、地调机组爬坡约束。机组组合时还需考虑地调机组的启停约束。

（1）省地交换功率平衡约束。根据归算关系，地调机组的优化结果，应保证能满足省调优化的等值机组功率计划。

$$\left| \sum_{i=1}^{I} P_{i,t} s_{i,k,t} - P_{k,t}^r \right| = \Delta D_{k,t} \tag{4-102}$$

式中：$s_{i,k,t}$ 表示地调机组 i 出力对等值机组 k 的归算系数。

（2）线路潮流极限

$$\underline{L_i} \leqslant |L_{i,t}| \leqslant \overline{L_i}, \quad t = 1, 2, \cdots, T, i \in L^0 \tag{4-103}$$

式中：$L_{i,t}$ 为线路 i 在 t 时段的有功潮流；$\overline{L_i}$ 为线路 i 的正向极限；$\underline{L_i}$ 为线路 i 的反向极限；L^0 为线路集合。

（3）断面潮流极限

$$\underline{S_i} \leqslant |S_{i,t}| \leqslant \overline{S_i}, \quad i \in M \tag{4-104}$$

式中：$S_{i,t}$ 表示断面 i 在 t 时段的有功潮流；$\overline{S_i}$ 表示断面 i 的正向极限；$\underline{S_i}$ 表示断面 i 的反向极限；M 表示断面集合。

（4）地调机组出力上下限约束

$$u_{i,t} p_i^{\min} \leqslant P_{i,t} \leqslant u_{i,t} p_i^{\max} \tag{4-105}$$

式中：$p_i^{\max}$ 表示地调机组 i 出力上限；$p_i^{\min}$ 表示地调机组 i 出力下限。

（5）机组爬坡约束

$$|P_{i,t} - P_{i,t-1}| \leqslant \Delta p_i \tag{4-106}$$

式中：Δp_i 表示地调机组 i 在一个时段内的爬坡升降极限值。

（6）地调机组的启停约束

$$\sum_{t=1}^{T} |u_{i,t} - u_{i,t-1}| \leqslant N_i \tag{4-107}$$

$$(u_{i,t} - u_{i,t-1})(T_{i,t}^{\text{off}} - T_{i,\min}^{\text{off}}) \geqslant 0 \tag{4-108}$$

$$(u_{i,t} - u_{i,t-1})(T_{i,t}^{\text{on}} - T_{i,\min}^{\text{on}}) \geqslant 0 \tag{4-109}$$

式中：N_i 表示地调机组 i 在调度周期内的最大允许启停次数；$T_{i,t}^{\text{off}}$ 和 $T_{i,t}^{\text{on}}$ 分别表示机组 i 在时段 t 的停机持续时间和开机持续时间；$T_{i,\min}^{\text{off}}$ 和 $T_{i,\min}^{\text{on}}$ 分别表示机组 i 允许的最小连续停运时间和最小连续运行时间。此约束在经济调度模型中不考虑。

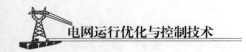

3. 算例分析

将本文的方法在某省电网进行日前发电计划计算。该省全省总装机容量41203MW，其中省调直调机组容量32722MW，电厂个数88个，地调及以下装机容量8481MW，占总装机容量的20.58%，电厂个数6025个。将地调可调机组出力以等值的方式纳入整体优化，以某日日前发电计划为例，从调度计划模块获取计划日一天96点的系统负荷预测、母线负荷预测数据、改进母线负荷预测数据、交换计划、机组状态和检修计划等。

（1）改进母线负荷预测潮流计算准确率。首先对比传统母线负荷预测和改进母线负荷预测的断面潮流准确率，并和实际潮流进行对比，并展示11：00（早高峰）时刻的断面潮流结果，见表4-5。通过表中结果可以看出，改进母线负荷预测的断面潮流准确率更加接近实际潮流。

表4-5　　　　　　　　　　　　断面潮流结果（11：00）

断面名称	传统方法潮流（MW）	改进后潮流（MW）	实际潮流（MW）
白田Ⅰ_Ⅱ路	−248.143	−257.356	−261.44
鼎钟Ⅰ_Ⅱ路	319.672	331.532	329.227
东台#1_2变	−715.007	−686.265	−637.515
东钟Ⅰ_Ⅱ路	−487.537	−509.833	−499.833
福燕Ⅰ_Ⅱ路	2105.72	2148.05	2201.507
福州#1_3变	568.046	555.259	535.655
海沧#1_3变	1062.19	1023.891	1035.81
禾金Ⅰ_Ⅱ路	370.675	389.62	404.363
泉州#1_2变	1000.24	882.83	922.397
石峰Ⅰ_Ⅱ路	518.203	452.163	471.165
水闽Ⅰ_Ⅱ路	376.659	388.429	400.50
厦门#1_2变	1030.49	1092.52	1090.08
园赤Ⅰ_Ⅱ路	331.847	298.319	258.828
嵩禾Ⅰ_Ⅱ路	605.785	646.412	674.84

（2）优化结果。全网省调机组207台，形成等值机组24台，地调可调机组均为水电，采用混合整数规划算法，在"三公"电量为目标，通过将电量完成进度转换为成本曲线，实现了在"三公"调度模式下，保障所有网络安全约束的同时编制机组发电计划。协调优化结果见表4-6。

表4-6　　　　　　　　　　　　优化结果对比表

指标	省调机组优化	省地协同
优化时间（s）	118	138
目标函数值（虚拟成本）	1569081	1550763

从表4-6可以看出，省地协同优化方式因为优化机组的增加，优化的时间比传统省调机组优化有所增加。而通过省地协同，全网机组的优化目标得到提高，提高了1.17%，表明通过省地机组的互相支援，促进了省调机组"三公"电量的完成。优化计划编制过程中的建模和优化仅耗时138s。

在"三公"调度方式下，部分电厂的电量计算情况见表4-7。可以看出，经过省地协同计划编制，"三公"完成进度更接近理想状态。

表 4-7 电量完成情况对比

电厂名	理想进度		传统方法		省地协同	
	电量（108kMh）	负荷率（%）	电量（108kMh）	负荷率（%）	电量（108kMh）	负荷率（%）
华能电厂	0.24	92.2	0.24	94.2	0.24	93.4
坑口电厂	0.11	89.1	0.11	85.8	0.11	87.7
可门电厂	0.24	84.8	0.24	84.3	0.24	84.4
后石二厂	0.12	80.5	0.12	80.8	0.12	80.3
江阴电厂	0.22	75.2	0.21	74.6	0.22	74.8
湄洲湾厂	0.13	70.8	0.13	70.7	0.13	70.9
嵩屿二厂	0.10	72.8	0.11	73.8	0.10	72.8
后石电厂	0.61	70.2	0.61	70.2	0.61	70.1
南埔电厂	0.10	70.7	0.10	70.2	0.10	71.3
嵩屿一厂	0.05	65.1	0.05	66.1	0.05	65.5
坑口二厂	0.09	62.5	0.09	62.3	0.09	62.9
宁德厂	0.18	61.5	0.18	61.5	0.18	61.4

（3）电网安全性协调效果。在传统优化方式下，220kV 线路长营 Ⅱ 路出现潮流越限，传统有约束优化对线路和断面阻塞进行管理，但在个别时段无法消除越限，而省地协同优化方式将线路越限调整到位。图 4-25 显示长营 Ⅱ 路潮流越限了，但省地协同调动地调资源可以将其调整到限额之内。

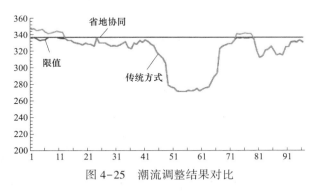

图 4-25 潮流调整结果对比

5 电网运行方式在线分析与优化技术

5.1 前　　言

5.1.1　电网运行方式安排

电网运行方式安排指的是在电网调度运行中，在满足电网安全稳定和对社会可靠供电的要求下，合理的安排机组发电出力和输变电设备检修。合理的电网运行方式安排应实现以下目标：

（1）保证电网的安全稳定运行和供电可靠性。这是电网运行方式安排的首要目标，指的是电网在预测的负荷分布、设定电网拓扑和发电计划条件下，能够承受电网任一元件故障，即保证电网在计划方式下，遇到各个 $n-1$ 元件故障时，电网仍能保持安全稳定运行，保证对用户的可靠供电，即满足电网第一级安全稳定标准。

（2）提高电网输送能力。提高电网输送能力指的是电网应尽可能运行在其物理极限而又不发生冒险的状态，从而推迟新投资和降低造价。提高电网输送能力是在电网安全性和对用户供电可靠性得到满足的条件下，还要对当日运行方式做进一步优化计算，在尽可能满足电网设备按需检修的条件下，最大限度地发挥电网的整体效益，挖掘电网输电潜力，提高输电能力，最大限度地解放富余电力。

（3）提高电网运行经济性。在满足电网的安全稳定运行和供电可靠性的前提下，通过优化电网运行方式，降低网损，提高电网运行经济性。

电网运行方式安排包括日电网运行方式安排和中、短期电网运行方式安排。日电网运行方式安排指的是根据前日已发生的工况预计下，合理的安排机组发电出力和输变电设备检修。日电网运行方式安排时，电网运行方式管理人员考虑的主要因素是设备的检修计划和发电计划，这个因素决定了次日的网络拓扑。中、短期电网运行方式安排根据已过去的一段时间的实际工况，预计未来负荷水平（中、短期）下，合理的安排机组发电出力和输变电设备检修。中、短期电网运行方式安排时，电网运行方式管理人员考虑的主要因素是电网的基建计划和发电计划。

电网运行方式安排直接影响电网调度运行的安全性、供电可靠性和运行经济性，而电网运行方式安排是否合理依赖于电网运行方式分析计算，电网运行方式分析计算水平的高低不仅取决于电网调度运行管理人员的水平和经验，也一定程度上取决于分析计算工具的先进性。

5.1.2　国内电网运行方式现状

目前，国内电网运行方式专业常用的分析工具有两类：一类是电网仿真计算工具，主要有中国电力科学研究院汉化版的 BPA 仿真计算程序、中国电力科学研究院研制的 PSASP 仿真计算程序、国网电力科学研究院研制的 FASTEST 仿真计算程序、德国西门子公司的 PSS/E 仿真计算程序等；另一类是运行方式专业管理程序，主要包括电网发输变电设备检修计划管理程序、发输变电设备检修工作申请票管理程序以及电网设备参数管理系统等。

现有的几种仿真计算程序能实现的主要功能类似，包括潮流计算、稳定计算、低频振荡计算、短路电流计算、潮流优化计算等。不同的是，这些计算仿真软件对电力系统元件的等值计算模型略有不同，此外这些仿真计算软件的用户操作界面也各有千秋。对计算模型的处理方法不同将直接导致各个计算软件的计算输入文件不能共享，因此若要实现对计算输入文件的共享，需要数据文件的转换程序，如对 BPA 程序的数据文件转化成 PSS/E 程序的数据文件已在工程中应用等。

这些离线仿真计算分析软件都需要一个描述电网状态的计算输入文件，该文件里包含了按照各自程序约定的模型和参数格式，描述电网的拓扑结构、模型参数、厂站负荷分布、机组发电出力以及相关的计算控制参数等。计算输入文件所描述的信息一部分通常是不发生变化的，如电力系统各个设备的数学模型、参数以及计算控制语句等；而另外一部分则需要经常变化，如用于描述经常变化的电网状态的信息，包括各厂站的发电机出力大小、用电负荷大小、输电线路、变压器、母线、开关等设备的运行状态等。这些变化的信息和参数在每次计算前需要电网运行方式专业人员人工维护，通过维护这些信息和参数来使计算文件反映所需计算的电网状态，从而得到对应的计算结果。

描述经常变化的电网状态的信息虽然可通过电网调度 SCADA/EMS 系统反映，但 SCADA/EMS 系统运行在安全性和实时性要求极高的安全防护 I 区，除非特殊需要，一般不允许从安全电网 II、III、IV 区向电网 I 区实时控制系统写入数据。所以，电网运行方式分析管理人员获取这些电网变化信息的办法就是从 SCADA/EMS 系统提供的研究用工作站去观察和记录。这就使电网的状态变化信息必须通过人工的方式进入各种仿真计算软件，形成了 SCADA/EMS 系统与仿真计算程序的相互孤立。随着电网规模的扩大，线路、厂站数据的增多，要想在日常分析计算中将电网状态变化的信息完全反映进离线仿真计算程序时不仅费时费力，而且相当困难，甚至在实际生产中都难以实现。

此外，电网设备状态的变化有一个日常的管理计划，这个管理功能在发输变电设备检修计划管理和工作申请票系统中实现，而在仿真计算过程中自动引入电网设备的状态变化计划也相当困难。

由上分析可知，目前电力系统各仿真计算软件之间相互孤立，仿真计算软件与 SCADA/EMS 系统、检修管理系统之间相互孤立，各个软件、系统都是信息孤岛，影响了电网运行方式计算分析水平和分析质量。因而一个整合各个系统的统一的运行方式分析计算平台是大势所趋，不仅可以提高电网运行分析效率，而且可以提高分析准确性。建立在电网运行分析在线技术支持系统上的电网运行方式在线分析技术可以解决上述问题。

5.2 电网运行方式在线分析

为了提高电网运行方式分析的精度和效率，实现电网运行方式在线化分析，应建立电网运行方式在线技术支持系统，以实现以下目标。

5.2.1 提高潮流仿真计算精度

电网潮流计算是电网稳定计算以及各种运行方式仿真计算的基础，如功角稳定计算、电压稳定计算、可靠性计算以及低频振荡计算等，因此，潮流计算的精度关系到电力系统一系列安全稳定仿真计算的精度。提高电力系统仿真计算精度的首要任务就是提高潮流计算仿真的精度。

影响潮流仿真准确度的因素比较多，但从电力生产的工程应用情况看，目前对潮流仿真结果影响比较大的主要有两个方面，一是负荷模拟的准确度；二是设备参数的准确度。

(1) 提高负荷模拟准确度。电网方式运行安排质量的高低很大程度上取决于电网运行分析计算的输入文件对电网状态描述的准确度。在电网状态的描述中，负荷的描述是否准确影响很大，包括总负荷水平和各变电站的负荷水平。负荷描述的偏差，既可能使计算结果偏于乐观，也可能使其偏于保守。偏于乐观，电网就要运行在冒险的状态之下，不满足电网安全稳定运行的要求；偏于保守，将影响电网运行的经济性，降低电网运行效益。

准确模拟负荷的主要困难在于需要将全网的变压器用电负荷数值逐一填入仿真计算用的数据文件。这样做工作量大、耗时长且可操作性差，为此电网运行方式分析管理人员就根据计算分析的经验，只对他们认为敏感的局部地区的负荷分布做出修改，其他地区则根据经验在年度典型负荷分布的基础上调整一个系数来模拟负荷水平和负荷分布，这就容易形成负荷模拟的偏差。从电网智能化的安全经济运行的角度来说，需要将 SCADA/EMS 系统与离线仿真计算软件的数据共享来提高负荷模拟的准确度，而建立在电网运行方式在线分析技术支持系统上的电网运行方式在线仿真计算技术才可以实现该功能。

(2) 提高输电设备参数准确度。电网中的设备，特别是输电线路的参数经常因为各种原因出现偏差，有些是新设备投产时的实测值就存在偏差。这些偏差难以通过电网运行方式分析管理人员认真核对计算文件参数和设备参数表就能解决，通常需要在电网的日常计算中，通过对比分析中逐渐找出或通过在线参数辨识找出。在日常的潮流计算中，这些设备的假数据造成的潮流偏差不仅在设备自身上体现出来，而且还在其周边的环状电网结构中的其他设备上都表现出一定的潮流偏差。这些偏差的长期存在将对电网的整个仿真计算结果产生影响。

为了消除这些参数偏差，提高电网运行方式仿真计算的准确度，从而提高电网运行的安全性和经济性，必须有一个方便的工具来帮助电网运行管理人员找出这些参数偏差设备，这就需要电力系统元件在线参数辨识或基于在线的潮流计算实测方式反演来找出参数偏差设备，通过在线参数辨识或基于在线的潮流计算实测方式反演可以实现对这些设备元件的校正，从而修正这些参数带来的潮流计算偏差以及相应的稳定计算偏差。

5.2.2 扩大计算覆盖面

在目前电网日运行方式安排中，通常电网运行方式管理人员仿真计算面不够宽，表现在两个方面。一是选取的典型电网运行工况少；二是电网稳定计算仿真预想故障少。

(1) 选取的典型电网运行工况少。电网运行方式分析管理人员通常的做法是先对当日电网运行工况进行经验性分析，确定几个典型的时刻和典型负荷分布来选取当日典型潮流，然后以选定的一种或几种典型潮流作为计算的初始状态，进行反复的优化计算。至于选取典型潮流能否真正恰当地涵盖当日的实际工况，则完全取决于电网运行方式分析管理人员的经验，可能造成危险工况的遗漏。因此这种基于电网典型工况选取基础上的电网稳定计算分析容易导致冒进或者保守的计算结果，将威胁到电网的安全稳定或降低电网运行经济性。这也是离线电网运行方式带来的必然结果。

(2) 电网稳定计算仿真预想故障少。电网稳定计算仿真预想故障少指的是电网运行方式分析管理人员在进行电网稳定仿真时，因为工作效率的原因，电网运行方式分析管理人员通常根据分析经验选取一部分典型的预想故障校核电网运行的安全性。但电网事故的发生不以人的意志为转移，未被电网运行方式分析管理人员纳入校核范围的故障会不会造成电网失去稳定，将完全取决于电网运行方式分析管理人员的专业知识和分析经验。这是电网安全运行的一个重要隐患，这种风险也是目前的离线分析计算手段所带来的必然结果。

以上两个问题的根本制约因素是离线的电网运行方式安排不能考虑充分的计算覆盖面，而离线充分的计算覆盖面带来的大量计算量问题是很难通过人工计算完成的，这主要是电网运行方式安排缺乏在线技术支持系统的问题。鉴于这种状况，无论是为保证电网的安全运行，还是为提高电网经济运行水平，都需要尽快扩大电网运行方式分析计算覆盖面，提高计算的工作效率和自动化水平，实现由离线计算向在线计算的跨越，由单次手工计算向多次扫描和批量计算的跨越，实现电网运行方式安排的智能化。建立在电网运行方式在线分析技术支持系统上的电网运行方式在线仿真计算技术才可以实现该功能。

电网运行方式仿真计算准确度的问题和计算覆盖面不足的问题在电网中、短期运行方式分析计算工作中也同样存在。主要的区别在于中、短期预计工况的获得方式。就目前的电网运行方式安排而言，中、短期预计工况也是主要依靠人工模拟，潮流典型度、准确度、计算覆盖面与人员经验的相关性也很强。

中、短期典型潮流的选取是一个相对复杂的过程，它不能从实时控制系统直接导出，必须要对一个时期的历史数据进行综合的统计分析才有可能得出，需要建立一个能够存储相当长时期电网历史数据的，按照相应数据挖掘策略组织的数据仓库。

5.2.3 实现由离线分析向在线分析跨越

离线的电网运行方式分析结果通常很难准确反映电网实际运行的情况，这是因为在不同电网运行方式下，各种分析结果通常是发生变化的，如灵敏度指标——在电网全接线下是一个结果，在电网另外一种接线方式下会是另外一种结果。而只有在线的电网运行方式仿真计算结果才有效。

（1）在电力系统运行阶段，通常人们考虑的都是 $n-1$ 故障下的安全稳定性，即考虑《电力系统安全稳定导则》规定的第一级安全稳定标准，其是电力系统安全运行必须遵循的标准，电力系统调度运行部门为此还每年编制《年度稳定运行规定》，包括正常方式和检修方式。检修方式下的 $n-1$ 故障相当于系统全接线全保护方式下的 $n-2$ 稳定运行水平，这也是离线稳定计算所能考虑的最多方式，具有很大的计算量，电力系统调度运行部门的相关技术人员每年花费大量的时间进行离线计算。电网实际运行时，当电力系统元件检修或遇到相继故障时，很可能还要出现 $n-3$、$n-4$、…、$n-m$ 等情况，此时离线稳定计算将很难实现，这是因为此种情况下的计算工作量将达到了 $n\cdot(n-1)\cdot(n-2)\cdot…\cdot(n-m)$ 次，计算工作量异常庞大。而在线计算分析完全实现了《电力系统安全稳定导则》规定的第一级安全稳定标准的要求。

（2）将灵敏度指标实用化。虽然潮流级的灵敏度控制应用早已相当成熟，但实际工程应用上仍不理想。主要原因是灵敏度分析是几个调整变量之间的灵敏度对比，对计算准确度的要求比较高，特别是初始潮流状态，设置不准很容易影响分析结果，也不易得到准确的控制效果；另一方面需要扩大灵敏度的计算量，通过日积月累计算、事后验证计算来反复确认一个灵敏度数值，然后才好在运行控制中定量使用。这就需要一个基于实测潮流的方便快捷的灵敏度计算和对比分析工具，而建立在电网运行方式在线分析技术支持系统上的电网运行方式在线仿真计算技术才可以实现该功能。

5.2.4 历史/实时运行数据统计分析

（1）历史数据的整合与统计分析。电网运行方式分析管理人员日常工作中，需要随时对电网运行中出现的新问题、暴露的薄弱环节进行分析、记录，许多时候还需要结合过往的历史问题做关联分析。这种情况下电网运行方式分析管理人员既需要掌握当前电网的运行数据，也需要相关的历史运行数据，而且还需要与历史遥测数据相关的电网运行拓扑结构。在电网中、短期存在问题的预测分析中，历史运行数据的统计分析则更是必不可少，此时需要的不仅仅是能用于对各个时刻进行反演计算的该时间断面的全部数据，还需要某一个或某几个时间区间或某些感兴趣的区域或电网断面的潮流分布综合统计数据。

这是一种对历史数据的更高层次的需求，需要对历史数据进行有针对性的整合。一是要能将任意历史时刻的历史数据整合为可计算的数据综合体；二是要能对历史上任意时间段的关联数据进行自动累加。即需要有一个方便的计算机程序来帮助电网运行方式专业人员快速地获得这些历史数据的整合信息，满足他们对电网运行情况在时间纵深上的分析需求，而建立在电网运行方式在线分析技术支持系统上的电网运行方式在线仿真计算技术才可以实现该功能。

（2）日前运行数据在线统计。电网运行方式分析管理人员在安排电网运行方式，分析电网运行存在的问题以及研究制定相关措施时，需要电网的实际运行状况。相对于电网调度员，电网运行方式分析管理人员工作处在后台。对于电网运行方式管理人员来说，只能从实时控制系统的研究工作站零散地获得，客观上造成了电网运行方式管理人员与电网实际状况有一定程度的脱离。零散的信息获取方式降低了电网运行方式管理人员对电网存在问题的敏感度和问题分析的及时性，不利于跟踪解决问题。这既不利于电网的安全和经济运行，也给电网运行方式分析的工作造成了被动。

电网运行方式管理人员对电网运行状况的观察，更多的是关注电网主要联络线、主要输送断面传输功率的实际情况，电网运行方式分析管理人员从对这些实际传输功率的跟踪观察中，了解功率输送的需求是否受到稳定限额的影响，检验次日的稳定限额是否可行，避免盲目安排电网运行方式，给实际电网生产运行造成被动。因此，电网运行方式管理人员需要一个便捷的工具来自动整合电网正常全接线方式下的稳定限额以及随设备检修方式变化而不断变化的稳定限额与相关设备的运行数据统计结果，实现对当日稳定限额充满度的在线监视和自动统计，而建立在电网运行方式在线分析技术支持系统上的在线电网运行方式仿真计算技术才可以实现该功能。

5.3 电网运行方式在线分析技术支持系统结构

电网运行方式在线分析技术支持系统的结构满足以下要求。

（1）实现各仿真计算软件、SCADA/EMS 系统、检修管理系统、调度生产信息管理系统的整合与集成，使各系统间实现公用信息共享，并建立一个供各种计算方便接入的统一平台，实现各个离线仿真计算程序在统一平台上的中间资源共享。

（2）电网运行方式在线分析技术支持系统需要满足提高分析计算的准确度，消除计算偏差、参数偏差带来的安全风险和经济运行损失，并能够实现批量计算和扫描计算，提高计算的速度，提高分析计算的工作效率。

（3）电网运行方式在线分析技术支持系统需要扩大计算覆盖面，能够对长时间跨度的历史数据分析进行综合分析，能够实现基于电网历史数据的未来方式计算，能够方便地对成批的未来电网运行方式进行扫描计算。

1. 电网运行方式在线分析技术支持系统结构图

电网运行方式在线分析技术支持系统结构图如图 5-1 所示。

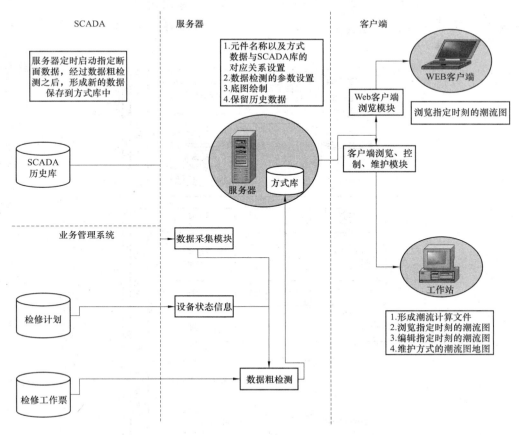

图 5-1　电网运行方式在线分析技术支持系统结构图

电网运行方式在线分析技术支持系统主要有以下 4 个组成部分。

（1）实时数据库。实时数据库是电网运行方式在线分析技术支持系统的原始数据来源，主要从 SCADA/EMS 中读取实时和历史数据。

（2）业务管理系统。业务管理系统包括检修计划管理系统和检修工作票管理系统。检修计划管理系统处理月度范围内进行的设备检修计划申报和安排；检修计划工作票管理系统处理当前正在进行的设备检修工作。电网运行方式在线分析技术支持系统从这两个系统中获取电网设备在一段时间和当前时间上的状态信息，结合这些状态信息，可以很便捷的分析未来的电网潮流演变的趋势。

（3）服务器端。服务器端可定时启动指定的断面数据，经过数据检测，去除不良数据后，将形成的数据送到方式数据库中，同时服务器上记录有整个电网的元件以及方式数据与实时数据对应关系。此外系统的数据检测规则、参数、拓扑图信息均在服务端保存。

（4）客户端。客户端又分为浏览器和普通工作站，在电网运行方式在线分析技术支持系统客户端用户可以定义网络拓扑图以及各种电网元件的性能数据，生成现实的电网拓扑图。另外客户端可以取出方式数据库中的各个时间的数据，以图形的方式观察并在拓扑图上进行虚拟的开断操作，改变元器件的性能数据，通过模拟计算分析电网的运行状态。

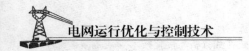

2. 电网运行方式在线分析技术支持系统三层结构逻辑框架图

电网运行方式在线分析技术支持系统采用三层客户机服务器模式，如图 5-2 所示，包括数据层、逻辑层和表示层。

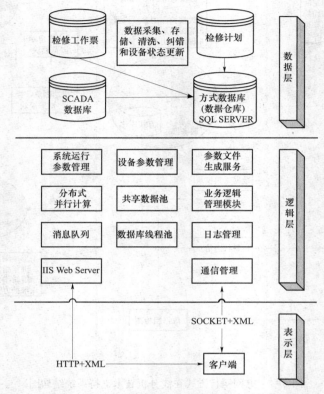

图 5-2　电网运行方式在线分析技术支持系统三层结构逻辑框架图

三层客户机服务器模式具有较高的可靠性、稳定性和灵活性，它通过对系统不同性质的功能进行分组，提高了系统的内聚性，同时在系统开发和维护中，也易于添加、修改业务逻辑以及增加新的业务功能。

（1）数据层。由各方式数据库（数据仓库）、SCADA 实时数据库、检修工作票数据库和检修计划管理数据库组成。

（2）逻辑层。由系统运行参数管理、设备参数管理、参数文件生产服务、分布式并行计算管理、共享数据池、业务逻辑模块、消息队列、数据库线程池、日志管理和信息管理等模块组成。

共享数据池技术模块：为了加快系统数据传递速度，在进程中开辟一个大内存块存放当日、昨日最新的数据，供业务端直接存取。

数据库线程池模块：在消息队列中监听其他线程需要的数据库操作请求，并获取请求进行处理，可以对数据库进行插入、删除、更新、查询操作，并将结果发送到消息队列中，所有的对方式数据库的操作均通过消息队列完成。

业务逻辑处理模块：处理用户的业务请求，包括潮流观察、回放、统计、潮流计算、稳定计算、$n-1$ 计算等业务请求。

（3）表示层。表示层由业务客户端和管理配置客户端构成。

5.4   电网运行方式在线分析技术支持系统功能及其应用

5.4.1   运行数据管理与可视化计算控制

电网运行方式在线分析技术支持系统以电网实测数据、电网设备参数、设备连接关系等电网计算用数据信息整合为基础，构筑基于数据库系统的在线计算环境。同时，利用各种先进的计算机技术，实现不同原理的电网离线仿真计算软件向在线仿真计算分析的跨越。

电网运行方式在线分析技术支持系统的运行数据管理包括三个方面：①在可视化环境中灵活地设计电网运行方式，对各种设计方式进行多视角、成批次的安全性和可靠性计算；②对来自SCADA/EMS系统的电网当前运行方式进行安全性扫描计算；③利用数据仓库技术，多方位全面的分析电网运行中存在的薄弱环节。

电网运行方式在线分析技术支持系统的平台数据库系统向电网仿真计算软件提供了反映电网实时数据信息或历史数据信息的输入文件，统一集成并协调管理不同软件及其计算任务。

1. 基于数据库系统的实测数据管理

（1）实时数据在线获取。电网运行方式在线分析技术支持系统的输入数据接口管理程序实现与SCADA/EMS数据库的连接，从SCADA/EMS系统接收遥测、遥信数据，实现电网设备名称对照管理与数据服务端口配置管理、数据库连接自检管理与数据库连接中断自恢复管理、实时数据缓存管理与数据断点续传管理以及不可恢复性数据残缺管理等。

1）电网设备名称对照管理与数据服务端口配置管理。SCADA/EMS系统中仅有设备采集关口的名称，没有对应的设备名称描述，因此需要将设备参数和采集点进行映射，建立名称对照管理，根据对照表，自动从SCADA/EMS数据中解析出电网运行方式在线分析技术支持系统需要的数据。

2）数据库连接自检管理与数据库连接中断自恢复管理。SCADA/EMS系统数据在调度系统安全防护安全分区的Ⅰ区运行，为了不影响Ⅰ区安全，电网运行方式在线分析技术支持系统运行在Ⅲ区。由于Ⅰ区和Ⅲ区间有隔离装置，考虑到网络故障等原因，电网运行方式在线分析技术支持系统对SCADA/EMS数据库的连接中断提供了自动恢复功能。在网络中断后，每隔1min自动重新连接，并记录下失败的连接，供电网运行方式在线分析技术支持系统管理员及时处理。

3）实时数据缓存管理与数据断点续传管理。在SCADA/EMS系统与电网运行方式在线分析技术支持系统之间通过中转服务器建立数据缓存，用于对照比较。连接SCADA/EMS系统数据库后，对实测数据时间范围进行分析和自身数据时间范围进行对照，从而分析出读取数据的时间，在网络中断恢复连接后，自动从上次取数之后继续读取。

4）不可恢复性数据残缺管理。数据采集设备、传送通道、数据收集系统以及中转服务器异常的情况下，将向电网运行方式在线分析技术支持系统提供不完整的数据，有时甚至会丢掉一段时间的数据。电网运行方式在线分析技术支持系统在侦测到此种情况发生之后，将自动丢弃不完整的数据，通常三分之一以上的实测数据未收到将自动丢弃，并予以记录。收到用户针对该时刻的方式计算请求时，电网运行方式在线分析技术支持系统将自动取最邻近时刻的潮流数据发送到客户端；同时向客户端提供各种曲线时，采取自动插值的办法拟合相应曲线。

（2）数据纠错与拓扑分析。数据纠错在SCADA/EMS系统的高级应用功能中是由状态估计软件实现的，但状态估计还是存在偶发性的错误，如果直接读取状态估计结果，这些偶发性的错误很难再进行人工修正，因为此时分析人员不能再利用原始数据进行参考修正。数据纠错与拓扑分析功能就是针对数据采集的误数据，在工程实践中经过一定的自动逻辑处理后，再辅之适当

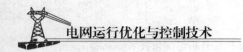

的人工经验进行修复。

1）数据清洗。数据清洗功能是剔除来自 SCADA/EMS 系统的不良数据，修正数据偏差，补齐漏采数据，完成的功能类似于状态估计对 SCADA/EMS 数据的处理。

数据清洗采用计算机程序按照单/多节点功率平衡偏差控制等电网基本规律自动清洗与人工辅助清洗相结合的方式实现。数据清洗功能由主服务程序负责，程序计算在服务器侧完成，清洗策略改进后，不需更新客户端程序。数据清洗功能降低了客户机配置的要求。

电网运行方式在线分析技术支持系统数据库中存储的大部分是 SCADA/EMS 原始数据，不随客户端人工干预策略的不同而改变，客户端每次调用时，从电网运行方式在线分析技术支持系统数据库读取的仍是 SCADA/EMS 原始数据。

有权限的客户端可以将清洗过的数据反向存入电网运行方式在线分析技术支持系统数据库。客户端调取该时刻的数据时，服务程序同时向客户端发送 SCADA/EMS 原始数据和清洗过的反向存储数据，供客户端选择使用。

2）拓扑分析。在电网运行方式在线分析技术支持系统平台底层数据库中设备表之间根据电网正常连接关系的基础上，将经过数据清洗过的 SCADA 遥测、遥信数据整合，形成电网拓扑和各节点注入功率，与设备表中的设备参数属性结合形成电网计算用数据信息。

3）数据剔除。电网运行方式在线分析技术支持系统根据磁盘存储容量的大小和历史数据调用速度的需要，定时剔除相对久远的历史实测数据。

剔除策略由管理员设置，通常的设置策略是将数月以前的实测数据由按分钟间隔的存储密度剔除为按一刻钟间隔的存储密度。

（3）基于数据库的计算文件生成。电网运行方式在线分析技术支持系统服务器根据各个客户端发出的不同计算请求，按照对应的计算软件的格式要求，分别将平台数据库中存储的整合信息转换为各个计算软件所需要的数据输入文件。

以电网运行方式在线分析技术支持系统数据库为中心的输入文件生成机制，避免了不同计算软件输入文件相互间的复杂转换，实现了基于相同条件下不同算法计算结果的相互对比和校核，有利于各种分析算法及其程序的改进，对新生算法的实用化进程起到积极的促进作用。

2. 可视化分布式并行计算控制

（1）可视化计算方式与计算控制。可视化计算方式是通过用户视觉能力，利用图形和图像来直观地表征计算操作、计算过程和计算数据，即用计算机来生成、处理、显示在屏幕上模拟整个方式计算过程，实现与用户进行交互式对话。该功能不仅实现了计算结果的可视化，而且实现了计算过程的可视化，使用户可以更加直观以及全面地观察和分析计算方式数据。

电网运行方式在线分析技术支持系统实现的可视化计算包括可视化生成计算方式、可视化生成计算任务以及可视化监视计算进度三个部分。

1）可视化生成计算方式。可视化生成计算方式是在包含实测负荷分布、机组出力安排等实测数据的基础上生成电网运行计算方式，包括基于电气接线图计算方式、基于站内拓扑计算方式和基于日负荷曲线计算方式等。

a）基于电气接线图计算方式。电网运行方式在线分析技术支持系统将各种原理的计算程序在平台统一的电气接线图环境下实现，电气接线图不仅绘制了电网的网架拓扑，还包括了简化的站内主接线图，且图形上每一回联络线，厂站内发电机、变压器设备均实现与在线数据接口。电网稳定计算的故障点选择、故障描述，灵敏度计算的变量选择等计算控制都可在电气接线图界面上通过图形点击的可视化操作方式实现。

　　图 5-3 给出了对线路停运操作的可视化操作方式。图中实线为电网中运行的线路，虚线表示人工在电气接线图上设置该线路停运状态，并在此基础上实现潮流计算及稳定计算。

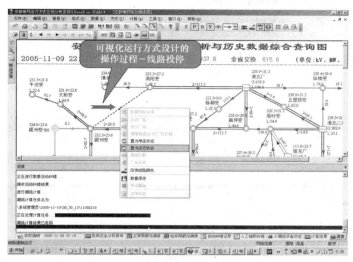

图 5-3　线路停运操作的可视化操作方式

　　b）基于站内拓扑计算方式。用户可在接线图界面上直观地拉停或投运线路，或进入厂站内部接线图拉停或投运发电厂/变电站的机组或变压器，也可在图形上直接修改发电机出力或变电站负荷。图形上的所有计算操作均由程序记录下来，并自动修改网络拓扑的计算模型和发电机、变压器模型的相关参数。

　　图 5-4 给出了对变电站母线停运操作的可视化操作方式。图中实线为运行线路，虚线表示人工在电气接线上设置该线路停运状态。

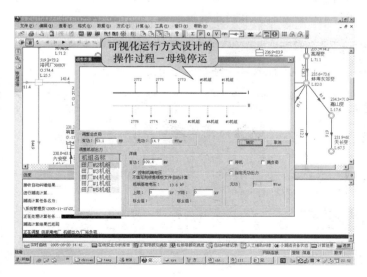

(a)

图 5-4　变电站停运（一）

（a）变电站母线停运操作的可视化操作方式

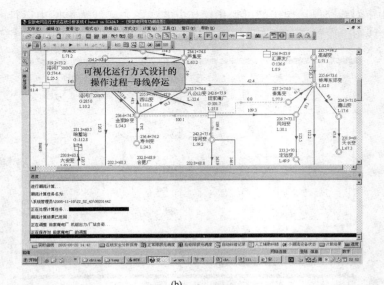

(b)

图 5-4 变电站停运（二）

（b）变电站母线停运在电气接线图上显示图

c）基于日负荷曲线计算方式。基于日负荷曲线计算方式提供 24 小时的负荷和用电曲线，在曲线面板上用户可以通过简单的点击和选取时间的方式，方便的选择不同时间的典型潮流，直观的观察和峰、腰、谷各个时间段下的潮流，在典型潮流下，可以方便地设计不同的运行方式，启动计算功能。

图 5-5 给出了基于日负荷曲线计算方式可视化操作。图 5-5 的下半部分红色曲线表示发电曲线，蓝色曲线表示负荷曲线。电网调度运行管理人员可以根据负荷曲线，任意选择某时刻负荷方式作为计算方式进行电网潮流计算和稳定计算。

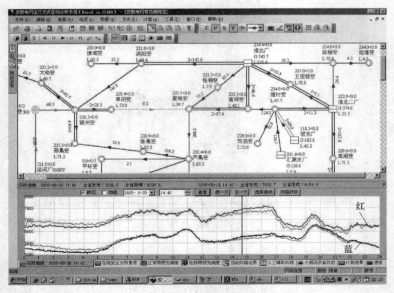

图 5-5 基于负荷曲线计算方式可视化操作图

2）可视化生成计算任务。可视化生成计算任务是在用户选择相应的计算类型后，在尽可能利用系统的计算节点提供的计算能力基础上，生成单个计算任务或者批量生成计算任务，并且在客户端可以看到整个计算任务的生成情况，准确掌握计算量的多少。

3）可视化监视计算进度。可视化监视计算进度包括三个方面：在业务客户端，请求计算的用户可以通过日志面板准确了解现在的计算进度；通过代理程序可以了解到全系统的计算节点的工作状态；通过管理程序提供的功能可以监视到全系统计算任务，包括新进入的计算任务、正在计算的任务以及已经完成的计算任务和各个计算节点的状态。

（2）多任务分布式并行计算控制。电网运行方式在线分析技术支持系统采用了分布式并行计算技术，能接收各客户端不同种类、不同数量的计算请求，将其与在线安全扫描计算任务综合归类，进行计算优先级排列后，根据实际情况可以将大计算任务分解成多个子任务后，再向各个计算代理节点发布计算任务，巡视计算进程并收集、分析、合并计算结果，分别将计算结果发向各客户端。

为了接入各种不同种类的计算程序，电网运行方式在线分析技术支持系统计算代理节点提供了各种类型的配置。根据需要通过配置可以接入不同的计算程序，用于控制不同的计算程序进行计算和收集计算结果；根据自身资源使用状况，动态调整计算频率和强度；与平台服务器的计算任务管理一起工作，负责避免多个计算任务和计算结果间的相互冲突，并使各计算代理节点的计算资源相互协调。

（3）多用户中间结果共享。多用户中间结果共享功能指的是多个用户的计算输入文件和计算中间结果文件由服务器程序统一管理，并将最新中间计算结果向各约定权限的客户端提供共享，供用户随时复查和比较或调用其他用户的计算结果进行后续计算。

5.4.2 多维度潮流图浏览与历史数据统计查询

1. 多维度潮流图浏览

电网运行方式在线分析技术支持系统具有多维度潮流信息浏览功能，满足任意调取历史时刻潮流数据的业务需求。电网运行管理人员不仅可以全方位的观察某个时刻电网的潮流分布，而且可以在时间维度上任意选择一个或多个潮流进行浏览。

（1）潮流图自动绘制与数据显示。潮流图自动绘制主要体现在根据时间和设备状态不同显示不同的拓扑，并将设备对应的实测数据绑定在设备对应的图形位置附近，且可以随图形的移动相应移动位置。

1）自动绘制接线图并显示对应的实测数据。根据数据库中描述的网络设备正常接线关系、实测数据中遥测值、遥信值，并结合数据清洗和设备检修工作票系统提供的设备状态信息，综合判断设备是否在运行中，并据此决定该设备在图形上应与哪个设备相连接，按停运状态绘出，自动绘制接线图。

2）根据设备是否服役确定应否绘制相应图元。随着时间的推移，电网中不可避免地有设备的新投产和退役情况发生。电网运行方式在线分析技术支持系统数据库中包含了设备服役时间属性，作为绘制某时刻的拓扑图时，设备是否存在，是否应在图上绘出的判断依据，从而使绘制拓扑图功能，乃至基于实测拓扑的计算功能都具备了对历史时刻的自适应能力。

图5-6给出了新投产一条设备前后的电气主接线图。

（2）潮流图面显示设置与编辑。历史/实时潮流数据调取到客户端后，在客户端潮流图显示控制界面上，可以根据不同的需求进行多种形式的显示，并可以在潮流图面上进行人工设置与编辑。电网运行方式在线分析技术支持系统潮流图面显示设置与编辑功能如下：

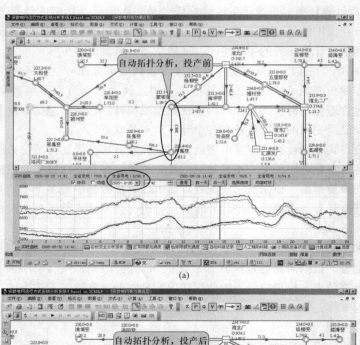

(a)

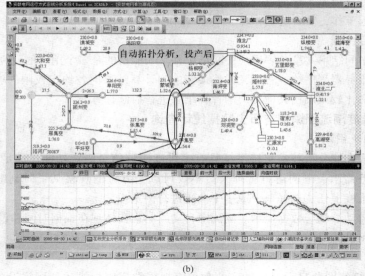

(b)

图 5-6　新线路投产前后的电气主接线图
（a）新线路投产前潮流图；（b）新线路投产后潮流图

- 客户端潮流图支持拖放、缩放，节点合并/拆分显示。
- 对选定的线路着色，也可以按电压等级对线路着色，设置线路宽度、潮流流向标志的大小。
- 通过全图彩色/黑白显示开关，线路过载梯级告警色显示开关，有功、无功、电压、功率因数显示开关，潮流图输出背景网格显示开关控制图形的显示模式。
- 删减潮流图上的节点数目，满足局部潮流图的重点演示或局部输出的需要。
- 根据分析和演示的不同需要，有多套突出不同重点的潮流图供用户选择。
- 客户端潮流图还可输出为 EMF 格式的文件，供各种办公软件调用，图形打印功能支持各种常用打印机属性配置。

114

图5-7给出了合并两个变电站为一个变电站的操作图。

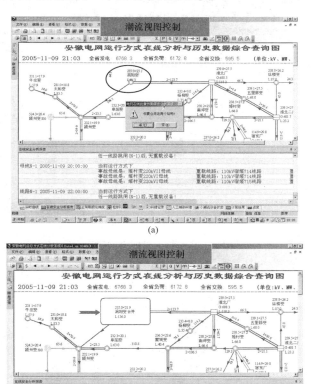

(a)

(b)

图5-7 两个变电站合并为一的前后操作图

（a）表示将涡阳变和谯城变合并为一个变电站操作前图；（b）表示将涡阳变和谯城变合并为一个变电站操作后图

（3）历史潮流播放与事故追忆。用户在客户端界面制定一个潮流播放时段，程序从平台数据库调取该时段的历史数据，按客户端指定的刷新间隔，将每分钟的潮流图依次在潮流图界面上刷新。播放功能控件同时支持单步前进/后退的播放功能。重要时段的历史数据由管理程序设定，此项功能的主要作用在于潮流级的事故回放。在事故回放过程中，用户可随时暂停回放进程，对回放时段内的任一时间断面，进行基于实测运行数据仿真计算。

图5-8给出了安徽电网某几个地区间功率交换在不同时刻的历史潮流播放图。

（4）稳定限额在线监视/统计。稳定限额在线统计功能可帮助电网调度运行管理人员及时掌握电网主要断面的运行情况，获得制定次日运行方式安排以及下达稳定限额的参考信息。这项功能由以下两个部分组成：

1）正常限额在线监视与统计。电网运行方式在线分析技术支持系统的管理程序可以分年度录入电网年度稳定运行规定中关于电网全接线方式的稳定限额，并将从SCADA/EMS系统获得实时运行数据进行比较，按过载比例告警并留下记录日志。

115

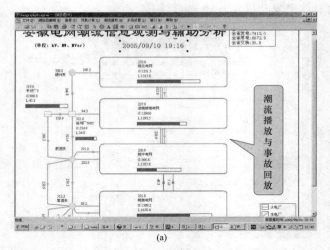

(a)

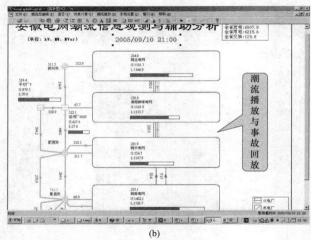

(b)

图 5-8　某安徽电网某几个地区间功率交换的历史潮流播放图

（a）19：16 某几个地区间功率交换的历史潮流播放图；（b）21：00 某几个地区间功率交换的历史潮流播放图

2）检修限额在线监视与统计。电网运行过程中需要不断地调整电网运行方式，安排电网设备检修时，各个输电断面的稳定限额也是随不同的设备检修安排而动态变化的。为了获得动态限额，必须与检修工作票管理系统接口，从中获取检修限额，并实现限额对电网设备的结构化描述。检修限额在线监视与统计功能可作为调度员运行监视的辅助工具，减轻了从工作票中提取和合并稳定限额以及按照开完工时间启动和终止稳定限额等繁琐劳动。

2. 历史数据统计分析

（1）数据仓库高速查询。现实的工程环境中，系统需要使用的数据量巨大，而针对庞大数据量的高速查询性能是历史数据统计分析功能实用化的保证。

对于每分钟有 15000 条采集数据的电网，每小时数据采集达到 90 万条，每天 2160 万条，每个月 6.48 亿条，每年 77.76 亿条。按照每条数据大小 16 字节计算，每个月需要 9G 的存储空间。尽管对数据进行了清洗，实际运行月数据也需要 1.5~3G 空间。针对这样的海量数据，使用传统的关系数据库进行查询分析已经变得不现实了，必须采用数据仓库技术来提高查询分析的速度。

历史数据查询统计按照专业人员日常工作中经常使用的查询策略，将不同的设备按照一定的区域、断面或其他关联逻辑组织起来，形成一个虚拟的设备，这个虚拟设备的历史实测数据与单个设备的历史数据实测值按照数据仓库的要求，分割成不同的维度，组织成数据仓库，以满足长时间跨度查询的速度要求。

（2）查询策略配置与扩充。电网运行方式在线分析技术支持系统的查询界面是在借助对配置文件分析的基础上，由客户端自动显示可以选择的查询条件。用户选择将需要的查询并填写好条件后，系统将请求发送到后台，后台根据配置决定查询关系型数据库或者数据仓库，并通过配置生成相应的查询语句，送入数据库，并取回结果；同样结果的显示也是根据查询配置来决定的。

可配置的策略的实现，使系统更为灵活，维护性更高，随时可以根据电网调度运行管理人员需要增加新的查询而不必修改系统。

通过数据仓库的方式积累了长时间跨度的大量数据之后，可以继续分析建立数据挖掘策略，使用计算机系统进行知识挖掘，在海量数据之中找出人力所不能发现的规律，使机器产生业务知识成为可能。

5.4.3 基于实测数据的在线计算功能及应用分析

1. 基于实测方式反演的潮流计算准确度评价

实测方式反演计算指的是在不做任何调整的情况下，利用实测的节点注入功率和网络拓扑结构作为边界条件进行的潮流计算。潮流计算准确度评价指的是将反演计算得到的潮流分布结果与实测潮流分布进行吻合度对比评价。

"基于实测方式反演的潮流计算准确度评价"功能根据数据清洗后的实测数据，生成 BPA 或 PSASP 等电力系统仿真计算软件的潮流计算输入文件，启动潮流计算程序，对实测潮流分布进行反演计算，将潮流计算得到的结果按照设定的输电断面或重要线路进行数值累加，自动统计出它们与实测值的绝对差和相对差——潮流准确度。计算节点完成相关计算后，服务器将潮流准确度的评价结果在客户端弹出窗口中显示，供进一步用户分析。如图 5-9 所示安徽电网运行方式在线分析技术支持系统给出的一个基于实测方式反演的潮流计算准确度评价图。

基于实测方式反演的潮流计算准确度评价实现了以实测数据为边界条件的潮流计算，这样基于潮流计算的其他后续计算自然也同步实现了以实测数据为边界条件，因此保证反演计算的准确度，其是提高运行方式分析计算准确度的首要环节，这是反演计算最基本，也是最重要的作用。

对于一个大型环状电网中，一个设备的参数偏差往往并不仅仅反映在该设备本身的潮流值上，而是周边相关设备的潮流分布都受到影响，潮流计算准确度评价功能能为有效地找出偏差设备参数起到较好的辅助作用。具体步骤是：当用户发现某个局部电网的潮流偏差较大，而测量数据和电网拓扑又基本正确时，可以初步认为该局部电网内部某个设备参数可能存在偏差，记下偏差情况，并从平台的历史数据库中找出该局部电网内部或可能强相关的周边设备检修或停役时刻的历史实测数据，进行多次的反演计算，当发现某个设备检修或停役时，相关断面的计算准确度显著上升时，可初步认为该设备的参数可疑，经过其他手段调查验证后，可据此要求对该设备进行参数重测。若电网中的 PMU 能获得完整的实际测量值，可以通过在线参数辨识获得。

2. 基于多次功率摄动的潮流灵敏度批量计算

基于多次功率摄动的潮流灵敏度批量计算指的是在实测潮流反演准确度较高的条件下，针

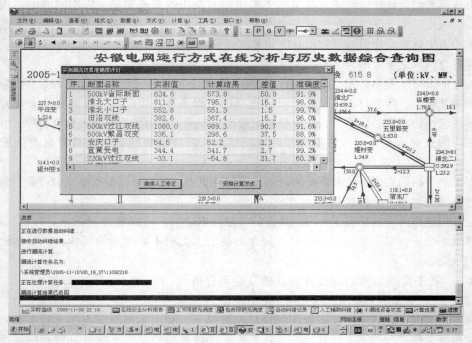

图 5-9　安徽电网运行方式在线分析技术支持系统实测方式反演的潮流计算准确度评价界面图

对实测方式或在实测方式基础上调整得到的计划方式，等步长加减控制变量如 m 个发电厂的机组出力或变电站的负荷，分别进行潮流计算获得被控变量 n 个输电线路或断面的潮流值，计算 $m \times n$ 个被控变量对控制变量的灵敏度。

用户在电气接线图的环境中，根据计划变更运行方式的线路、发电机、变压器等设备以及调整机组出力或厂站负荷，得到计划运行方式，从菜单栏或工具栏中启动灵敏度分析界面，在弹出窗口内分别选择被控变量（输电线路或断面）和一个或多个控制变量（发电厂或变电站），启动灵敏度计算，服务程序自动生成多个潮流计算任务，分发给各个计算代理节点，并将收集到的一系列计算结果按灵敏度大小排序显示在客户端的浮动窗口内。

在线灵敏度分析的应用目的是控制电网中某些输电线路/断面的传输功率，使其不超过规定的稳定运行极限，是电网实时调度中实现优化调度、经济调度，乃至安全调度的一种重要方法。图 5-10 给出了在线灵敏度计算某运行方式下安徽的马二厂机组出力对合肥—巢湖联络线的潮流灵敏度和合肥二电厂对合肥—巢湖联络线的潮流灵敏度。

借助"基于多次功率摄动的潮流灵敏度批量计算"功能，电网运行方式分析管理人员就可以比较容易地扩大控制变量的选取范围，在强大的计算系统的支持下，很快就可以得到整批的计算结果。甚至，在电网结构相对稳定的时期，可以穷举所有可能的控制变量，进行一次性批量扫描，得到某些被控变量的自变量选取范围。

有一点需要强调的是，只有在线的灵敏度分析才能正确反映当前系统的运行状况，并为电网调度运行管理人员提供准确的信息，而离线的灵敏度分析则不具备此功能。

3. 基于多次潮流计算的静态安全校核批量计算

基于多次潮流计算的静态安全校核批量计算指的是用户在实测潮流反演及可接受的潮流准确度评价的基础上，在可视化的电气接线图环境中设置好了计划方式，利用"线路 $N-1$ 安全校

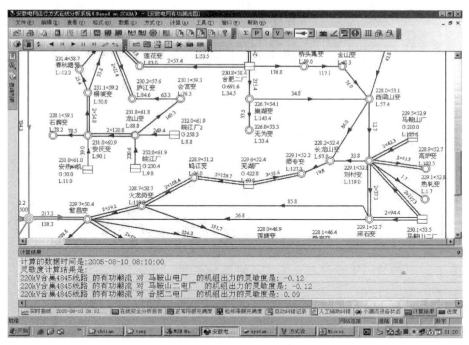

图 5-10 在线灵敏度分析图

核"功能对在计划方式进行线路 N-1 全故障扫描计算，实现静态安全校核，将过载设备及其过载情况统一显示在客户端浮动窗口内。对于设置好的计划方式，用户同时可以从故障全集列表中根据分析经验选择一批母线预想故障，服务程序根据数据库中的母线接线方式，切除相关设备，分别生成相应的潮流计算任务，发送给代理计算节点，收集计算结果并经过过载电流对比后，将过载条件的设备及其过载情况统一显示在客户端浮动窗口内。图 5-11 给出了安徽电网某运行方式下，进行静态安全校核的结果。

电网运行方式在线分析技术支持系统的"基于多次潮流计算的静态安全校核批量计算功能"与传统的静态安全分析软件的区别是：①扫描计算所采用的潮流方式是经过电网运行方式分析管理人员严格的反演计算基础上得到的，从而保证了计算结果的准确性；②静态安全扫描功能在电网运行方式在线分析技术支持系统平台上在线实现，可实际应用于电网运行和控制；③在统一的电网运行方式在线分析技术支持系统平台上实现了方便的可视化计算控制，使功能更为便捷、实用。

较高的准确度和方便的可视化计算控制是静态安全分析得以实用化的基础，在电网运行方式安排的日常工作中，静态安全校核批量计算功能的实用化对于提高计算效率、扩大安全预测的计算覆盖面以及最大限度地消除计划方式的危险点起到了重要作用。

4. 基于详细时域仿真算法的暂态稳定批量计算

基于详细时域仿真算法的暂态稳定批量计算是基于实测潮流数据基础上，实现在线稳定计算，并在平台的可视化计算和多任务协调机制的控制下进一步扩大为批量计算。

用户在实测潮流反演及可接受的潮流准确度评价的基础上，在可视化的电气接线图环境中设置好了计划方式，从菜单或工具栏启动暂态稳定时域仿真批量计算功能，并根据运行经验选择一批故障，对设计好的计划方式进行故障扰动后系统的暂态稳定批量计算。服务程序根据用

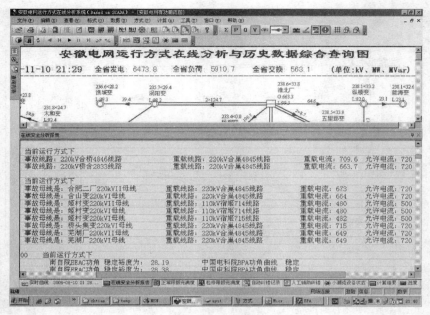

图 5-11　静态安全校核结果界面图

户的设置，批量生成计算任务，发送给代理计算节点，并将收集到的暂态稳定计算结论显示在客户端浮动窗口内。

图 5-12 给出了电网运行方式在线分析技术支持系统暂态稳定批量计算结果界面图。

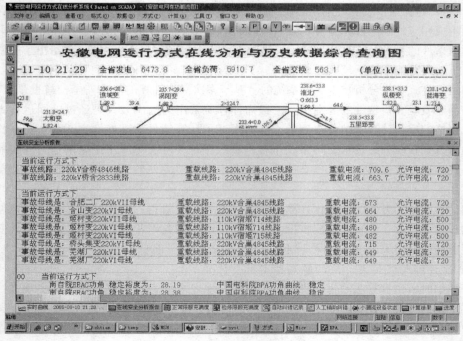

图 5-12　暂态稳定批量计算结果界面图

电网运行方式在线分析技术支持系统基于在线详细时域仿真算法的暂态稳定批量计算功能对提高暂态稳定计算的准确度具有重要的作用。

此外，电网运行方式在线分析技术支持系统借助详细时域仿真算法的暂态稳定批量计算功能、灵活的可视化计算方式设计功能以及强大的机群计算能力，用户可以方便地对更多的计划方式和可能随机出现的预想方式进行校核计算，从而有效地降低计算覆盖面不足带来的安全风险。

5. 24 小时电网实时方式在线安全性扫描计算

电网运行方式在线分析技术支持系统能定时启动 24 小时实时方式在线安全性扫描计算控制程序，自动清洗来自实时系统的实测数据，并以之为边界条件进行潮流计算，在潮流计算的基础上自动进行输电线路 N-1 静态安全扫描、母线 N-1 静态安全扫描、母线故障暂态稳定详细时域仿真计算以及母线故障暂态稳定裕度计算。

所有计算任务由服务器自动生成计算文件，并发送给各代理计算节点，服务程序从静态安全分析计算结果中读取线路、母线故障后其他设备的事故后电流，与数据库中给定的设备允许电流表格比较，将过载设备及其过载情况显示在客户端浮动窗口内，并同时将暂态稳定裕度低于 40% 的裕度结果和对应的暂态详细时域仿真的结论显示在客户端在线安全分析报告的专用浮动窗口内。

24 小时实时方式在线安全性扫描计算功能的主要作用是在不影响实时控制系统可靠性的情况下，能够在线对电网实际运行状态进行全方位的安全性扫描计算，帮助运行方式分析人员完成两项高强度工作：其一是跟踪实际运行方式，扫描运行方式预分析中未曾校核到的预想故障是否确实不存在安全稳定问题；其二是跟踪校核未曾校核的运行方式，比如因负荷预计偏差或其他电网运行临时状态变化造成的未曾校核的运行方式，或根据经验分析认为不需校核而未曾校核的运行方式，从而改进分析经验。

24 小时实时方式在线安全性扫描计算功能核心目的是通过全方位跟踪扫描，对日方式安排中的预分析进行补缺补漏，搜索并帮助运行分析人员消除预分析中遗漏的危险点。

6. 24 小时未来方式在线安全性扫描计算

根据今日 24 点负荷分布和负荷预测设定明日分区域的负荷增长，并在可视化计算方式设定环境中设计好次日电网运行拓扑，从发电计划系统内导入次日 24 点的发电计划，电网运行方式在线分析技术支持系统即可基于今日 24 点的实测数据对明日 24 点的计划方式作全故障静态安全扫描计算、基于时域仿真算法的暂态稳定和电压稳定全故障扫描计算等。服务程序自动生成计算任务，发送给各代理节点，将收集获得的计算结果显示在客户端浮动窗口内，如图 5-13 所示。

24 小时未来方式在线安全性扫描计算功能的主要目的是对次日方式的全程扫描提供一个方便的工具，其工程用途主要是对拟安排的次日电网运行方式做全方位的安全性扫描计算，检查是否存在安全稳定问题，并根据存在的问题重新修订次日电网的检修方式、发电计划供电方式。

7. 中长期检修计划可靠性指标批量计算

用户在实测潮流反演及可接受的潮流准确度评价的基础上，从菜单或工具栏导入日检修计划或月度检修计划，启动可靠性计算功能，设置好抽样次数、故障重数等参数后，服务程序将根据实测数据生成可靠性计算的输入文件，将计算任务发送给代理计算节点，并将收集到的计算结果显示在客户端弹出窗口内。

电网运行方式分析计算更多的是关注电力电量平衡和故障扰动后的系统稳定性计算，对电网在各种概率的故障打击下的停电损失没有一个定量的认识，而以停电损失等可靠性指标来指

121

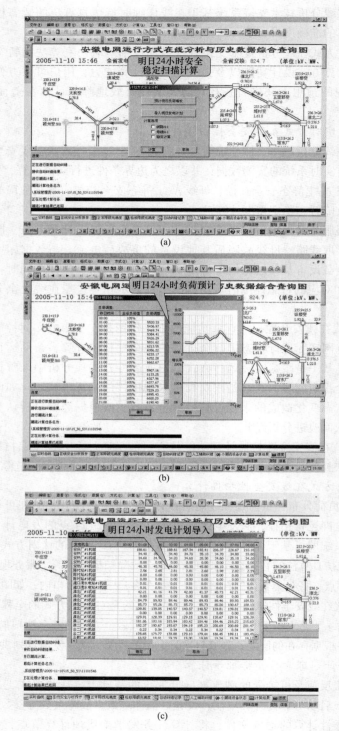

图 5-13　计算结果

（a）24 小时未来方式在线安全性扫描计算主界面；（b）24 小时未来方式在线安全性扫描计算负荷预测主界面；

（c）24 小时未来方式在线安全性扫描计算 24 小时发电计划导入主界面

导电网运行乃至电网规划发展，是电网运行管理人员必须考虑的重要因素。电网运行方式在线分析技术支持系统的中长期检修计划可靠性指标批量计算功能，可实现基于实测电网运行方式的可靠性指标批量计算，实现了与"电网输变电设备检修计划管理系统"的接口，对于给定的检修计划，可以在线给出实测运行方式下电网中、短期可靠性指标的变化曲线。借助该功能，用户可以参考可靠性指标的优劣，比较不同的中、短期检修方案实施后系统的可靠性水平变化，用可靠性的定量指标作为一个参考条件，结合电网安全稳定计算等运行方式分析计算结果，确定电网中、短期检修计划。

5.4.4 系统维护与内外网用户访问管理

1. 新设备投产与潮流底图的管理

电网运行方式在线分析技术支持系统的管理程序提供了潮流底图的管理功能，管理员可以建立不同尺寸、不同拓扑形式的底图，和客户端的区别在于，管理程序可以修改建立新的底图并可以保存到系统中，客户端可以根据自己需要进行编辑，但是不能保存。

底图管理工具提供了标准的电气元件图元，管理员通过简单的拖拉即可实现底图的编辑功能，使底图按照用户业务习惯的方式显示。

新设备投产涉及设备数据的增加和修改，电网拓扑的改变，整个过程还是比较繁琐的，容易遗漏数据。

电网运行方式在线分析技术支持系统通过一个向导功能，一步步提示增加新的设备，并配合数据校验功能，提示用户缺失的配置数据，包括网络拓扑的连接提示，防止遗漏，结合底图管理功能从而及时更新底图，保证客户端看到最新的电网接线拓扑。

此外用户还可以通过信息校验功能扫描所有的配置信息，找出配置信息不够完善的设备进行补充。

2. 内部用户管理

电网运行方式在线分析技术支持系统用户包括电力系统调度运行管理各个专业人员，要通过合理的授权，有序的管理不同类型的专业人员。

在电网运行方式在线分析技术支持系统中可定义用户管理权限、编辑数据权限、修改设备信息权限、计算权限、共享计算结果权限、利用计算节点等多种权限，通过对不同用户的授权，系统向不同用户开放不同的功能。

3. 外网访问管理

通过在客户端提供 HTTP 协议通信功能，提供了穿越防火墙的能力，解决了其他用户以及电网运行方式在线分析技术支持系统用户出差在外能及时访问本系统。

系统通过一个 Web 服务器进行通信中转，在 Web 服务器上建立一个通信中转的 Web 程序，当不同客户端访问时，建立不同的 session 来区分不同的客户端，保证了权限检查控制的能力。

用户只需要使用同一个客户端程序即可，系统根据访问的端口自动选择合适的通信方式，为用户提供了一种方便的使用方式。

5.5 电网供电能力评估

5.5.1 供电能力评估

确保电网的安全稳定运行和对用户的可靠供电是电网生产运行管理部门最关注的问题，也是电网公司承担的重要社会职责，而电网的供电能力是电网公司对社会责任的最终表现形式之一。换句话说，对于社会和广大用户，它们关注的是电力公司的供电可靠性。此外，这也是《电力系统安全稳定导则》第一级标准的规定和要求。

电网的供电能力评估包括电网网架的供电能力评估和电网运行方式安排供电能力评估两个部分。电网网架供电能力是实现对用户供电需求的前提和保证，是电网运行规划部门进行电网规划和改造所考虑的重要因素，只有坚强的电网网架才能满足对用户的可靠供电，因此其是电网运行方式安排合理的前提和基础。而电网运行方式供电能力评估是电网调度运行管理人员安排电网运行方式合理与否的"试金石"，合理的电网运行方式安排应能保证对用户的供电、$N-1$元件事故下不出现限电、不出现损失负荷。

供电能力评估指的是电网运行能否满足事故后对用户的可靠供电，即满足电网运行的第一级安全稳定标准。特别是随着电网公司承担社会责任的增大，保障对社会和用户的供电可靠性已愈加重要，因此对电网事故后的供电能力评估至关重要。这里需要强调指出的是，在供电能力评估中，设置故障集，必须要包含《电力系统安全稳定导则》所包含的各种故障，特别是需要对于受端系统的发电机跳闸和变压器故障退出等事故异常进行供电能力评估。

5.5.2　电网网架供电能力评估

可结合当前系统的电网结构、负荷预测系统以及电源建设相关的数据，实现对电网的供电能力评估。电网网架的评估流程图如图5-14所示。

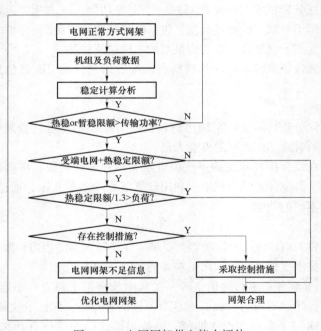

图5-14　电网网架供电能力评估

流程图5-14各流程框的含义如下：

（1）电网正常方式网架。电网全接线方式的电网网架结构，也包括对未来电网的发展规划结构，通常采用典型高峰运行方式和最大高峰运行方式。

（2）机组及负荷数据。这些数据包括当前电网机组和未来电网机组的发电数据；当前电网的最大高峰负荷、典型高峰负荷数据；未来电网的最大高峰负荷、典型高峰负荷数据。

（3）稳定计算分析。针对电网的网架、发电机数据和负荷数据做电网安全稳定分析，目前根据《电力系统安全稳定导则》的要求，对电网的安全要求包括三个方面的稳定计算，即功角稳定、热稳定和电压稳定。对于功角稳定和热稳定，目前电网运行人员是采用电网控制断面来进行稳定计算分析的，通常这种控制断面包括热稳定和暂态稳定两个方面，以二者严重的作为稳定控制断面制的潮流极限，便于电网调度运行人员控制电网潮流分布。而对于电压稳定，由于电压稳定更多的是与无功功率相关，同时由于无功电源的多样性，电压稳定可以采用就近安装无功电源的办法来解决，包括就地安装并联电容器、静止补偿器 SVC 等，因此目前无论从电网规划来说，还是从电网实际调度运行来说，在电网网架结构中并没有将电压稳定作为决定性的因素进行考虑。人们在制定电网规划时，最重要的考虑暂态稳定和热稳定，因此由于电压稳定对电网结构和规划造成的影响不作详细讨论。

（4）热稳 or 暂稳限额 > 传输功率。由于输电网目前多数都是环网形式，因此对于稳定计算给出的限额既包括输电向受电区的限额，也包括环网之间或区域之间的输电断面传输功率。若给出的稳定限额不满足传输功率的要求，则是网架存在问题，应该调整网架，转（1），否则转（5）。

（5）受端电网 + 热稳定限额。只有给出的是受端电网，并且其给出的热稳定限额，则需要继续考虑电网是否存在结构问题，转（6）；给出的暂态稳定限额，或非受端电网，表明电网已满足限额大于输电功率要求，电网网架是合理的，转（10）。

（6）热稳定限额 /1.3 > 负荷。当是对受端电网给出的热稳定限额时，需要判断将限额除以 1.3 获得的传输功率限额能否大于负荷，这主要是因为热稳定限额是考虑了电力设备事故后的 30min 过负荷能力。若传输限额大于用电负荷，则网架结构合理，转（10）；若传输限额小于用电负荷，则需要判断受端电网是否存在调节手段，如倒负荷、低一级电网的网架结构能否调整等，转（9）。

（7）电网网架不足信息。当给出的热稳定限额 /1.3 后仍小于受端电网用电负荷，并且受端电网不存在调节手段，则表明受端电网不能满足事故 30min 后的用电需求，电网网架存在不足，需要重新调整网架，转（8）。

（8）优化电网网架。根据电网规划优化软件进行电网网架的优化，优化后转（1）。

（9）采取控制措施。主要指的是在受端通过电网调节手段，如倒负荷、低一级电网的网架结构至满足受端电网用电需求。

（10）网架合理。满足了上述的条件，则认为电网网架是合理的，能满足对用户的正常供电需求。

5.5.3　电网运行方式安排供电能力评估

在电网规划合理后，我们还需要根据电网的实际运行情况，如电力设备的检修、停运，新设备的投运等都会对电网的安全稳定以及对用户的供电能力造成影响。电网运行方式安排的流程图如图 5-15 所示。

流程图 5-15 各流程框的含义如下：

（1）电网实时模型。利用 WAMS 系统获得当前电网的网架结构。

（2）电气设备一次方式安排。电网电气设备一次方式安排是根据电网电气设备运行情况，安排包括发电机、线路、变压器、母线、开关等设备的检修，也包括各种新设备的投运，这些电网的正常运行操作都会对电网的安全稳定产生一定的影响。

（3）稳定计算分析。针对电网电气设备一次方式的改变，电网调度运行人员需要进行电网控制断面的稳定计算分析，通常这种控制断面包括热稳定和暂态稳定两个方面，以二者严重的作

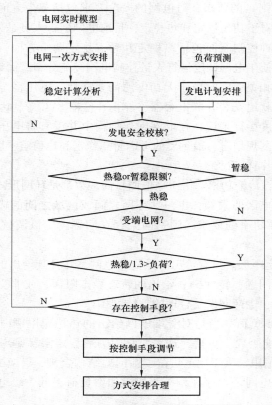

图 5-15　电网运行方式安排评估流程图

为稳定控制断面的潮流极限，便于电网调度运行人员控制电网潮流分布。

（4）母线负荷预测。母线负荷预测功能是根据历史用电负荷情况，对未来用电负荷的预测。通常所采用的负荷预测为明日 96 点的负荷预测或一周内的短期负荷预测，将这些母线负荷的预测值作为基础数据进行发电计划安全校核和供电能力评估的基础数据。

（5）发电计划安排。根据发电企业与电网公司签订的发电合同以及电网运行方式进行发电计划安排，确保有功功率平衡，保障对用户的可靠用电。

（6）发电安全校核。根据自动获取的网络拓扑信息，稳定计算给出的稳定控制断面，母线负荷预测提供的各节点母线明日 96 时段的负荷预测或一周内各节点母线的负荷预测以及发电计划安排，进行安全校核及裕度校正，校核各种预想运行方式下潮流控制断面能否满足负荷用电需求。若满足，转（7）；若安排的发电计划不能满足安全校核的需要，首先调整发电计划安排，若调节发电计划安排仍不能满足安全校核需要，则转（2），调整电网一次方式安排。

（7）热稳 or 暂稳限额判断。若给出的限额是暂稳限额，则运行方式安排合理，转（12）；若给出的限额是热稳限额，则转（8）。

（8）受端电网限额判断。若给出的热稳限额是针对热稳定的，转（9），否则电网运行方式安排合理，转（12）。需要说明的是，由于电网运行方式的转变，受端电网不是固定不变的，而是随机组运行方式、负荷变化而变化的。

（9）热稳定限额/1.3>负荷。该部分意义同流程框图 5-14 的意义，即当热稳定限额/1.3>负荷需求时，则电网运行方式安排合理，转（12）；当热稳定限额/1.3<负荷需求时，则需要判断

受端电网是否存在调节手段，转（10）。

（10）存在控制手段判断。当热稳定限额/1.3小于负荷需求时，则需要判断受端电网是否存在调节手段，若不存在，转（2）；存在控制手段，转（11）。

（11）采取控制措施。主要指的是在受端通过电网调节手段，如倒负荷、调整低一级电网的网架结构至满足受端电网用电需求。

（12）方式安排合理。在满足了上述调节后，则电网调度运行人员安排的方式是合理的，能保障对用户的可靠供电。

只有对电网的供电能力评估从电网规划角度和电网运行方式安排角度进行，才能为电网调度运行管理人员提供合理有效的信息，增强电网抵御大扰动的能力，提高电网的安全水平。

6 电网在线安全稳定计算分析 与优化控制

6.1 前 言

第四章和第五章介绍了电网调度生产运行方式安排，包括机组发电计划的优化编制和电网运行方式在线安排，这些都为电网实际的安全优化运行奠定了坚实的基础。但电力系统是一个实时运行的动态系统，运行方式优化安排与电网实时运行状态总存在或大或小的差距，而这些差距将会给电网的安全稳定带来不利影响。与此同时电网调度运行管理人员在安排电网运行方式时，通常考虑的是 $n-1$ 故障下的安全稳定性，即考虑电网设备（包括发电设备）在 $n-1$ 故障下，电力系统仍能保持安全稳定运行，若电网出现相继故障或 $n-2$、$n-3$ 等故障，所有这些电网方式优化安排工作的实际价值将大幅度下降。特别是随着电网的互联，电网规模和范围成倍扩大，使得区域电网之间的电气联系大大加强，电网出现相继故障或 $n-2$、$n-3$ 等故障将导致互联电网失去安全稳定性的概率大大增加。因此传统的基于 $n-1$ 稳定计算及稳定控制方法难以满足现代电网发展的需要，必须将电网的相继故障或 $n-2$、$n-3$ 等故障转变为在线的 $n-1$ 分析，从而实现基于电网实际运行情况的电网稳定计算分析及稳定控制策略优化制定。这就需要电网调度运行人员能实时监控电网运行状态，能够在线进行电网的静态安全、静态稳定、暂态稳定、动态稳定以及短路电流等在线计算仿真及优化控制。

基于电力系统运行进行实时计算分析不仅可以提高电力系统运行可靠性，还可以为电网调度运行人员提供实时信息，为电网调度运行人员正确处理电网事故提供有益的指导，基于智能电网调度技术支持系统（D5000）的电网在线安全稳定计算分析与辅助决策的建设满足了电网调度运行人员的需要。

建立在智能电网调度技术支持系统（D5000）基础上的电网在线安全稳定计算分析与辅助决策不仅对电网当前的静态安全、静态稳定、暂态稳定以及动态稳定等进行在线计算分析和控制决策支持，实现电网安全稳定性的可视化监视和在线辅助决策，通过友好的人机界面向调度运行人员提供当前运行方式下的电网预防控制措施方案，而且能够应调度运行人员的要求在电网操作前对操作后的电网，以及应调度计划和运行方式人员的要求对日检修计划、周检修计划进行安全稳定和可靠性校核。

基于智能电网调度技术支持系统（D5000）基础上的电网在线安全稳定计算分析与辅助决策功能包括：

（1）系统在线静态安全计算分析及控制。

（2）系统在线静态稳定计算分析及控制。

（3）系统暂态稳定在线计算分析及控制。

（4）系统小干扰稳定在线计算分析及控制。

（5）系统在线断面极限功率稳定裕度评估。

（6）短路电流在线计算与分析。

通过上述的在线稳定计算分析与控制，可将于电力系统实际运行中遇到的 $n-2$、$n-3$、$n-4$、…、$n-m-1$ 故障，转变成在线的 $n-1$ 计算，从而大幅度降低电网调度运行人员计算工作量，提高电网调度运行人员驾驭大电网安全运行的能力，提高电网运行安全稳定性。

6.2　电力系统在线静态安全分析及控制

6.2.1　在线静态安全分析及计算方法

在线静态安全分析是基于电网实时运行数据，对系统中的元件进行静态 $n-1$ 开断或指定预想故障集进行开断潮流分析，确定在静态 $n-1$ 故障条件下或指定预想故障集过后系统是否存在过载的线路、变压器和电压越限的母线等。该类分析仅考虑事故后稳态运行情况的安全性，不涉及电力系统的动态过程分析，是调度运行部门在调度过程中必须进行的一项重要工作。

静态安全分析主要功能是根据调度运行人员的需要设定选择故障类型，或者由调度运行人员自定义各种故障组合，快速判断各种故障对电力系统产生的危害，准确给出故障后的系统运行方式，直观准确给出各种故障后系统运行结果，把危害程度大的故障及时提示运行人员。其主要用于判断系统对故障所承受的风险度，提供预想故障下的过负荷支路、电压异常母线和越限的断面等，并给出其越限程度，为保障电力系统稳态运行安全可靠提供分析计算依据。在线静态安全分析关键参数见表 6-1。

表 6-1　　　　　　　　　　在线静态安全分析关键参数

关键参数	含　义
监视元件限值	待考查元件的限值，比如线路的额定电流、事故限电流值（短期允许最大电流），考查母线的额定电压、事故限电压值，考查变压器额定功率、事故限功率值（短期允许最大功率），考查断面的断面限额等
故障集（开断设备）	设置的 $n-1$、$n-2$ 故障集（定义需考查的变压器、发电机、交流线路等故障）

由于不涉及元件动态特性和电力系统的动态过程，静态安全分析实质上是电力系统运行 $n-1$ 开断后的潮流分析问题，即根据预想故障完成相应潮流计算。由于校验的预想故障数量非常大，而在线分析要求在较短时间内完成相关分析计算，因此，研究人员开发了多种专门方法，如补偿法、直流潮流法及灵敏度分析法等。

在线静态安全分析采用并行计算方式，按故障并行计算完成计算任务，根据静态故障表中不同故障，修改基态潮流，形成预想故障后的潮流，然后进行潮流计算，从而得到设备过载和电压越限评估结果。为进一步提高计算速度和收敛性，采用故障前的节点电压和相角作为潮流计算的启动初值。

在线静态安全分析计算包括线路支路裕度计算、变压器裕度以及母线电压裕度计算。

（1）支路裕度计算。在线模块通过静态安全分析计算，可以实时确定相关支路（线路及变压器）的注入电流、支路功率（有功、无功、视在功率）以及支路两端节点的电压。根据这些信息计算支路的裕度。

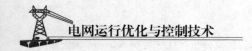

1）线路裕度计算方法

$$\eta_{\text{line}} = \left(1 - \frac{I_{\text{real}}}{I_{\text{N}}}\right) \times 100\% \qquad (6-1)$$

式中：I_{real} 表示线路实际注入电流；I_{N} 表示线路的额定电流。

负载率为

$$\lambda_{\text{line}} = \frac{I_{\text{real}}}{I_{\text{N}}} \times 100\% \qquad (6-2)$$

2）变压器裕度计算方法。由于变压器的额定容量与电网实际运行电压有关系，因此变压器的裕度仍然要根据电流量来计算，变压器裕度为各侧裕度最小值。变压器裕度计算方法如式（6-3）所示

$$\eta_{\text{tranf}} = \left(1 - \frac{I_{\text{real}}}{S_{\text{N}}/U_{\text{N}}}\right) \times 100\% \qquad (6-3)$$

式中：I_{real} 表示变压器的实际电流；S_{N} 表示变压器额定功率；U_{N} 表示变压器额定电压。

根据式（6-3），可知变压器在实际电压下的当前额定容量为

$$S_{\text{tran-real}} = \frac{S_{\text{real}}}{1 - \eta_{\text{tranf}}} \qquad (6-4)$$

变压器的负载率为

$$\lambda_{\text{tranf}} = \frac{I_{\text{real}}}{S_{\text{N}}/U_{\text{N}}} \times 100\% \qquad (6-5)$$

（2）母线电压裕度计算。潮流计算后得到全网母线电压信息，结合母线电压的正常上下限、事故上下限，确定各母线电压裕度，其计算方法如式（6-6）所示。

当实际电压界于上限和下限之间时

$$\eta_{\text{vol}} = \left(1 - \left|\frac{V - \frac{V_{\text{max}} + V_{\text{min}}}{2}}{\frac{V_{\text{max}} - V_{\text{min}}}{2}}\right|\right) \times 100\% \qquad (6-6)$$

式中：V_{max} 表示母线电压上限；V_{min} 表示母线电压下限；V 表示母线实际电压。

当实际电压高于上限时

$$\eta_{\text{vol}} = \left(1 - \left|\frac{V}{V_{\text{max}}}\right|\right) \times 100\% \qquad (6-7)$$

当实际电压低于下限时

$$\eta_{\text{vol}} = \left(\left|\frac{V}{V_{\text{min}}}\right| - 1\right) \times 100\% \qquad (6-8)$$

（3）断面裕度计算。断面功率是指组成断面的线路其有功功率之和。断面裕度等于

$$\eta_{\text{inl}} = \left(1 - \frac{\sum_{i=1}^{n} P_{\text{real}}}{P_{\text{N}}}\right) \times 100\% \qquad (6-9)$$

式中：P_{real} 表示断面组成线路的有功功率；P_{N} 表示断面有功功率限值。

6.2.2 静态安全分析指标及控制

1. 静态安全分析指标及算例

根据静态安全计算结果，比对设备限额，给出重载元件或越界元件，其中重载类型包括母线

130

电压接近上限（或下限）、交流线电流接近额定载流量、直流线电流接近额定载流量、二绕组变压器接近限额、三绕组变压器接近限额、断面功率接近限额；越界元件包括母线电压越上限（或越下限）、交流线电流超过额定载流量、直流线电流超过额定载流量、二绕组变压器功率越限、三绕组变压器功率越限、断面功率越限，具体指标见表6-2。

表6-2 在线静态安全分析核心指标

核心指标	含义
故障元件	故障集中选择开断的元件（如线路、变压器）
越限元件	故障后越限元件（如线路、变压器和母线）
故障前电流值	故障前设备电流值
故障后电流值	故障后设备电流值
过载安全裕度	故障后设备裕度，对预想故障后设备安全裕度进行计算，得到系统中设备裕度
故障前电压值	故障前母线电压值
故障后电压值	故障后母线电压值
电压裕度	故障后电压裕度水平，对预想故障后母线电压安全裕度进行计算，得到系统中与静态电压安全相关的敏感元件和静态电压裕度

以某省电网颍州变220kV ⅡA 母线三相跳闸为例，说明静态安全分析计算情况结果。其中计算参数设置见表6-3、表6-4，计算结果见表6-5、表6-6。

表6-3 监视线路参数设置

监视线路	额定电流（A）	事故限电流值（A）
颍程4733线路	900.00	1008.00
颍阜2759线路	900.00	1008.00

表6-4 监视母线电压参数设置

监视母线	电压正常下限（kV）	电压正常上限（kV）	电压事故下限（kV）	电压事故上限（kV）
临涣厂220kV Ⅱ母线	214.00	240.00	198.00	242.00
钱甸厂220kV Ⅰ母线	214.00	240.00	198.00	242.00

表6-5 监视线路热稳裕度结果

故障名称	监视线路	故障前电流（A）	故障后电流（A）	故障前热稳裕度（%）	故障后热稳裕度（%）
颍州变220kV ⅡA 母线三相跳闸	颍程4733线路	287.08	841.46	68.1	16.52
	颍阜2759线路	338.30	577.06	62.41	42.76

表6-6 监视母线电压稳定裕度结果

故障名称	监视母线	故障前电压（kV）	故障后电压（kV）	故障前电压裕度（%）	故障后电压裕度（%）
颍州变220kV ⅡA 母线三相跳闸	临涣厂220kV Ⅱ母线	233.98	233.88	46.31	36.92
	钱甸厂220kV Ⅰ母线	233.41	233.32	50.69	39.45

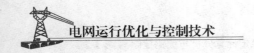

2. 在线静态安全控制辅助决策

设备过载的功率极限值以及电压越限一般是通过灵敏度分析来求取。计算步骤如下:

(1) 求取当前参数下系统的稳定裕度。

(2) 利用同样的方法计算参数变化后的稳定裕度。

(3) 根据裕度对参数变化的灵敏度(设备过载的灵敏度可直接求出),计算与裕度为 0 对应的参数值,该值就是该参数的极限值。

静态安全分析控制寻优流程图如图 6-1 所示。

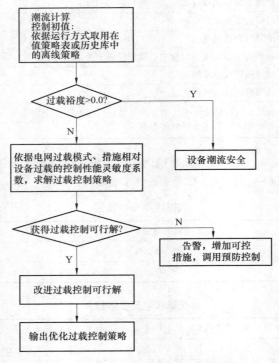

图 6-1 静态安全分析控制寻优流程图

6.3 电力系统静态稳定在线分析及控制

电力系统静态稳定在线计算分析及控制包括静态功角稳定和静态电压稳定计算分析及控制。

6.3.1 静态功角稳定在线计算分析及控制

1. 静态功角稳定在线稳定分析方法及指标

在线静态稳定分析计算是基于电网实时运行数据,针对指定的稳定断面,在规定或者自动生成的发电机和负荷调整顺序下,应用相应的判据确定电力系统的静态稳定性,求取在给定方式下的静态输送功率极限和静稳定储备,检验给定运行方式的静稳定储备是否满足要求。在线静态稳定分析关键参数见表 6-7。

表 6-7   **在线静态稳定分析关键参数**

关键参数	含义
静稳储备系数限值	判断断面是否满足静态稳定要求的"静稳储备系数"门槛值
计算断面	断面名称(含组成的交流线路和变压器)及其稳定限额

系统在线静态功角稳定计算通常是计算联络线在线静态功角稳定,一般针对指定联络线或联络断面,采用等值估算法,求得输电线路或断面最大输送功率,即为静态功角稳定极限,如式(6-10)所示

$$P_{\text{lim}} = \frac{U_1 U_2}{x_{\text{eq1}} + x_{\text{eq2}} + x_1} \tag{6-10}$$

式中:U_1、U_2 表示两端等值发电机出口母线电压;x_{eq1}、x_{eq2} 表示两端等值电抗;x_1 表示联络线电抗。

由指定联络线或联络断面的静态功角稳定极限和基态传输功率 P_0,求静态功角稳定储备系数 K_p

$$K_p = \frac{P_{\text{lim}} - P_0}{P_0} \tag{6-11}$$

根据稳定计算导则规定的静态稳定储备标准,由静态功角稳定储备系数 K_p 与静态稳定储备标准值的差,给出静态功角稳定评估预警输出信息。若 K_p 不小于静态稳定储备标准值,则静态功角满足静稳功角储备要求,否则不满足。

2. 静态稳定分析指标及算例

在线静态稳定分析指标见表 6-8。

表 6-8   **在线静态稳定分析指标**

核心指标	含义
断面当前潮流	断面有功 P_0
静稳储备系数	该稳定断面的静稳储备系数 K_p
静态功角稳定储备	该稳定断面的静态功角稳定储备量 P_{lim}
是否安全	断面静态功角稳定安全状态,当断面"静稳储备系数"大于"静稳储备系数限值"时为安全,否则为不安全

以某省电网 220kV 永秋双线断面为例,说明静态稳定分析计算情况结果。其中断面设置见表 6-9,静稳储备系数阈值设置为 20%,结果见表 6-10。

表 6-9   **断面设置**

断面名称	断面组成	离线限额(万千瓦)
220kV 永秋双线	永秋 2783 线路、永秋 2790 线路	52.00

表 6-10   **静态稳定分析结果**

断面名称	断面当前潮流(万千瓦)	静稳储备系数(%)	静态功角稳定储备(万千瓦)	是否安全
220kV 永秋双线	5.653	148.30	14.036	是

计算显示 220kV 永秋 2783、2790 双线组成的断面静态功角稳定储备为 14.04 万千瓦，基态传输功率为 5.65 万千瓦，静稳储备系数

$$K_p = \frac{P_{\lim} - P_0}{P_0} = \frac{14.036 - 5.653}{5.653} \times 100\% = 148.30\%$$

根据计算结果，判断当前该断面静态功角稳定安全。

6.3.2 静态电压稳定在线计算分析及控制

1. 静态电压稳定计算方法

在线电压稳定分析是基于电网实时运行数据，依据预先设定或人工提交的断面数据，通过指定潮流调整方式［即增加出力（或减少负荷）的区域、增加负荷（或减少出力）的区域］确定功率调整空间，按给定步长增加功率调整量直至系统潮流不收敛，确定断面静态电压稳定的极限运行方式。

在线电压稳定分析关键参数见表 6-11。

表 6-11　　　　　　　　　　　　在线电压稳定分析关键参数

关键参数	含义
考查断面	待考查的断面（可预先设定，也可针对全网计算）
静态故障集	断面考查的预想故障
电压约束	断面考查母线的电压限值
计算控制参数	搜索步长及收敛精度
功率调整方式	断面潮流的调整方式

静态电压稳定分析方法包括 PV 曲线法、QV 曲线法、潮流多解法、连续潮流法、潮流雅可比矩阵法和灵敏度分析法等。下面介绍 PV 曲线法。

PV 曲线技术是一种实用的静态电压稳定分析方法，它通过建立监视节点电压和一个区域负荷或断面传输功率之间的关系曲线，从而指示区域负荷水平或传输断面功率水平导致整个系统临近电压崩溃的程度。PV 曲线分为基态 PV 曲线和预想故障下 PV 曲线两种。基态 PV 曲线：在区域负荷水平或传输断面功率水平增加的过程中不考虑预想故障，直至电压崩溃。预想故障下 PV 曲线：考虑预想故障，以故障开断后的稳态潮流数据为基础再增加区域负荷水平或传输断面功率水平，直至电压崩溃。

在实际在线计算过程中，考虑到计算速度的要求，PV 曲线按方案并行计算：根据 PV 曲线计算的断面、故障信息和集群计算平台的资源等条件，按给定功率调整方式形成计算方案，通过平台调度下发到各计算节点进行静态电压评估，计算节点评估结束后管理节点读取并分析计算节点的计算结果，并保存描绘出功率调整量 P 对应下各 PV 曲线监视节点电压，得到静态电压稳定裕度。其具体计算流程如图 6-2 所示。

2. 静态电压稳定分析指标及算例

静态电压稳定在线分析核心指标见表 6-12。

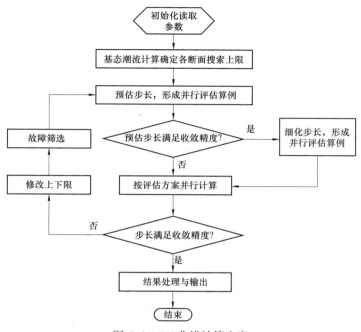

图 6-2　PV 曲线计算方案

表 6-12　　　　　　　　　　　　　　在线电压稳定分析核心指标

核心指标	含义
电压稳定裕度	断面的静态电压稳定裕度定义为：$K_p = \dfrac{P_{max} - P_0}{P_0} \times 100\%$，其中，$P_{max}$ 为极限负荷功率；P_0 为指定初始负荷功率
当前负荷	初始负荷 P_0
极限负荷	极限负荷 P_{max}
PU 曲线	指定区域在负荷增长过程中给定母线的电压变化曲线，分别为基于负荷增长过程和负荷增长过程同时考虑预想故障两种情况，横坐标为负荷增长的倍数，纵坐标为电压值千伏。提供了各考查区域在预想故障下的负荷极限功率

以某省电网某时刻断面数据为例，在系统基本运行方式下，以"宣城、黄山电网受进断面"为例，计算参数设置和稳定裕度计算结果见表 6-13、表 6-14 和表 6-15。

表 6-13　　　　　　　　　　　　　　计算参数设置

断面名称	宣城、黄山电网受进断面
断面组成	500kV 敬亭双变、220kV 官徽 4D81、4D82 双线
功率调整方式	受端（宣城、黄山地区）增负荷；送端电厂增出力
母线电压约束	上限 240kV，下限 214kV
收敛精度	1 万千瓦
预想故障	官徽双线开断

表 6-14 基态电压稳定分析结果

断面名称	当前负荷 P_0（万千瓦）	极限负荷 P_{max}（万千瓦）	电压稳定裕度（%）
宣城、黄山电网受进断面	123.2	235.1	90.83

表 6-15 预想故障电压稳定分析结果

断面名称	当前负荷 P_0（万千瓦）	极限负荷 P_{max}（万千瓦）	电压稳定裕度（%）	关键故障
宣城、黄山电网受进断面	123.2	179.0	45.29	官徽双线开断

3. 在线静态电压稳定控制

当在预想故障集下系统不能保证安全稳定时，需要对当前的运行工况进行预防控制，将系统拉回安全稳定区域。控制措施包括调节有载变压器分接头，调整发电机运行电压，投切并联电容电抗和切负荷等。首先基于潮流方程的雅可比矩阵，求取各个控制措施对节点电压的灵敏度系数。然后根据各个控制措施的代价，采用优化的方法，寻找性能代价比最大的控制措施，满足用户指定的安全准则要求。

通常静态电压稳定计算及其预防控制策略需要输入以下数据：

（1）潮流文件。

（2）反映电网元件参数的数据，如发电机以及控制器的参数、负荷特性参数、可投切电容电抗器数据等。

（3）扫描的预想故障集，预想故障集中包括了系统所有 $N-1$ 故障和同杆双回线的 $N-2$ 故障、各种用户感兴趣的故障形式和故障元件。

（4）功率调整方式，对极限功率计算而言，可能需要事先确定功率调整的参与元件和调整方式。

（5）预防控制措施的种类、代价及搜索空间。对于在线预防控制措施搜索而言，必须事先明确控制措施的种类、代价及搜索空间范围，自动搜索出的在线策略要求满足用户的定义，工程上切实可行。

6.4 电力系统在线暂态稳定及控制

6.4.1 暂态功角稳定在线分析及控制

1. 暂态功角稳定在线计算方法及指标

在线暂态功角稳定分析是根据暂态稳定预想故障集，对电网实时数据进行详细的时域仿真计算，计算电力系统受到大干扰后各同步发电机保持同步运行并过渡到稳态运行方式的能力，并给出安全分析结果。

在线暂态稳定计算仿真需要电网运行实时数据、元件参数和稳定扫描的预想故障集。

（1）实时数据。实时数据包括节点电压、机组出力、网络拓扑、线路参数等，由状态估计、稳控系统提供。外网数据即可通过离线准备的典型方式数据获取，用到的信息表见表6-16。

表 6-16 实时数据信息表

表名	主要内容
节点表	物理节点所属的拓扑节点

表名	主要内容
拓扑节点表	拓扑节点名、拓扑节点的类型、电压幅值、相角、厂站
负荷表	负荷名、运行状态、有功负荷、无功负荷、厂站、连接节点
容抗器表	容抗器名、运行状态、额定容量、无功值、厂站、连接节点
发电机表	发电机名、运行状态、额定容量、有功出力、无功出力、厂用电、励磁模型 ID、调压器模型 ID、调速器模型 ID、电力系统稳定器模型 ID、发电机类型、厂站、连接节点
变压器表	变压器名、运行状态、绕组类型、厂站
变压器绕组表	绕组名、运行状态、有功值、无功值、正序参数、零序参数、分接头位置、分接头类型 ID、额定功率、绕组类型、绕组连接类型、厂站、连接节点
变压器分接头类型表	变压器分接头类型名、最小挡位、最大挡位、额定挡位、步长
交流线段表	交流线段名、运行状态、两端厂站、正序参数、零序参数、额定电流值、电流限值
交流线段端点表	所属交流线段、运行状态、有功值、无功值、厂站、连接节点
厂站信息表	厂站名、厂站类型、最高电压等级、区域
电压等级表	电压类型 ID、电压上限、电压下限
电压类型表	电压类型名、电压基值、电压上限、电压下限

（2）元件参数。包括发电机以及控制器的参数，负荷特性参数等，可离线准备，将来可与相关在线参数辨识系统接口，在线更新。常用的参数表见表 6-17。

表 6-17　　　　常用的参数表

表名	主要内容
发电机动态参数表	交轴、直轴暂态、次暂态电抗、阻尼等
调压器 E 型模型表	E 型调压器模型参数
调压器 F 型模型表	F 型调压器模型参数
调压器 F 新型模型表	F 新型调压器模型参数
调速器和原动机系统模型表	调速器和原动机系统模型参数
电力系统稳定器 S 型表	电力系统稳定器 S 型参数
电力系统稳定器 SH 型表	电力系统稳定器 SH 型参数
电力系统稳定器 SI 型表	电力系统稳定器 SI 型参数
负荷模型表	负荷模型参数
感应电动机动态参数表	感应电动机动态参数
线路固定串补模型表	线路固定串补模型参数
静止无功补偿器表	静止无功补偿器参数

（3）稳定扫描的预想故障集。用于暂态稳定仿真计算，可离线准备或根据预定规则，分析网络拓扑自动生成。

根据历史分析结果，识别电网中的薄弱环节，结合分析时刻网络拓扑结构和潮流断面的特点，在线修改或增加故障。

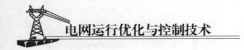

预想故障定义表见表 6-18。

表 6-18 预想故障定义表

表名	主要内容
算例表	算例描述、故障起始时间、故障切除时间、故障级别、故障概率
事件表	事件元件、故障类型、故障时序
算例和事件关系表	事件之间的组合关系、事件时刻
紧急控制措施集表	措施元件、措施代价、切负荷轮次
紧急控制受限表	措施优先级、措施互斥关系
故障和候选措施集关系表	指定故障和候选措施的关联
搜索空间表（极限搜索/预防控制）	搜索元件、搜索类型、搜索区域、优先级、代价
无功备用表	母线、区域、小区、无功备用阀值

对仿真曲线进行数据挖掘，给出每个预想故障的暂态功角稳定裕度和主导模式，为调度员提供在线监视暂态功角稳定水平的手段。

在线暂态功角稳定分析关键参数见表 6-19，其分析指标见表 6-20。

表 6-19 在线暂态稳定分析关键参数

关键参数	含义
积分步长	积分计算步长，一般设置为 0.01s
仿真时长	观察时间，一般设置为 15s
最大功角差	当发电机之间角差大于该值时终止仿真，一般为 500°
预想故障集	设置的故障集（需考查的母线、变压器、发电机、交流线路等故障）

表 6-20 在线暂态稳定分析指标

核心指标	含义	备注
故障	预想故障描述	时域仿真法
最大功角差	与预想故障对应的最大功角差值	
最大功角发电机	与最大功角差对应的机组	
暂态功角稳定裕度	与预想故障对应的暂态功角稳定裕度	EEAC 法
加速机组	暂态功角稳定评估故障的加速机组	
减速机组	暂态功角稳定评估故障的减速机组	

2. 暂态功角稳定预防控制策略

根据电网的运行状态、模型和参数、预想故障场景及相关安稳设备的配置、事先定义的候选措施空间（包含发电机出力调整和负荷调整等），经并行分布式平台进行暂态功角稳定分析计算，研究电网在给定预想故障场景下的暂态功角稳定性。以 EEAC 量化分析理论为基础，对改善系统暂态安全性所需的敏感控制对象（如发电机和负荷）进行识别，借助于电力系统暂态安全极限功率计算工具，在候选措施空间获取同时满足暂态功角稳定性约束且控制代价最优或者次

138

优的调整方案，形成最终预防性稳定控制措施输出，该控制措施可为调度人员提供辅助决策支持，也可送入 EMS 经 AVC/AGC 通道进行闭环安全稳定控制。

暂态功角稳定的策略搜索程序的计算步骤如下：

（1）利用裕度计算方法求取调整前基准潮流下系统在各故障场景中的暂态功角稳定裕度。

（2）若存在故障场景使得系统暂态功角不稳定，则将此类故障进行模式分类，对属于同一模式的故障，取其中裕度最低者作为限制性故障作进一步研究。

（3）根据暂态不安全性质的不同，利用功角稳定机组参与因子的排序结果在给定候选措施空间设置极限功率调整方式，执行相应极限计算。

（4）把极限功率计算结果根据模式分类的信息加以处理，构成暂态安全性约束，在给定候选措施空间以控制代价最小为目标进行控制措施的寻优。

（5）把优化求解得到的控制措施应用到基准潮流数据上，获得调整后的新的方式数据，在此基础上进行暂态安全性校核，若系统在每一故障场景下均暂态功角稳定，则已获得预防性控制策略，否则转第（1）步，直至达到最大迭代次数。

暂态功角稳定预防控制策略搜索计算框图如图 6-3 所示。

3. 暂态功角稳定计算在线紧急控制策略

暂态功角稳定在线紧急控制策略寻优流程如图 6-4 所示。

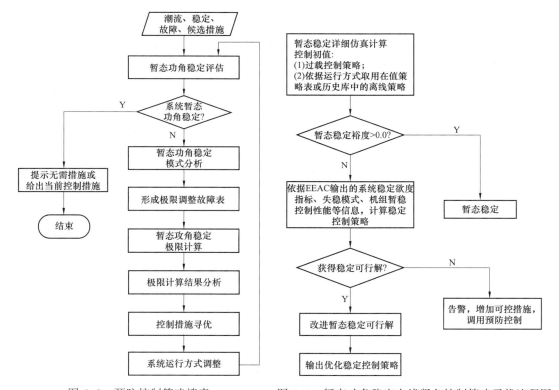

图 6-3 预防控制策略搜索   图 6-4 暂态功角稳定在线紧急控制策略寻优流程图

在暂态稳定寻优算法的设计开发中，需要充分考虑工程经验，即将系统稳控规律、有效算法的工程经验进行综合，形成具有问题特色的有效算法。

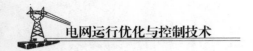

6.4.2 暂态电压安全在线计算分析及控制

1. 暂态电压安全在线分析方法及指标

暂态电压稳定的物理意义是系统是否有能力抑制各种扰动而出现的各种电压偏移，维持系统的负荷电压水平。暂态电压稳定涉及一些快速元件的动作响应，如同步发电机及其自动电压调节器（AVR）、调速器、高压直流元件和静态无功补偿 SVC 等相关元件的响应。电力系统安全稳定导则采用的暂态电压失稳判据是母线电压下降，平均值持续低于限定值，本节采用暂态电压安全性概念来评估电力系统暂态电压稳定性，包括暂态电压稳定和暂态电压跌落可接受性，并分别用暂态电压稳定裕度和暂态电压跌落可接受裕度来表示。

暂态电压安全稳定分析也是通过对仿真曲线进行数据挖掘，给出每个预想故障的暂态电压安全稳定裕度和主导模式，为调度员提供在线监视暂态电压安全稳定水平的手段。

在线暂态电压安全分析关键参数见表 6-21，核心指标见表 6-22。

表 6-21 在线暂态稳定分析关键参数

关键参数	含义
积分步长	积分计算步长，一般设置为 0.01s
仿真时长	观察时间，一般设置为 15s
预想故障集	设置的故障集（需考查的母线、变压器、发电机、交流线路等故障）
母线约束	考查母线电压约束定义
暂态电压安全二元表指标	用一组二元表 $[(V_{cr.1}, T_{cr.1}), \cdots, (V_{cr.i}, T_{cr.i})]$ 来描述一条母线的暂态电压跌落可接受性问题，通常设为 0.75p.u.、1s，如果对于所有的二元表，该母线电压低于电压门槛值的持续时间都小于对应最大允许持续时间，则认为该母线的电压跌落是可接受的

表 6-22 在线暂态稳定分析核心指标

核心指标	含义	备注
故障	预想故障描述	时域仿真法
最低电压	与预想故障对应的母线最低电压值	
最低电压母线	与最低电压对应的母线	
暂态电压稳定裕度	与预想故障对应的暂态电压稳定裕度	EEAC 法
电压薄弱母线	当考察故障的电压裕度低于某一限值时，暂态电压裕度较低的母线	
暂态频率稳定裕度	与预想故障对应的暂态频率稳定裕度	
频率薄弱母线	当考察故障的频率裕度低于某一限值时，暂态频率裕度较低的母线	
暂态安全裕度	暂态安全裕度为暂态功角稳定裕度、暂态电压稳定裕度、暂态频率稳定裕度三者的最小值，若三者中任一裕度小于零，则暂态安全裕度为负，判定系统在预想故障下暂态不安全	

2. 暂态电压安全在线控制辅助决策

暂态电压安全预防控制策略同暂态功角稳定预防控制步骤一致，如图 6-5 所示。

暂态电压安全稳定紧急控制策略同暂态功角稳定紧急计算方法一致，其流程如图 6-6 所示。

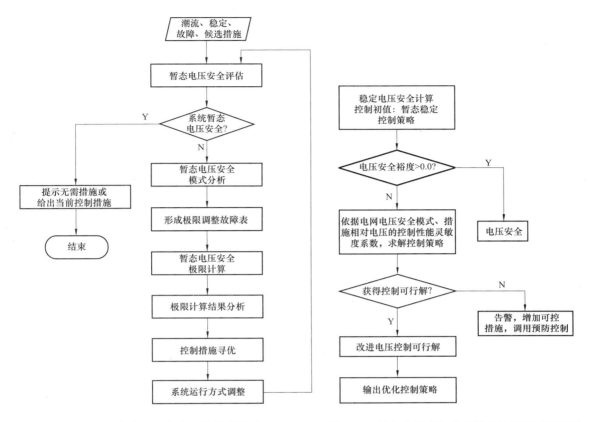

图 6-5　暂态电压安全预防控制策略　　　图 6-6　暂态电压安全稳定紧急控制策略流程图

6.4.3　暂态频率稳定在线计算分析及控制

当系统遭受严重扰动导致发生大的功率不平衡时，系统频率可能出现超过正常运行允许值的较大偏移，并引发频率失稳和系统崩溃。IEEE/CIGRE 工作组认为，频率稳定是电力系统在遭受严重扰动导致系统发电与负荷出现严重不平衡时频率能够保持或恢复到允许的范围内不发生频率崩溃的能力，是电力系统稳定的重要组成部分。频率稳定按时间尺度的不同可分为短期暂态频率稳定和长期频率稳定两部分。长期频率稳定主要评价系统暂态过程结束后系统的稳定频率是否满足系统长时间运行要求，而暂态频率稳定主要评价暂态过程中系统频率变化是否满足系统和设备的短期安全稳定约束，关注频率是否会发生持续下降而引发频率崩溃。

暂态频率稳定的研究时间尺度一般为数秒至几十秒，主要研究严重有功不平衡事故下系统一次调频、低频减载等控制措施的充裕性以及与机组低频保护、超速保护等控制措施的协调性。

在暂态仿真过程中，分别考核系统中每条母线的暂态频率偏移可接受性（TFDA），每条母线可能有多个二元表 $[(f_{cr.1}, f_{cr.1}), \cdots, (f_{cr.i}, f_{cr.i})]$，可能同时包含反映频率过高的二元表和反映频率过低的二元表，用以反映系统暂态频率稳定。

暂态频率偏移可接受性裕度 η_{fd} 定义为

$$\eta_{fd} = [f_{ext} - (f_{cr} - kT_{cr})] \times 100\% \tag{6-12}$$

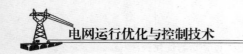

式中：f_{cr} 和 T_{cr} 分别是母线的频率偏移门槛值和允许的持续时间；f_{ext} 指暂态过程中母线频率的极值；k 为把临界频率偏移持续时间换算成频率的折算因子；η_{fd} 为正（或负）值表示频率偏移可以接受（或不能接受）。

暂态频率稳定在线计算分析的关键参数见表 6-23，核心指标见表 6-24。

表 6-23 在线暂态频率稳定分析关键参数

关键参数	含义
积分步长	积分计算步长，一般设置为 0.01s
仿真时长	观察时间，一般设置为 15s
预想故障集	设置的故障集（需考查的母线、变压器、发电机、交流线路等故障）
频率稳定二元表指标	用多个二元表 $\left[(f_{cr.1}, f_{cr.1}), \cdots, (f_{cr.i}, T_{cr.i})\right]$ 来描述一条母线的暂态频率偏移可接受性问题，可能同时包含反映频率过高的二元表和反映频率过低的二元表

表 6-24 在线暂态稳定分析指标

核心指标	含义	备注
故障	预想故障描述	
最低频率	与预想故障对应的母线最低频率	时域仿真法
最低频率母线	与最低频率对应的母线	
暂态频率稳定裕度	与预想故障对应的暂态频率稳定裕度	EEAC 法
频率薄弱母线	当考察故障的频率裕度低于某一限值时，暂态频率裕度较低的母线	

暂态频率稳定预防控制和紧急控制同暂态功角稳定预防控制与紧急控制计算方法一致。

6.4.4 暂态稳定控制的协调统一

1. 稳定判据

将暂态功角稳定、暂态电压安全和暂态频率稳定整合，采用暂态安全裕度评价系统稳定程度。暂态安全裕度为暂态功角稳定裕度、暂态电压稳定裕度、暂态频率稳定裕度三者的最小值，若三者中任一裕度小于零，则暂态安全裕度为负，判定系统在预想故障下暂态不安全。可以通过一次性仿真对电网的暂态稳定进行仿真并提供控制策略。

以某省电网 500kV 汤皋 5351 线路汤庄变侧三永故障为例说明 EEAC 法在暂态稳定分析中应用。暂态电压偏移安全性评估取母线的电压门槛值（0.75p.u）与持续时间（1s），构成评估二元表为（0.75p.u，1s）；暂态频率偏移安全性评估取频率跌落门槛值（49Hz）与持续时间（1s）、频率过高门槛值（51Hz）与持续时间（1s），构成评估二元表为 $\left[(49Hz, 1s), (51Hz, 1s)\right]$。

EEAC 法暂态稳定分析参数设置见表 6-25，计算结果见表 6-26。

表 6-25 暂态稳定分析参数设置

积分步长（s）	仿真时长（s）	最大功角差（°）
0.01	15	360

表 6-26　　　　　　　　　　EEAC 法暂态稳定计算结果

故障名称	暂态安全裕度（%）	暂态功角裕度（%）	暂态电压裕度（%）	暂态频率裕度（%）
500kV 汤皋 5351 线路汤庄变侧三永故障	40.50	97.73	40.5	90.36
	加速机组	减速机组	电压薄弱母线	频率薄弱母线
	阜润厂#1 机、阜润厂#2 机	虎山厂#2 机、新桥厂#1 机	清流变 500kV Ⅰ 母线、清流变 500kV Ⅱ 母线	颍州变 500kV Ⅰ 母线、颍州变 500kV Ⅱ 母线

由表 6-26 可知，500kV 汤皋 5351 线路汤庄变侧三永故障后，系统暂态功角裕度为 97.73%，暂态电压裕度为 40.5%，暂态频率裕度为 90.36%，暂态安全裕度取三者最小值为 40.5%，系统暂态安全。

2. 预防控制

根据电网的运行状态、模型和参数、预想故障场景及相关安稳设备的配置、事先确定的暂态电压考核二元表，以及事先定义的候选措施空间（包含发电机出力调整、负荷调整、无功补偿调整等），经并行分布式平台进行暂态安全性分析计算，研究电网在给定预想故障场景下的暂态功角稳定性、暂态电压安全性和暂态频率稳定性对改善系统暂态安全性所需的敏感控制对象（如发电机、负荷、无功补偿节点）进行识别，借助于电力系统暂态安全极限功率计算工具，在候选措施空间获取同时满足暂态功角稳定性、暂态电压安全性和暂态频率稳定性为约束且控制代价最优或者次优的调整方案，形成最终预防性稳定控制措施输出，该控制措施可为调度人员提供辅助决策支持，也可送入 EMS 经 AVC/AGC 通道进行闭环安全稳定控制。

暂态功角稳定、暂态电压安全和频率稳定的策略搜索程序的计算步骤如下：

（1）利用前述的裕度计算方法求取调整前基准潮流下系统在各故障场景中的暂态安全裕度（系暂态功角稳定裕度和暂态电压安全裕度的最小者）。

（2）若存在故障场景使得系统暂态不安全，则将此类故障进行模式分类，对属于同一模式的故障，取其中裕度最低者作为限制性故障作进一步研究。

（3）根据暂态不安全性质的不同，利用功角稳定机组参与因子的排序结果，或者电压无功灵敏度的排序结果、元件潮流灵敏度的排序结果等在给定候选措施空间设置极限功率调整方式，执行相应极限计算。

（4）把极限功率计算结果根据模式分类的信息加以处理，构成暂态安全性约束，在给定候选措施空间以控制代价最小为目标进行控制措施的寻优。

（5）把优化求解得到的控制措施应用到基准潮流数据上，获得调整后的新的方式数据，在此基础上进行暂态安全性校核，若系统在每一故障场景下均暂态安全，则已获得预防性控制策略，否则转第（1）步，直至达最大迭代次数。

预防控制策略搜索计算框图如图 6-7 所示。

暂态稳定及控制的仿真输入数据包括：

1）在线安全稳定评估的输入数据。

2）发电机、负荷、无功补偿候选措施空间。

3）联络线或联络断面定义（可选）。

暂态稳定及控制的仿真输出数据包括：

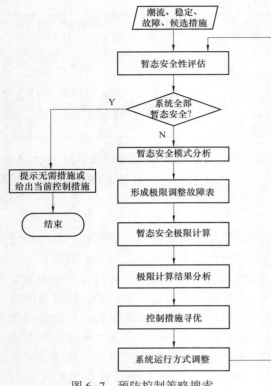

图 6-7　预防控制策略搜索

1）预防性稳定控制措施（调整前后功率值对照）。

2）调整后的系统运行方式数据。

3）联络线/联络断面初始功率和极限功率（可选）。

4）冲突故障控制信息（可选）。

5）调整后关键故障。

6）调整后系统裕度。

7）总控制代价。

3. 紧急控制

（1）优化目标。紧急控制措施多为离散控制措施，如切机、快关和切负荷等。由于基于 EEAC 开发的 FASTEST 提供了暂态功角稳定性、暂态电压安全性和暂态频率稳定性的量化稳定裕度，则各安全稳定约束可转换为相应安全稳定裕度大于零的问题。因此不同的安全稳定约束下的紧急控制优化可以处理为统一的整数规划问题。进一步，某一种特定控制措施对系统稳定的影响与其控制量并不成正比，一定条件下控制还会有负效应。因此，紧急控制优化本质上是一个非线性整数规划问题。其数学描述为

$$\begin{cases} \min J = \sum_{i=1}^{n} c_i x_i \\ \text{s.t.} \quad \eta(x_1, x_2, \cdots, x_n) > \varepsilon \\ \sum_{i=1}^{n} a_{ij} x_i < b_j, \ j = 1, \cdots, m \end{cases} \tag{6-13}$$

式中，离散变量不妨以切机措施为例解释如下：x_i 为第 i 台机组状态，1 表示切除该机组，否则为 0；c_i 为切机控制代价；$\eta(x_1, x_2, \cdots, x_n)$ 表示对采用控制组合 $(x_1, \cdots x_n)$ 的系统安全稳定裕度；ε 为一小正数。模型中的线性约束条件表示控制措施在实施中的各种工程约束，例如：

1）控制最大切机台数的约束条件可表述为：$\sum x_i \leqslant n_{max}$，$n_{max}$ 为最大切机数量。

2）只有在第 i 台机组切除后第 j 台机组才可能被切除，可表述为：$x_j \leqslant x_i$。

3）第 i 台机组和第 j 台机组状态相同，或者同时切除，或者同时保留，可表述为：$x_j - x_i = 0$。

4）第 i 台机组和第 j 台机组互斥（不能同时被切除），可表述为：$x_j + x_i \leqslant 1$。

（2）基于安全稳定内在机理的紧急控制寻优算法。理论上，电力系统安全稳定紧急控制寻优在数学上是属于优化领域中的典型不可微、不连续、多维、高度非线性的 NP 难问题，对于这类问题如何进行全局优化，而且避免"维数灾"，至今都没有得到解决。实践中，人们确立了解决此类问题的指导思路是借鉴优化领域研究成果的基础上，充分发掘具体应用的内在规律形成针

对特定问题特有的优化方法。依据这一指导思想，依据 EEAC 揭示电力系统暂态安全稳定的内在机理，设计开发了有效的暂态安全稳定控制寻优算法。

（3）暂态安全稳定紧急控制寻优算法。暂态稳定寻优算法的设计开发思路可以概略地用以下两个等式近似的表达

系统稳控规律+适宜的优化思路=具有问题特色的有效算法

有效算法+工程经验=实用的优化方案

即：充分发掘 EEAC 揭示的电力系统暂态稳定控制机理，融合适宜的优化思想，形成具有问题自身特色的优化算法；通过工程应用的磨合形成实用有效的在线紧急控制寻优方案。

EEAC 理论利用互补群惯量中心相对运动变换（CCCOI-RM）严格的描述暂态稳定的内在规律，成功地将经典的等面积准则（EAC）拓展到非自治单刚体运动系统的量化分析，从而实现了非自治非线性多刚体运动系统稳定性的量化，开辟了电力系统暂态稳定量化分析、控制领域研究的新途径。其提供的主导失稳模式、潜在危险模式为快速获取有效的失稳控制机群提供了指标；提供的量化稳定裕度和控制参数性能指标为选择有效的失稳控制机组提供了指标。在线紧急控制寻优算法中首先根据这些指标快速的寻求使系统稳定的可行控制策略；若在线计算时间允许，则依据控制措施的控制性能代价比，进一步进行优化搜索。

在具体在线工程应用中，充分利用现场、运方人员稳定分析、控制中积累的工程经验，可大大提高寻优算法的计算效率。比如在控制策略初值设定上，由于当前计算潮流断面和上一次潮流断面相差未必很大，则可以将当前在值的控制策略表作为本次策略搜索的初值，以提高控制搜索效率。同理，控制策略初值还可以采用以下方式：①依据当前潮流运行方式检索离线控制策略库中的相近方式下的控制策略；②利用过载模块提供的过载控制策略。

暂态电压安全紧急控制是在满足暂态稳定的基础上，进一步改进系统暂态过程的电能质量。因此其控制寻优是在暂态功角稳定控制策略的基础上进一步采用追加控制措施。其算法思路与暂态功角稳定寻优策略相似，依据 FASTEST 提供的暂态电压、安全模式和控制性能代价比进行快速的可行解搜索，然后在在线控制时间允许下，进一步进行优化搜索。

6.5　电力系统在线小干扰分析

6.5.1　基于 IRAM 法在线小干扰分析方法

1. 在线小干扰分析方法

小干扰稳定性是指系统遭受到小干扰后保持同步的能力，在分析中系统响应的方程可以线性化。不稳定结果有两种形式：①由于缺乏同步转矩而引起发电机转子角度持续增大；②由于缺乏足够的阻尼力矩而引起的增幅转子振荡。通常前者一般不计调节器作用，采用简单模型即可计算，而后者一般要考虑各种调节器作用和复杂模型才能计算出正确结果。在实际系统中，小干扰稳定性问题通常是阻尼不足的系统振荡问题之一。用线性技术进行小干扰分析可为电力系统的内在动态特性提供有价值的信息并且对其设计也有帮助。

在线小干扰分析以电网实时的运行工况为基础，结合电网安全稳定计算模型和参数，对系统进行线性化，形成描述线性系统的状态方程，通过求解状态矩阵的特征值在线分析系统的动态性能。

目前基于智能调度技术支持系统的在线小干扰稳定分析有 IRAM 法和 prony 分析等。

在线小干扰分析关键参数见表 6-27。

表 6-27 　　　　　　　　　　　　　在线小干扰分析关键参数

关键参数	含义
频率范围	关注振荡频率范围（根据各级调度关注范围设定）
阻尼比范围	关注阻尼比范围，一般设置为≤30%
特征值个数	最大可计算的特征值个数
机电回路相关比限值	用于筛选机电模式，一般应大于1
PSS 投退	机组电力系统稳定器投退情况，一般在后台设置

2. 在线小干扰分析指标及算例

在线小干扰分析指标见表 6-28。

表 6-28 　　　　　　　　　　　　　　在线小干扰稳定分析指标

核心指标		含义
阻尼比		阻尼比 $\xi = \dfrac{-\sigma}{\sqrt{\delta^2 + \omega^2}}$，$\sigma$，$\omega$ 分别为共轭特征值的实部和虚部，它确定了振荡幅值衰减的速度
振荡频率		频率 $f = \dfrac{\omega}{2\pi}$：该模式的振荡频率，单位 Hz
振荡模态		特征值的右特征向量，反映了在状态向量上观察相应的振荡时，相对振幅的大小和相位关系，可根据与某振荡模式相对应的振荡模态得出该振荡模式反映的机群之间的失稳模式
参与因子		参与因子 p，反映与可控性和可观性的综合指标，可反映各机组参与各振荡模态的程度
机电回路比		机电回路相关比 ρ_i 反映了特征值 λ_i 与变量 $\Delta\omega$、$\Delta\delta$ 的相关程度。在实际应用中，若对于某个特征值 λ_i 有 $$\begin{cases} \rho_i \gg 1 \\ \lambda_i = \sigma_i + \mathrm{j}\omega_i = \sigma_i + \mathrm{j}2\pi f_i \quad f_i \in (0.2 \sim 2.5)\ \text{Hz} \end{cases}$$ 则认为 λ_i 为低频振荡模式，即机电模式
参与机组		与该模态强相关的机组
最低阻尼比相关信息	最低阻尼比	表示当前断面最低阻尼比
	对应频率	为当前断面最低阻尼比对应的频率
	参与机组	与最低阻尼比对应模态强相关的机组

按照《国家电网安全稳定计算技术规范》中关于小干扰动态稳定性运行标准，有表 6-29 的规定。

表 6-29 　　　　　　　　　　　　　小干扰动态稳定性运行标准

阻尼分类	阻尼比范围	说明
负阻尼	小于 0	系统不能稳定运行
弱阻尼	0 ~ 0.02	—
较弱阻尼	0.02 ~ 0.03	—
适宜阻尼	0.04 ~ 0.05	—
	大于 0.05	系统动态特性较好

在正常方式下，区域振荡模式及与主要大电厂、大机组强相关的振荡模式的阻尼比一般应达到 0.03 以上，故障后的特殊运行方式下，阻尼比至少应达到 0.01 ~ 0.015

以某省电网某时刻断面数据为例进行小干扰分析计算，计算参数设置见表6-30，详细结果信息见表6-31、表6-32，模式分析图如图6-8所示。

表6-30 小干扰计算参数设置

频率范围（Hz）	阻尼比范围	特征值个数	机电回路相关比限值	PSS投退
0.3~1.6	≤30%	100	1	机组全投

表6-31 模式信息

阻尼比（%）	频率（Hz）	特征根实部	特征根虚部	机电回路相关比	主导发电机
8.56	0.75	−0.4035	4.6941	1.59	安徽.虎山厂#2机

表6-32 主要发电机参与因子

序号	参与因子	模态幅值	模态相角	对应发电机名	区域
1	1.000	0.8	14.42	安徽.虎山#2机	淮北
2	0.488	1	0	华东.琅琊山#2机	华东直属
3	0.474	0.61	32.70	安徽.阜润#2机	阜润
4	0.472	0.60	32.46	安徽.阜润#1机	阜润
5	0.466	0.82	24.67	安徽.汇源#5机	宿州

由表6-31可知，符合扫描频率、阻尼比范围内的振荡模式仅有一例，该模式下振荡频率为0.75Hz，主导发电机为虎山厂#2机，阻尼比为0.0856，系统动态性能较好。

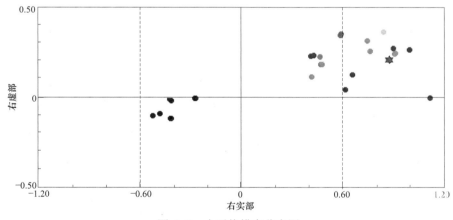

图6-8 小干扰模态分布图

6.5.2 低频振荡在线监测与控制

目前国内外用低频振荡在线监测方法主要是基于PMU采集数据的Prony方法，下面介绍Prony方法。

1795年，Prony提出了用指数函数的一个线性组合来描述等间距采样数据的数学模型，后经过适当扩充，形成了能够直接估算给定信号的频率、衰减、幅值和初相的算法。

Prony算法是针对等间距采样点，假设模型是一系列的具有任意振幅、相位、频率和衰减因子的指数函数的线性组合。即认为测量输入$x(0)$，$\cdots$，$x(N-1)$的估计值可以表示为

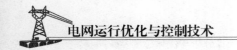

$$\hat{x}(n) = \sum_{k=1}^{P} b_k z_k^n \quad n = 0, \ 1, \ \cdots, \ N-1 \tag{6-14}$$

其中

$$b_k = A_k e^{j\theta_k} \tag{6-15}$$

$$z_k = e^{(\alpha_k + j2\pi f_k)\Delta t} \tag{6-16}$$

式中：A_k 为振幅；α_k 为衰减因子；f_k 为振荡频率；θ_k 为相位（单位为弧度）；Δt 为时间间隔；P 为模型阶数。

Prony 法的主要工作就在于求解参数 $\{A_k, \ \alpha_k, \ f_k, \ \theta_k\}$。

研究式（6-14）不难发现，其正好为下列常系数线性差分方程的齐次解

$$\hat{x}(n) = -\sum_{k=1}^{P} a_k \hat{x}(n-k) \tag{6-17}$$

其特征方程为

$$\sum_{k=0}^{P} a_k z^{P-k} = 0 \quad (a_0 = 1) \tag{6-18}$$

如果 $\alpha_k (k=1, \ 2, \ \cdots, \ P)$ 已知，通过求解该特征方程可得到特征根 $z_k(k=1, \ 2, \ \cdots, \ P)$。

设测量数据 $x(n)$ 与其近似值 $\hat{x}(n)$ 之间的差为 $e(n)$，即

$$e(n) = x(n) - \hat{x}(n) \quad n = 0, \ 1, \ \cdots, \ N-1 \tag{6-19}$$

由式（6-17）、式（6-19）可得

$$x(n) = -\sum_{k=1}^{P} a_k x(n-k) + \sum_{k=0}^{P} a_k e(n-k) \tag{6-20}$$

定义

$$u(n) = \sum_{k=0}^{P} a_k e(n-k), \ n = 0, \ 1, \ \cdots, \ N-1 \tag{6-21}$$

则式（6-21）变为

$$x(n) = -\sum_{k=1}^{P} a_k x(n-k) + u(n) \tag{6-22}$$

这样，$x(n)$ 可以看作是噪声 $u(n)$ 激励一个 P 阶 AR 模型产生的输出。该 AR 模型的参数 $\alpha_k(k=1, \ 2, \ \cdots, \ P)$ 正是待求差分方程的系数。

AR 模型的正则方程为

$$\begin{bmatrix} r(1, \ 0) & r(1, \ 1) & \cdots & r(1, \ P) \\ r(2, \ 0) & r(2, \ 1) & \cdots & r(2, \ P) \\ \vdots & \vdots & \cdots & \vdots \\ r(P, \ 0) & r(P, \ 1) & \cdots & r(P, \ P) \end{bmatrix} \cdot \begin{bmatrix} 1 \\ a_1 \\ \vdots \\ a_P \end{bmatrix} = \begin{bmatrix} \varepsilon_P \\ 0 \\ \vdots \\ 0 \end{bmatrix} \tag{6-23}$$

其中，

$$r(i, \ j) = \sum_{n=P}^{N-1} x(n-j) \cdot x^*(n-i) \tag{6-24}$$

$$\varepsilon_P = \sum_{k=0}^{P} a_k \left[\sum_{n=P}^{N-1} x(n-k) \cdot x^*(n) \right] \tag{6-25}$$

求解此方程可以得到 AR 参数 $\alpha_k(k=1, \ 2, \ \cdots, \ P)$，代入式（6-18），求得 $z_k(k=1, \ 2, \ \cdots, \ P)$。

一旦求出 $z_k(k=1, \ 2, \ \cdots, \ P)$，式（6-14）就简化为未知参数 $b_k(k=1, \ 2, \ \cdots, \ P)$ 的线性

方程，用矩阵形式表示，有

$$\boldsymbol{Zb} = \hat{\boldsymbol{x}} \qquad (6-26)$$

其中，

$$\boldsymbol{Z} = \begin{bmatrix} 1 & 1 & \cdots & 1 \\ z_1 & z_2 & \cdots & z_P \\ \vdots & \vdots & \cdots & \vdots \\ z_1^{N-1} & z_2^{N-1} & \cdots & z_P^{N-1} \end{bmatrix}, \; \boldsymbol{b} = \begin{bmatrix} b_1 \\ b_2 \\ \vdots \\ b_P \end{bmatrix}, \; \hat{\boldsymbol{x}} = \begin{bmatrix} \hat{x}(0) \\ \hat{x}(1) \\ \vdots \\ \hat{x}(N-1) \end{bmatrix}$$

$\boldsymbol{Z}$ 为 $N \times P$ 维非奇异矩阵，方程的最小二乘解为

$$\boldsymbol{b} = (\boldsymbol{Z}^H \boldsymbol{Z})^{-1} \boldsymbol{Z}^H \hat{\boldsymbol{x}} \qquad (6-27)$$

这样，根据 z_k 和 b_k 可以求出 $\{A_k, \; \alpha_k, \; f_k, \; \theta_k\}$。

综上分析，Prony 算法描述如下：

（1）利用式（6-24）计算 $r(i, j)$，并构造矩阵

$$\boldsymbol{R} = \begin{bmatrix} r(1, 0) & r(1, 1) & \cdots & r(1, P_1) \\ r(2, 0) & r(2, 1) & \cdots & r(2, P_1) \\ \vdots & \vdots & \cdots & \vdots \\ r(P_1, 0) & r(P_1, 1) & \cdots & r(P_1, P_1) \end{bmatrix} \quad (P_1 \geqslant P) \qquad (6-28)$$

（2）利用 SVD-TLS 方法确定 $\boldsymbol{R}$ 的有效秩 P 及 AR 参数 $\alpha_k (k = 1, \; 2, \; \cdots, \; P)$。

（3）求多相式

$$z^P + a_1 z^{P-1} + a_2 z^{P-2} + \cdots + a_P = 0 \qquad (6-29)$$

的根 $z_k(k = 1, \; 2, \; \cdots, \; P)$，并用式（6-27）递推计算 $\hat{x}(n)(n = 1, \; 2, \; \cdots, \; N-1)$，其中 $\hat{x}(0) = x(0)$。

（4）利用式（6-27）计算参数 $b_k(k = 1, \; 2, \; \cdots, \; P)$。

（5）用下式计算振幅 A_k，衰减因子 α_k，振荡频率 f_k，相位 θ_k

$$\begin{cases} A_k = |b_k| \\ \theta_k = \mathrm{angle}(b_k) \\ f_k = \mathrm{angle}(z_k)/2\pi\Delta t \\ \alpha_k = \ln(z_k)/\Delta t \quad (k = 1, \; 2, \; \cdots, \; P) \end{cases} \qquad (6-30)$$

由于 Prony 算法是利用一组指数函数来拟合等间距采样信号，其振荡、衰减数学特点适合现场实际的振荡数据特征；同时电力系统规模不断扩大，很难得到符合系统实际的数学模型，而 Prony 算法对大系统可以分散提取各点的特征，与系统的阶数和参数没有关系。这些使 Prony 算法非常适合进行电力系统低频振荡分析。另外，应用 Prony 算法分析实测振荡数据，还可以确定系统振荡频率及振荡模式；定量分析系统振荡的阻尼问题；提取曲线的振荡特征，为振荡仿真分析的有效性提供有力验证。

通过 Prony 算法分析低频振荡数据可得到准确的振荡模式，但其对输入信号的要求较高，实际系统中输入信号的噪声会影响 Prony 算法的精度，需要对其进行改进，一种方法是对信号进行滤波消除可能的噪声，另一种方法是通过计算均方差（MSE）确定算法的阶数而不是按照式（6-28）确定矩阵 Re 的有效秩 p，试验证明这两种方法均可以有效地滤除噪声对算法的影响。

图 6-9 为某省利用 Prony 算法在线监测获得的低频振荡监测画面。

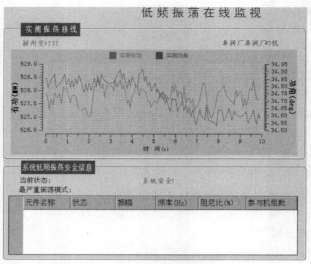

图 6-9　低频振荡监测画面

由图 6-9 可见，通过 PMU 上传的动态数据，利用 Prony 算法，连续跟踪电网的电压相对相角、频率和功率动态曲线，实时计算分析动态曲线的频谱，对低频振荡的模式、幅值、频率、阻尼比、振荡点进行快速实时分析，分析低频振荡的形成、发展、分布范围、振荡源及主振荡模式（包括振荡频率、阻尼特性、参与机组及其参与因子）。

在发现系统存在低频振荡或存在低频振荡危险时，根据监测计算结果提供预防控制措施。基于 Prony 算法的低频振荡控制流程图如图 6-10 所示。

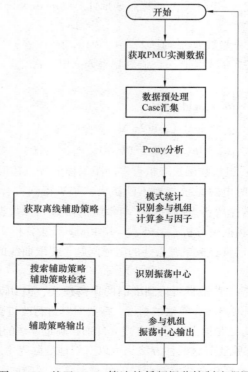

图 6-10　基于 Prony 算法的低频振荡控制流程图

6.6   在线断面极限功率稳定裕度评估

6.6.1   断面极限功率稳定裕度及计算方法

联接区域间的输电联络线构成了运行监视和电网分析与运行控制的输电断面，为保证电网的安全稳定运行，势必要控制输电断面的传输功率在一个可以允许的范围内，这就需要对输电断面进行稳定裕度评估，计算断面安全稳定极限，依此监视输电断面稳定极限，才能最大程度地满足各区域的负荷需求。

在线稳定裕度评估根据电网实时运行状态、模型和参数及预想故障场景，通过不断调整输电断面的传输功率，在满足静态安全、暂态稳定、动态稳定等约束的条件下，计算输电断面的极限功率。目前功率的调整方式主要有：①送（受）端发电出力增加（减少）；②送（受）端负荷减少（增加）；③其他调整方式。

在线稳定裕度评估主要包括在线静态安全裕度、在线暂态稳定裕度、在线动态稳定裕度、在线电压稳定裕度四个方面的评估。在线稳定裕度评估关键参数见表6-33。

表 6-33   在线稳定裕度评估关键参数

关键参数	含 义
稳定断面及断面组成	稳定断面名称和限额，断面组成元件，通常考查全网情况
故障集	稳定断面考查的静态、暂态、动态故障集
发电/负荷调整方式	断面极限的调整方式
考查母线定义	考查母线电压、频率约束定义

在线稳定裕度评估分成两个阶段：搜索阶段和校验阶段。其中搜索阶段计算各个分挡潮流结果。校验阶段针对搜索阶段计算出的断面分挡潮流结果，依据约束或者提交的校核案例、限额等参数，进行静态安全、暂态稳定、动态稳定时域仿真校核等安全稳定校核。给出各个稳定校核起作用的安全约束类型，及其对应的约束情况。约束情况包括热稳定限值、静态安全约束的切除元件及越限元件，暂态稳定约束的故障描述，动态稳定约束的振荡频率、阻尼及主要振荡机群，动态稳定时域仿真约束的故障描述、扰动后的振荡频率、阻尼比，静态电压稳定约束的电压薄弱点和薄弱断面的电压情况。得到满足所有安全稳定约束的断面潮流最大值，即得到输电断面最大可用输送功率，完成稳定裕度评估。

在断面功率稳定裕度的计算过程中，根据断面组成和潮流方向，指定潮流调整方式［即增加出力（或减少负荷）的区域、增加负荷（或减少出力）的区域］和最大功率调整量，根据计算得到稳定裕度逐步逼近极限值。由于最大功率调整量事先指定，因此可能会在达到最大功率调整量时，系统仍然满足安全约束，此时系统也认为达到了极限，但这种极限不是临界安全极限，而是断面最大调整功率值。

断面功率稳定裕度计算具体步骤如下：

（1）在给定的调整方式下，将调整空间分为 N 挡。

（2）按照各挡预期目标进行方式调整，考查断面的基态功率为 A，最大调整量下有功为 K，则得到对应考查断面潮流从 A~K 共 N 个潮流方式。

（3）对所有潮流方式进行预想故障下时域仿真，并计算静态安全、暂稳和动态安全裕度。

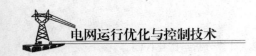

（4）裕度临界安全的潮流方式为极限方式，该方式下考查断面潮流为指定故障下的极限值，若所有故障下系统安全稳定，则把断面功率最大的方式认为是极限方式，对应的断面潮流为该断面的安全稳定极限。

6.6.2 断面极限功率稳定裕度指标及算例

断面极限功率在线稳定裕度评估核心指标见表6-34。

表 6-34　　　　　　　　　　在线稳定裕度评估核心指标

核心指标	含义
静态极限	显示考核静态安全时考查断面的极限功率值，考虑热稳、电压越限两个约束。计算静态极限过程如下：按照指定调整方式，调整到某一断面水平，检查监视线路是否基态过载；若基态不越限，再检查考查故障后监视线路是否故障后过载。若两个限额都满足，进一步增大断面功率，直至达到静态极限
暂态极限	在指定的功率调整方式下，系统发生预想故障后保持暂态安全稳定的最大输送功率
动态极限	动态极限：在指定的功率调整方式下，系统发生预想故障后保持动态安全稳定的最大输送功率
安全稳定断面极限	该极限为以上三个（静态、暂态、动态）极限中的最小值
受限原因	断面功率受限原因（静态、暂态、动态）

以某省电网某时刻断面数据为例，在系统基本运行方式下，以"颍程双线"断面为例，断面设置和稳定裕度计算结果见表6-35、表6-36。

表 6-35　　　　　　　　"颍程双线"断面定义和计算参数设置

断面名称	颍程双线
断面组成	220kV 颍程 4733、4734 线路
功率调整方式	送端（阜润厂）增出力、降负荷；受端（阜阳北网）增负荷
预想故障	颍程 4733 线路颍州变侧三永故障

表 6-36　　　　　　"颍程双线"断面稳定裕度计算结果　　　　　　单位：万千瓦

断面名称	当前潮流	稳定极限	方式极限	静态极限	暂态极限	动态极限	受限原因及故障
颍程双线	24.090	42.981	40.000	42.981	>42.981	>42.981	静态安全；关键故障为颍程 4733 线路开断

由表6-36可知，"颍程双线"断面的稳定极限为42.981万 kW，受限原因为颍程4733线路开断引起的静态不安全。

6.7　在线短路电流计算与分析

短路电流分析是指在规定的运行方式或网络拓扑结构下，校验系统中各母线短路电流水平是否满足相关断路器开断能力的要求，研究限制短路电流水平的措施。

6.7.1　在线短路电流计算方法

短路电流计算可基于给定的潮流方式，也可基于方案计算。前者以某一潮流计算结果为基础，考虑发电机电动势和负荷电流的影响，目前主要基于该类方法；后者不基于潮流方式，发电机电抗后电动势取为 $1\angle 0°$（p. u.），不计负荷影响。

在线短路电流计算关键参数见表6-37。

表6-37　　　　　　　　　　在线短路电流分析关键参数

关键参数	含义
额定开断电流	额定电压下，断路器能保证开断的最大电流，根据开断电流可计算得出遮断容量
考查母线集	待考查短路电流的母线
故障类型	三相短路、单相短路、两相短路、两相短路接地
区域范围	待考查短路电流的区域

计算短路电流时，先求解网络的节点导纳矩阵，再根据用户指定短路节点，求取该节点在阻抗矩阵中对应的一列元素，该列阻抗元素包含节点的自阻抗和与全网其他节点互阻抗，由此可以求出该节点的短路电流及全网其他节点的短路电压及其他支路的短路电流。

（1）建立电力系统节点方程。利用节点方程进行故障计算前，需要形成系统的节点导纳（或阻抗）矩阵。首先根据给定的系统运行方式制订系统的等值电路，并进行各元件标幺值参数的计算，然后利用变压器和线路的参数形成不含发电机和负荷的节点导纳矩阵 $\boldsymbol{Y}$。

发电机通常表示为电势源 $\dot{E}_i$ 与阻抗 z_i 的串联支路，建立节点方程时，需要将发电机支路转化为电流源 $\dot{I}_i(=\dot{E}_i/z_i)$ 和导纳 $y_i(=1/z_i)$ 的并联组合。

节点的负荷在短路计算中一般作为节点的接地支路并用恒定阻抗表示。在近似计算中，有时将负荷忽略不计。

最后形成包括所有发电机支路和负荷支路的节点方程如下

$$\boldsymbol{YV}=\boldsymbol{I} \tag{6-31}$$

（2）利用节点阻抗矩阵计算短路电流。假定系统中的节点 f 经过渡阻抗 z_f 发生短路。z_f 不参与形成网络节点导纳矩阵。采用叠加法可以得到故障点处的短路电流为

$$\dot{I}_f=\frac{\dot{V}_f^{(0)}}{Z_{ff}+z_f} \tag{6-32}$$

式中：$\dot{V}_f^{(0)}=\sum\limits_{j\in G}Z_{fj}\dot{I}_j$ 是短路前故障点的正常电压；Z_{ff} 是故障节点 f 的自阻抗，也称输入阻抗；G 为网络内有源节点的组合。

网络中任一节点的短路电压为

$$\dot{V}_i=\dot{V}_i^{(0)}-\frac{Z_{if}}{Z_{ff}+z_f}\dot{V}_f^{(0)} \tag{6-33}$$

网络中任一支路的短路电流（如 p 和 q 节点之间）为

$$\dot{I}_{pq}=\frac{k\,\dot{V}_p-\dot{V}_q}{z_{pq}} \tag{6-34}$$

对于任一支路的电流（如 p 和 q 节点之间），如果是变压器支路，则采用如图6-11变压器等值模型及公式（6-35）计算支路电流

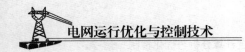

$$\dot{I}_{pq} = \frac{\dot{V}_p - \dot{V}_q k_1/k_2}{z_T k_1 k_2} \tag{6-35}$$

如果是普通支路，则采用等值模型如图 6-12 所示及公式（6-36）计算支路电流。

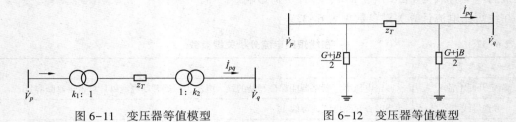

图 6-11　变压器等值模型　　　　　　图 6-12　变压器等值模型

$$\dot{I}_{pq} = \frac{\dot{V}_p - \dot{V}_q}{z_T} - \dot{V}_q \frac{(G + jB)}{2} \tag{6-36}$$

（3）利用三角分解法对矩阵导纳求逆（求取阻抗矩阵）。记单位矩阵为 $\boldsymbol{E}$，则有 $\boldsymbol{YZ} = \boldsymbol{E}$。$\boldsymbol{Y}$ 为导纳矩阵，$\boldsymbol{Z}$ 为阻抗矩阵。

将阻抗矩阵和单位矩阵都按列进行分块，并记

$$\boldsymbol{Z}_j = \begin{bmatrix} Z_{1j} & \cdots & Z_{(j-1)j} & Z_{jj} & Z_{j(j-1)} & \cdots & Z_{nj} \end{bmatrix}^T \tag{6-37}$$

$$\boldsymbol{e}_j = \begin{bmatrix} 0 & \cdots & 0 & 1 & 0 & \cdots & 0 \end{bmatrix}^T \tag{6-38}$$

$\boldsymbol{Z}_j$ 是由阻抗矩阵的第 j 列元素组成的列向量，$\boldsymbol{e}_j$ 是第 j 个元素为 1，其余所有元素为 0 的单位列向量。可将 $\boldsymbol{YZ} = \boldsymbol{E}$ 分解为 n 组方程式，得到

$$\boldsymbol{YZ}_j = \boldsymbol{e}_j (j = 1, 2, \cdots, n) \tag{6-39}$$

对节点导纳矩阵进行 LDU 分解，可将方程组（6-40）写成

$$\boldsymbol{LDUZ}_j = \boldsymbol{e}_j \tag{6-40}$$

其中 $\boldsymbol{L}$ 为单位下三角矩阵，$\boldsymbol{D}$ 为对角线矩阵，$\boldsymbol{U}$ 为单位上三角矩阵，由于 $\boldsymbol{Y}$ 为对称矩阵，可知三角矩阵 $\boldsymbol{U}$ 和 $\boldsymbol{L}$ 互为转置，各矩阵的元素表达式为

$$d_{ii} = Y_{ii} - \sum_{k=1}^{i-1} u_{ki}^2 d_{kk} \qquad (i = 1, 2, \cdots, n)$$

$$u_{ij} = \left(Y_{ij} - \sum_{k=1}^{i-1} u_{ki} u_{kj} d_{kk} \right)/d_{ii} \qquad (i = 1, 2, \cdots, n-1; j = i+1, \cdots, n) \tag{6-41}$$

$$l_{ij} = \left(Y_{ij} - \sum_{k=1}^{j-1} l_{ik} l_{jk} d_{kk} \right)/d_{jj} \qquad (i = 2, 3, \cdots, n; j = 1, 2, \cdots, i-1)$$

由于 $\boldsymbol{U}$ 和 $\boldsymbol{L}$ 互为转置，只需算出其中一个即可。

将方程组（6-40）分解为三个方程组

$$\begin{aligned} \boldsymbol{LF} &= \boldsymbol{e}_j \\ \boldsymbol{DH} &= \boldsymbol{F} \\ \boldsymbol{UZ}_j &= \boldsymbol{H} \end{aligned} \tag{6-42}$$

考虑 $\boldsymbol{e}_j$ 的特点，可得到节点阻抗矩阵的第 j 列元素的计算公式

$$f_i = \begin{cases} 0 & i < j \\ 1 & i = j \\ -\sum_{k=j}^{i-1} l_{ik}f_k & i > j \end{cases} \tag{6-43}$$

$$h_i = \begin{cases} 0 & i < j \\ f_i/d_{ii} & i \geq j \end{cases} \tag{6-44}$$

$$Z_{ij} = h_i - \sum_{k=i+1}^{n} u_{ik}Z_{kj} \quad i = n, \ n-1, \ \cdots, \ 1 \tag{6-45}$$

由于 U 和 L 互为转置，只需保存其中一个即可。只保留 L 阵时，式（6-45）中的 u_{ik} 应换成 l_{ki}；只保留 L 阵时，式（6-45）中的 l_{ik} 应换成 u_{ki}。

（4）基本流程示意图。根据上面对短路电流计算原理的介绍，短路电流计算程序的基本流程示意图如图 6-13 所示。

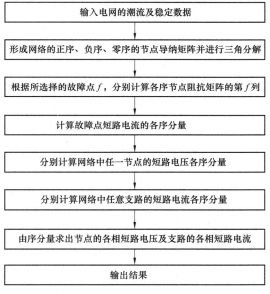

图 6-13　短路电流计算程序的基本流程示意图

6.7.2　在线短路电流计算指标及算例

在线短路电流计算指标见表 6-38。

表 6-38　　　　　　　　　　在线短路电流分析指标

指标	含义
短路电流	计算的短路电流值，kA
故障元件	短路故障元件名称
最危险节点	短路电流与额定开断电流之比（百分比）最大的节点
最危险节点短路电流	最危险短路电流值
系统是否安全	表示系统当前状态，如果没有短路电流超过开断电流则系统安全，反之不安全

以某省电网合肥地区 220kV 母线为例进行短路电流水平分析。短路电流扫描区域设置为合

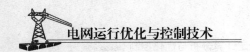

肥地区，故障类型设置为三相短路，部分 220kV 母线短路电流计算结果见表 6-39。

表 6-39 部分 220kV 母线三相短路电流结果表

故障母线名称	电压等级（kV）	故障相	短路电流（kA）	额定开断电流（kA）	是否越限
肥西变 220kV ⅡA 母线	220	三相	41.61	50.0	否
竹溪变 220kV Ⅱ 母线	220	三相	36.81	50.0	否
众兴变 220kV ⅡB 母线	220	三相	36.30	50.0	否
当涂变 220kV ⅡA 母线	220	三相	36.04	50.0	否
振宁变 220kV Ⅱ 母线	220	三相	34.79	50.0	否

可见最危险节点为肥西变 220kV ⅡA 母线，其短路电流为 41.61kA，小于其额定开断电流 50kA，没有越限。

电网实时自动控制与优化技术

7.1　前　言

由于电力系统自身特性决定了电网运行时必须满足有功功率平衡和无功功率平衡。当系统总出力和总负荷发生不平衡时，就会产生频率的偏差和电压的偏差。由于负荷是经常发生变化的，任何一处的负荷变化都会引起全系统的有功功率与无功功率不平衡，将导致系统频率的波动和电压的波动，因此电力系统运行中的重要任务之一就是对频率和电压进行监视与调整。频率调整的任务就是当系统有功功率不平衡而使频率偏离额定值时，调节发电机出力以达到新的平衡，从而保证将频率偏移限制在允许的范围内。无功电压调整的任务就是当系统无功功率不平衡而使电压偏离额定值时，调节发电机无功出力、无功补偿设备以及变压器的分接头等以达到新的平衡，从而保证将电压偏移限制在允许的范围内。

电力系统的频率调节是按照负荷变化的周期和幅值大小区别对待的，一般将负荷变化分解成三种成分。第一种幅度很小，周期又很短，一般小于 10s，具有随机性质，称为微小变动分量，针对此种负荷变动分量的频率调节为一次调节。第二种变动幅度较大，周期为 10s～3min，属于冲击性的负荷变动，针对此种负荷变动分量的频率调节为二次调节。第三种是长周期分量，周期为 2～20min，它是由生产、生活和气象等引起的负荷变化，有其规律性，可以预测，针对此种负荷变动分量的频率调节为三次调节。

同电网频率调节概念相似，电力系统无功功率和电压的自动控制系统根据调节周期的长短，也可将无功电压调节分为一次、二次和三次调节。电压的快速无规则变化由发电机组无功功率"一次调节"进行补偿，这种一次调节要求快速（毫秒级），必须自动（类似机组一次调频），主要由机组励磁调节器（AVR）实现。二次调节（Secondary Voltage Regulation）是补偿电压的慢变化，控制发电机组所吸收和发出的无功功率，以使电网某个区域内母线电压合格，其反应时间为 1～5min（类似二次调频，即 AGC）。三次调节（Tertiary Voltage Regulaton）则是使系统电压和无功分布全面协调，控制电网在安全和经济准则优化状态下运行，时间为 15min 以上（类似三次调频，即经济调度）。

自动发电控制（AGC）原先称为"电力系统频率与有功功率的自动控制"，它是利用先进的计算机和通信技术，对电网发电机有功功率进行自动调节，目标是保证电网频率满足电网安全要求。

AGC 技术可以追溯到几十年前，随着战后经济的发展，电力系统的容量不断增长，通过研究和试验，各工业发达国家的电力系统相继实现了频率与有功功率的自动控制。1959 年前苏联开始应用了分散式频率与有功功率自动调整系统，采用"频率—交换功率（TBC）"准则。随后美国各电力公司、以前西德和法国电力系统为主的西欧联合电力系统、日本电力系统相继采用"频率—交换功率（TBC）"准则实现联合控制。

20 世纪 70 年代以来，美国 NEPEX 电力控制中心采用在线电子数字计算机实现了自动发电控制、经济负荷分配和电力系统安全监控，随后自动发电控制技术在北美、西欧等地区的电力系统中得到普遍应用，北美电力可靠性协会（North America Electric Reliability Council，NERC）制订了频率控制和自动发电控制的运行准则，使自动发电控制技术的应用走上了规范化的道路，同时也使自动发电控制技术的应用日趋完善。

我国电力系统频率和有功功率的自动控制工作起步并不晚，20 世纪 60 年代中期，东北、京津唐和华东三大电力系统已经实现了自动调频和不同规模的多厂有功功率控制，但由于"文革"十年动乱影响，电力系统自动调频工作陷于停顿状态。在 20 世纪 80 年代中期开始的区域、省（市）电网能量管理系统（EMS）的建设过程中，普遍进行了基于计算机集中控制的现代自动发电控制技术的研究和应用。90 年代后期进行的实用化验收推动了 AGC 技术在国内电网的广泛应用，成为省级及以上电网运行的必备技术手段。

自动电压控制（AVC）是利用先进的计算机和通信技术，对电网发电机无功功率、并联补偿设备和变压器有载分接头进行自动调节，目标是保证电网电压和无功分布满足电网安全、优质、经济要求。

自动电压控制发展相对滞后自动发电控制。长期以来，国内外绝大多数电网中电压控制技术仍停留在人工方式，即通过事先给定的母线电压上下限、机组无功限值以及其他无功补偿设备投切计划，来控制系统电压。但这种方式的控制电压效果并不令人满意，主要是因为：

（1）预先给定的电压曲线和无功设备运行计划是离线确定的，并不能反映电网的实际情况，按照这种方式进行调节往往带来安全隐患。

（2）电网运行人员需要时刻监视系统电压无功情况，并进行人工调整，工作强度大，而且往往会造成电网电压波动大。

（3）各厂、站无功电压控制没有进行协调，造成电网运行不经济。

针对上述问题，特别是电网中出现电压崩溃造成大面积停电后，国外电网如法国、意大利国家电网 20 世纪 70 年代末开始研究开发及应用分层分区的 AVC 控制系统。其控制原则为法国输电网于 1979 年开始广泛使用区域性二级电压控制。至 1986 年已有 27 个控制区；在多年实践基础上，又提出了新的协调二次电压控制系统，并于 1993 年投入试运行。意大利国家电力系统（ENEL）也实现了电压与无功功率的自动控制，分别于 1984 年在佛罗伦萨地区、1986 年在西西里地区实现了二次电压调整，运行效果良好，并于 1993 年在整个超高压电网中普遍实现二级及三级电压调整，它是一个在线分层控制结构的自动控制系统。

为保证 500kV 及二次电网的电压水平和提高电压稳定性，日本东京电力系统在主要变电所内装设了微机电压及无功功率控制器 VQC，能快速、准确地投切并联无功补偿设备和有载切换变压分接头开关，但这只是就地的电压调节装置，还不能和电网其他电压调节设备系统协调。

国内自动电压控制系统研究相对起步较晚，但具备后发优势，研究和建设的起点较高。自 2000 年开始逐步开展，AVC 控制功能先后在湖南、安徽、福建、江苏、华北和江苏泰州等不同级别的电网得到应用，取得良好效果，并根据实践不断完善。

7.2 自动发电控制技术原理及应用

7.2.1 电力系统频率调整

1. 频率的一次调整

频率一次调整是针对第一种负荷变动分量，它是由发电机原动机和负荷本身的调节效应共同作用下完成的，因而响应速度最快。但由于调速器的有差调节特性，不能将频率偏差调到零，也就是说一次调整是有差调节，负荷变动幅度越大，频率偏差就越大，因此靠一次调整不能满足频率质量的要求。

设系统中仅有一台发电机组和一个综合负荷，它们的静态频率特性分别如图 7-1、图 7-2 所示，这些特性曲线都近似的以直线替代。

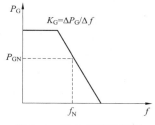

图 7-1 发电机静频特性

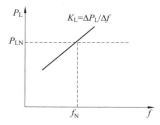

图 7-2 负荷静频特性

发电机组原动机的频率特性的斜率 K_G 称之为发电机的单位调节功率，它标志了随频率的升降发电机发出功率减少或增加的多寡，是可以整定的。综合负荷的静态频率特性也有一个斜率 K_L，称之为负荷的单位调节功率，它标志了随频率的升降负荷消耗功率减少或增加的多寡，是不可以整定的。

发电机组原动机的频率特性和负荷的频率特性的交点就是系统的原始运行点，如图 7-3 中的 O 点。设在点 O 运行时负荷突然增加 ΔP_{L0}，即负荷的频率特性突然向上移动 ΔP_{L0}，则由于负荷突增时机组出力不能及时随之变化，机组将减速，系统频率将下降。而在系统频率下降的同时，机组在调速器的一次调整作用下将增加出力，负荷的功率将因它本身的调节效应而减少。前者沿原动机的频率特性向上增加，后者沿负荷的频率特性向下减少，经过一个衰减的震荡过程抵达一个新的平衡点，即图 7-3 中的 O' 点，对应频率偏移 $\Delta f = f_0 - f_0'$。根据图 7-3 中的几何关系可以看出

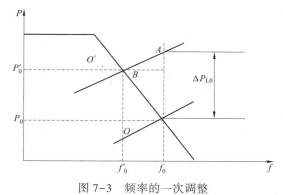

图 7-3 频率的一次调整

$$\Delta P_{L0} = BO + AB = (K_G + K_L)\Delta f = K_S * \Delta f \qquad (7-1)$$

K_S 称系统的单位调节功率，它取决于发电机的单位调节功率和负荷的单位调节功率。K_S 标志了系统负荷增加或减少时，在发电机和负荷的共同作用下系统频率上升或下降的多寡。

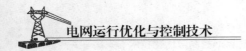

2. 频率的二次调整

二次调整是针对第二种负荷变动分量，这种调整需要通过自动或手动方式改变调频发电机的同步器（也称调频器）来实现。同步器位置的改变会平移调速系统的静特性，从而改变发电机出力，达到调频的目的。如果参加调频机组的容量足够大，就可以实现无差调节。二次调整除了对系统的备用容量有要求外，还要求调整速度能适应负荷的变化，调节过程要稳定。

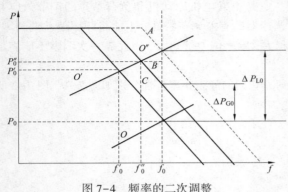

图 7-4 频率的二次调整

在图 7-3 中，如果不进行二次调整，则在负荷增加 ΔP_{L0} 后，频率将下降至 f_0'，功率增加为 P_0'。在一次调整的基础上进行二次调整，就是在频率 f_0' 超出允许范围时，操作调频器，增加发电机出力，使频率特性向上移动。

设发电机增发 ΔP_{G0}，则运行点又将从点 O' 转移到点 O''，如图 7-4 所示。点 O'' 对应的频率为 f_0''、功率为 P_0''，即二次调整后频率偏移 Δf 由一次调整时的 $\Delta f_0' = f_0 - f_0'$ 减少为 $\Delta f_0'' = f_0 - f_0''$，可以供应负荷的功率由一次调整时的 P_0' 增加为 P_0''。显然，由于进行了二次调整，系统频率质量有了改进。根据图 7-4 中的几何关系可以看出

$$\Delta P_{L0} = \Delta P_{G0} + BC + AB = \Delta P_{G0} + K_S * \Delta f \tag{7-2}$$

或
$$\Delta P_{L0} - \Delta P_{G0} = K_S * \Delta f \tag{7-3}$$

如果 $\Delta P_{L0} = \Delta P_{G0}$，即发电机如数增加了负荷功率的原始增量 ΔP_{L0}，则 $\Delta f = 0$，亦即实现了所谓的无差调节。无差调节如图 7-4 中虚线所示。

3. 频率的三次调整

三次调整是针对第三种负荷变动分量，它随时间调整机组出力执行发电计划，或每隔一段时间（如 5min）按经济调度原则重新分配出力。

如果能准确地预计系统短期负荷、合理地安排发电计划（包括机组启停），既保证了全系统的经济运行，又在事前就达到 AGC 控制的要求，避免 AGC 频繁调节机组。目前，尚有大量机组不能参加 AGC，如果这部分机组能严格按照计划运行，实际上也参加了发电控制，只是手动控制（MGC）而已。对于 AGC 可控机组来说，可以直接按在线经济调度的结果重新分配出力，达到经济运行的目的。

4. 联合电力系统的负荷频率控制

在联合电力系统中，随着系统总容量的扩大，瞬时频率偏差值将会减小，但区域间交换功率的串动将会增大。区域间联络线的输送容量一般不会建得很大，因而容易引起联络线过负荷。另一方面，联络线的交换功率一般是由上一级调度机构确定的，或者是由区域间协商而定，各区域按交易买卖电力。在联络线交换功率确定后，各区域内部发生的负荷变化应当由该区域自行承当，仅在紧急情况下由外部区域给予临时性支援。

为了讨论这个问题，将一个系统分成两个部分或看作是两个系统的联合，如图 7-5 所示。

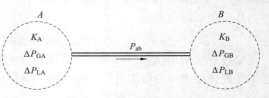

图 7-5 两个系统的联合

图中 K_A、K_B 分别为联合前 A、B 两系统的单位调节功率。设 A、B 两系统中都设有二次调整的电厂，它们的出力增量分别为 ΔP_{GA} 和 ΔP_{GB}，负荷增量分别为 ΔP_{LA} 和 ΔP_{LB}，联络线上的交换功率 P_{ab} 由 A 向 B 流动时为正值。

在联合前

A 系统：$\Delta P_{LA} - \Delta P_{GA} = K_A * \Delta f_A$

B 系统：$\Delta P_{LB} - \Delta P_{GB} = K_B * \Delta f_B$

在联合后

A 系统：$\Delta P_{LA} - \Delta P_{GA} + \Delta P_{ab} = K_A * \Delta f_A$

B 系统：$\Delta P_{LB} - \Delta P_{GB} - \Delta P_{ab} = K_B * \Delta f_B$

再考虑联合后两系统的频率应相等：$\Delta f_A = \Delta f_B = \Delta f$，则

$$\Delta f = [(\Delta P_{LA} - \Delta P_{GA}) + (\Delta P_{LB} - \Delta P_{GB})]/(K_A + K_B)$$

$$\Delta P_{ab} = [K_A(\Delta P_{LB} - \Delta P_{GB}) - K_B(\Delta P_{LA} - \Delta P_{GA})]/(K_A + K_B)$$

所以，联合电力系统的频率变化取决于总的功率缺额和总的单位调节功率。这理应如此，因为系统联合后本应看作是一个系统。

电力系统的负荷频率控制有如下三种主要控制方式，仍以图 7-5 所示系统为例进行分析，并假设 A 系统采用自动二次调频，B 系统仅由调速器进行一次调频。

（1）恒定频率控制 FFC（Flat Frequency Control）。这种控制方式最终维持的是系统频率恒定，即 $\Delta f = 0$，对联络线上的交换功率则不加控制。因此，这种方式一般适合于独立系统或联合系统的主系统。此时有：

频率增量　　　　　　　　　　　$\Delta f = 0$

交换功率增量　　　　　　　　　$\Delta P_{ab} = \Delta P_{LB}$

A 系统调频厂出力增量　　　　　$\Delta P_{GA} = \Delta P_{LA} + \Delta P_{LB}$

按频率调整的结果，$\Delta f = 0$，A、B 两系统中所有机组的调速器和负荷的调节效应都不起作用，总的负荷增量 $\Delta P_{LA} + \Delta P_{LB}$ 要如数由 A 系统中的调频厂补足，通过联络线流向 B 系统的自然应为该系统的负荷增量 ΔP_{LB}。

（2）恒定联络线交换功率控制 FTC（Flat Tie-line Control）。这种控制方式的控制目标是维持联络线交换功率的恒定，即 $\Delta P_{ab} = 0$，对系统的频率则不加控制。因此，这种方式一般适合于联合系统中的小容量系统。此时有：

频率增量　　　　　　　　　　　$\Delta f = \Delta P_{LB}/K_B$

交换功率增量　　　　　　　　　$\Delta P_{ab} = 0$

A 系统调频厂出力增量　　　　　$\Delta P_{GA} = \Delta P_{LA} - \Delta P_{LB} * K_A/K_B$

按交换功率调整的结果，$\Delta P_{ab} = 0$，B 系统的负荷增量 ΔP_{LB} 只能在该系统中寻求平衡，B 系统的频率变化从而联合系统的频率变化自然也只和 ΔP_{LB} 有关。

（3）联络线和频率偏差控制 TBC（Tie-line Load Frequency Bias Control）。这种控制方式的控制目标是维持各分区功率增量的就地平衡，即 $\Delta P_{GA} = \Delta P_{LA}$，或者表示为 $K_A * \Delta f + \Delta P_{ab} = 0$，既要控制频率又要控制交换功率。因此，这种方式是联合电力系统中的最常用的，尤其是当各系统容量相当时。此时有：

频率增量　　　　　　　　　　　$\Delta f = \Delta P_{LB}/(K_A + K_B)$

交换功率增量　　　　　　　　　$\Delta P_{ab} = \Delta P_{LB} * K_A/(K_A + K_B)$

A 系统调频厂出力增量　　　　　$\Delta P_{GA} = \Delta P_{LA}$

按频率和交换功率调整时，A 系统维持了该系统的负荷增量 ΔP_{LA} 的就地平衡，$\Delta P_{\mathrm{GA}} = \Delta P_{\mathrm{LA}}$，系统频率和交换功率的变化自然也只和 ΔP_{LB} 有关。

5. 联合电力系统控制策略的配合

联合电力系统中 AGC 控制的基本原则是在执行计划的交换功率的情况下，每个系统负责处理本系统所发生的负荷扰动，只有在紧急情况下给予相邻系统以临时性支援，并在动态过程中得到最佳的动态性能。

以下以两个系统组成的联合系统为例，讨论各种控制策略相配合的性能。假设正常的联络线交换功率由 A 输向 B。

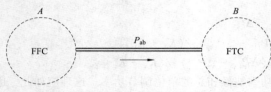

图 7-6　FFC—FTC 控制策略

（1）FFC—FTC，即 A 系统采用 FFC 控制策略，B 系统采用 FTC 控制策略，如图 7-6 所示。

当 A 系统负荷突然增加，系统频率按规律下降，同时向 B 系统减少输出功率。由于 B 系统采用的是 FTC 策略，它只反映联络线交换功率增量，当其发现交换功率较计划少时，它的控制策略促使其发电机减少出力，以求恢复交换功率为计划值。图解如下：

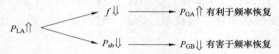

在联合系统以短缺功率的情况下，还使 B 系统减少出力，频率进一步下降，所以这不能算是一种好的策略配合。

（2）TBC—FTC，即 A 系统采用 TBC 控制策略，B 系统采用 FTC 控制策略，如图 7-7 所示。

当 B 系统增加负荷后，使得联合系统的频率下降，同时增加 A 向 B 的输出功率。对 B 系统来说，它感受到交换功率的增加，将促使其发电机增加出力，以恢复交换功率为计划

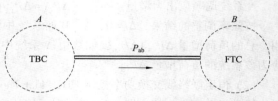

图 7-7　TBC—FTC 控制策略

值。而对 A 系统来说，它感受到频率的下降和交换功率的增加，在参数选得合适的情况下，它的区域控制偏差 ACE 将为零，因而不需作任何控制，这也是所希望的。图解如下：

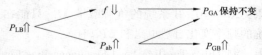

当 A 系统增加负荷后，同样使系统频率下降，同时减少 A 向 B 的输出功率。对 B 系统来说，它感受到交换功率的减少，将促使其发电机减少出力，以恢复交换功率为计划值，这一作用加重了全系统的缺电情况，是不希望出现的。而对 A 系统来说，它感受到频率的下降，同时又感受到交换功率的减少，它将迅速增加其发电出力，以恢复频率和交换功率的计划值，在参数选得合适的情况下，它的区域控制偏差 ACE 正好等于 A 系统的负荷增量。图解如下：

（3）FFC—TBC，即 A 系统采用 FFC 控制策略，
B 系统采用 TBC 控制策略，如图 7-8 所示。

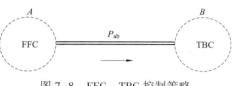

图 7-8 FFC—TBC 控制策略

当 B 系统增加负荷后，B 系统将感受到频率的
下降以及交换功率的增加，它迅速增加其发电机出
力以恢复正常运行值。A 系统感受到频率的下降，
它增加其发电机出力以恢复系统频率，在这同时增
加了交换功率。由此可见，A 系统的控制效果将加速系统频率的恢复，这是所希望的，而过度的
增加交换功率，直至 B 系统恢复正常运行以后，交换功率再恢复到正常值，增加了交换功率的
串动，这又是不希望的。图解如下：

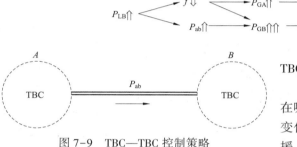

图 7-9 TBC—TBC 控制策略

（4）TBC—TBC，即 A、B 两系统均采用
TBC 控制策略，如图 7-9 所示。

在适当的参数配合下，无论负荷变化发生
在哪个系统，都由该系统负责调整全部的负荷
变化，外部系统仅在一次调频中给予临时性支
援。但在紧急情况下，尤其是本系统缺乏足够
的调节能力时，外部系统应该临时改变控制模
式或改变功率交换计划值，以帮助系统尽快恢复频率。

6. 区域控制偏差（Area Control Error，ACE）

电力系统的控制区是以区域的负荷与发电来进行平衡的。对一个孤立的控制区，当其发电
能力小于其负荷需求时，系统的频率就会下降。反之，系统的频率就会上升。

当电力系统由多个控制区互联组成时，系统的频率是一致的。因此，当某一控制区内的发电
与负荷产生不平衡时，其他控制区通过联络线上功率的变化对其进行支援，从而使得整个系统
的频率保持一致。

联络线的交换功率一般由系统控制区之间根据相互签订的电力电量合同协商而定，或由互
联电力系统调度机构确定。在联络线的交换功率确定之后，各控制区内部发生的计划外负荷，原
则上应由本系统自己解决。从系统运行的角度出发，各控制区均应保持与相邻的控制区间的交
换功率和频率的稳定。换句话说，在稳态情况下，对各控制区而言，应确保其联络线交换功率值
与交换功率计划值一致，系统频率与目标值一致，以满足电力系统安全、优质运行的需要。

区域控制偏差（ACE）是根据电力系统当前的负荷、发电功率和频率等因素形成的偏差值，
它反映了区域内的发电与负荷的平衡情况，由联络线交换功率与计划的偏差和系统频率与目标
频率偏差两部分组成，有时也包括时差和无意交换电量。

ACE 的计算公式如下

$$\mathrm{ACE} = \left[\sum P_{\mathrm{ti}} - \left(\sum I_{\mathrm{Oj}} - \Delta I_{\mathrm{Oj}} \right) \right] + 10B \left[f - (f_0 + \Delta f_{\mathrm{t}}) \right] \tag{7-4}$$

式中 $\sum P_{\mathrm{ti}}$——控制区所有联络线交换功率的实际量测值之和；

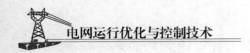

$\sum I_{\mathrm{oj}}$——控制区与外区的功率交易计划之和；

B——控制区的频率响应系数（MW/0.1Hz）；

f——系统频率的实际值；

f_0——系统频率的额定值；

ΔI_{o}——偿还无意交换电量而设置的交换功率偏移；

Δf_{t}——校正时差而设置的频率偏移。

AGC 的控制目的就是尽量维持 ACE 到零，当然为了避免频繁调节，ACE 有一定的调节死区，根据电网的规模大小 ACE 死区有不同的要求。

（1）定频率控制。定频率控制模式控制频率为额定值，一般用于单独运行的电力系统或互联电力系统的主系统中。

定频率控制的区域控制偏差（ACE）只包括频率分量，其计算公式如下

$$\mathrm{ACE} = -10B[f-(f_0+\Delta f_{\mathrm{t}})] \tag{7-5}$$

式中　B——系统控制区的频率响应系数（MW/0.1Hz）；

f——系统频率的实际值；

f_0——系统频率的额定值；

Δf_{t}——校正时差而设置的频率偏移。

AGC 的调节作用是当系统发生负荷扰动时，根据系统频率出现的偏差调节 AGC 机组的有功功率，将因频率偏差引起的 ACE 控制到规定的范围之内，从而使频率偏差亦控制到零。

（2）定交换功率控制。该模式通过控制机组有功功率来保持区域联络线净交换功率偏差到零。这种控制方式只适合于互联电力系统中小容量的电力系统，对于整个互联电力系统来说，必须有另一个控制区采用 FFC 模式来维持互联系统的频率恒定，否则互联电力系统不能进行稳定的并联运行。

定交换功率控制的区域控制偏差（ACE）只包括联络线净交换功率分量，其计算公式表示如下

$$\mathrm{ACE} = [\sum P_{\mathrm{ti}} - (\sum I_{\mathrm{oj}} - \Delta I_{\mathrm{oj}})] \tag{7-6}$$

式中　$\sum P_{\mathrm{ti}}$——控制区所有联络线的实际量测值之和；

$\sum I_{\mathrm{oj}}$——控制区与外区的交易计划之和；

ΔI_{oj}——偿还无意交换电量而设置的交换功率偏移。

AGC 的调节作用是当系统发生负荷扰动时，将因联络线净交换功率分量偏差所引起的 ACE 控制到规定的范围之内。

（3）联络线功率频率偏差控制。在联络线功率及频率偏差控制模式中，需要同时检测 ΔP_{t} 和 Δf，同时判别负荷的扰动变化是在哪个系统发生，这种控制模式首先要响应本系统的负荷变化。系统根据区域控制偏差（ACE）来调节调频机组的有功功率。区域控制偏差（ACE）的计算公式如下

$$\mathrm{ACE} = [\sum P_{\mathrm{ti}} - (\sum I_{\mathrm{oj}} - \Delta I_{\mathrm{oj}})] - 10B[f-(f_0+\Delta f_{\mathrm{t}})] = \Delta P_{\mathrm{t}} - 10B\Delta f \tag{7-7}$$

式中　$\sum P_{\mathrm{t}}$——控制区所有联络线的实际量测值之和；

$\sum I_{\mathrm{oj}}$——控制区与外区的交易计划之和；

B——控制区的频率响应系数（MW/0.1Hz）；

f——系统频率的实际值；

f_0——系统频率的额定值；

ΔI_{oj}——控制区偿还无意交换电量而设置的交换功率偏移;

Δf_{t}——校正时差而设置的系统频率偏移。

当某一系统负荷与发电出力不能就地平衡时,系统频率和联络线功率均会产生一定的偏移。

这也说明,在互联电力系统中,采用 TBC 控制模式,不管哪个控制区发生负荷功率不平衡,都会使系统的频率和联络线交换功率产生一定的偏移。

由于控制区的频率响应系数与系统的运行状态有关。而机组的调差系数也并非一条直线,因此对频率偏差系数的整定往往比较困难。如果频率偏差系数不能整定为系统频率响应系数,调频机组对本系统的负荷变化响应将会发生过调或欠调现象。

联络线功率及频率偏差控制模式一般用于互联电力系统中。当系统发生负荷扰动时,通过调节机组的有功功率,最终可以将因联络线功率、频率偏差造成的 ACE 控制到规定范围之内。

由于发电机组一次调节实行的是频率的有差调节,因此,早期的频率二次调节,是通过控制发电机组调速系统的同步电机,改变发电机组的调差特性曲线的位置,实现频率的无差调整。但此时并未实现对火力发电机组的燃烧系统的控制,为使原动机的功率与负荷功率保持平衡,需要调整原动机功率的基准值,达到改变原动机功率的目的。

电力系统频率二次调节的作用在于:

1)由于系统频率二次调节的响应时间较慢,因而不能调整那些快速变化的负荷随机波动,但它能有效地调整分钟级和更长周期的负荷波动。

2)频率二次调节的作用可以实现电力系统频率的无差调整。

3)由于响应时间的不同,频率二次调节不能代替频率一次调节的作用;而频率二次调节的作用开始发挥的时间,与频率一次调节作用开始逐步失去的时间基本相当,因此,两者若在时间上配合好,对系统发生较大扰动时快速恢复系统频率相当重要。

4)频率二次调节带来的使发电机组偏离经济运行点的问题,需要由频率的三次调节(经济调度)来解决。同时,集中的计算机控制也为频率的三次调节提供了有效的闭环控制手段。

在互联电力系统中,各区域承担各自的负荷,与外区域按合同买卖电力。各区域调控中心既要维持电力系统频率还要维持区域间净交换功率交换值,并希望区域运行最经济。即达到以下目标:

1)响应负荷和发电的随机变化,维持电力系统频率为规定值。

2)在各区域间分配系统发电功率,维持区域间净交换功率为计划值。

3)对周期性的负荷变化按发电计划调整出力,对偏离预计的负荷,实现在线经济负荷分配。

在现代化的电力系统中,各控制区常采用集中的计算机控制,这就形成了电力系统的自动发电控制(AGC)。

7.2.2 AGC 系统的构成

AGC 系统由主站控制系统、信息传输系统和电厂控制系统等组成,其总体结构方框图如图 7-10 所示。由图 7-10 可见,电力系统调度机构主站控制系统发出的指令由通信服务器,经通信网络送至电厂控制系统或机组控制器,对发电机组功率进行控制。与此同时,电厂和发电机组的有关信息由电厂的网络通信工作站或 RTU,经通信网上传至主站控制系统,供后者分析和计算之用。与系统有功功率分配有关的联络线功率等信息亦经变电站自动化系统或 RTU 上传至主站控制系统。

AGC 功能结构如图 7-11 所示。

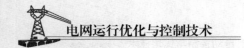
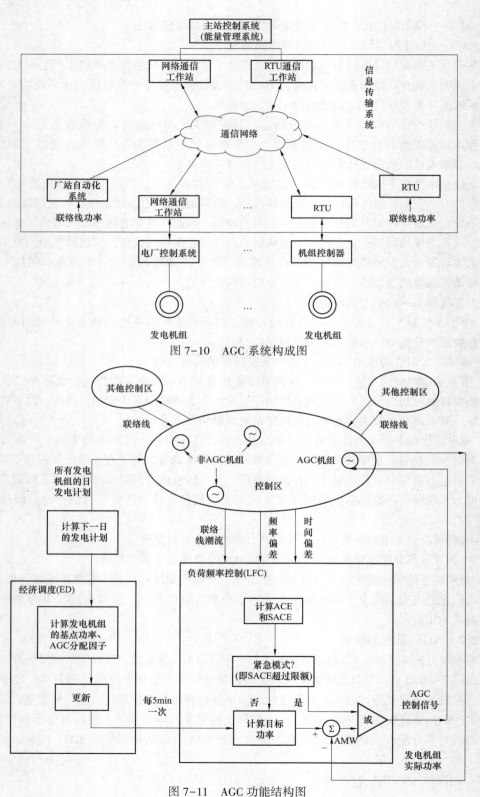

图 7-10   AGC 系统构成图

图 7-11   AGC 功能结构图

互联电力系统可以划分成若干个控制区，控制区之间通过联络线互联，各个控制区具有各自的自动发电控制系统。

在控制区内，发电机组分为 AGC 机组和非 AGC 机组两类。非 AGC 机组接受电网调控中心的发电计划，由当地的控制系统或人工调整机组的发电出力；AGC 机组则接受电网调控中心实时更新的 AGC 指令，自动调整机组的发电出力。

控制区的电网调控中心根据系统的负荷预计、联络线交换计划和机组的可用出力安排次日所有发电机组的发电计划，并下达到各电厂。在实际运行中，电网调控中心的经济调度（ED）软件或日内滚动计划修正模块根据超短期的负荷预计以及发电机组的运行工况，按照等微增成本或购电费用最低等原则，对可控机组进行经济负荷分配，计算出发电机组下一时段机组的实时计划和 AGC 分配因子，并传送给负荷频率控制软件。

电网调控中心的负荷频率控制软件采集电网的频率、联络线潮流、系统时钟差，计算控制区的区域控制偏差（ACE），经过滤波后，得到平滑的 ACE（SACE）。然后根据发电机组的实际功率、机组的基点功率、AGC 分配因子以及机组的分类，计算出各机组的 AGC 调节功率值，发送给 AGC 机组。

实际运行中 ACE 值可以根据公式计算获得，也可以从作为遥测数据从上级调度获取。这两个 ACE 的值互为后备，优先权可以由用户自行定义，具备手动切换功能。当前 ACE 值失灵时，可以自动切换成另一个 ACE 值，并告警。例如，指定使用网调下发的 ACE，但其数值在给定的时间（如 1min）没任何变化，则切换到计算 ACE，变化时再切回。如果上述两种途径都无法获得有效的 ACE，AGC 将转入暂停状态；如果在规定的暂停时间内，得到有效的 ACE，将恢复到正常运行状态。

当电力系统发生严重故障时，可根据需要人工暂停 AGC 控制，以便进行故障处理。负荷频率控制程序监测系统频率和 SACE，当系统频率或 SACE 发生大幅度变化时，程序进入紧急状态，应该暂停发送 AGC 控制指令，防止因量测数据异常或电网事故情况下 AGC 误控。

1. AGC 主站功能

AGC 主要实现下列目标：维持系统频率与额定值的偏差在允许的范围内；维持联络线净交换功率与计划值的偏差在允许的范围内；实现控制性能监视、机组性能监视和备用监视等功能。主要包括以下模块：

（1）实时数据处理。实时数据处理任务在每个 AGC 数据采集周期内被调用、接收和处理实时遥测和遥信数据，包括系统频率、联络线交换功率、时差、上级调度下发的 ACE、机组有功出力、机组调节上下限、机组 AGC 受控状态、机组升（降）出力闭锁信号等。所有量测除主测点外，还从不同量测点获得一个或多个后备量测。一旦主测点无效时，程序应自动选用后备量测。

当发现下列情况之一时，自动作为无效测点处理。

1）电网稳态监控模块带有不良质量标志。

2）量测值超出指定的合理范围。

3）量测值在指定的时间内不发生任何变化。

4）调度员指定的量测不能使用。

当发现下列情况之一时，自动作为无效量测处理。

1）所有主备测点都是无效测点。

2）存在多个有效测点，但它们之间的偏差太大。

如果无效量测导致 ACE 无效，区域 AGC 自动进入暂停；如果机组的重要量测无效，机组 AGC 自动进入暂停。

提供对重要量测数据的滤波处理功能，能有效过滤由于噪声和其他随机波动引起的高频随机分量。

（2）区域控制功能。

1）AGC 运行状态。

a）在线状态：AGC 所有功能都投入正常运行，进行闭环控制。调度员可以手动切换到离线状态。

b）离线状态：AGC 不对机组下发控制命令，但数据处理、ACE 计算、性能监视等功能均正常运行。调度人员可以手动切换到在线状态。

c）暂停状态：由于某些量测数据异常导致 ACE 错误时，应自动设置为暂停状态。在给定的时间内，一旦测量数据恢复正常，自动返回在线状态，否则自动转至离线状态。

2）AGC 执行周期。

a）AGC 数据采集周期：由运行人员设定，AGC 按此周期更新实时数据、计算 ACE、执行性能监视等。

b）AGC 控制命令周期：由运行人员设定，应为数据采集周期的整数倍。AGC 按此周期计算区域总调节功率和各受控机组的目标出力，但是否下发控制命令还取决于 AGC 机组命令周期。

c）AGC 机组命令周期：该周期是可变的，它由机组的实发控制命令和响应速率共同决定，AGC 按此周期在必要时给机组下发控制命令。

3）AGC 控制模式和 ACE 计算。有如下三种 AGC 控制模式：

a）恒定频率控制（FFC），AGC 的控制目标是维持系统频率恒定。此时，ACE 计算公式中仅包含频率分量。

b）恒定联络线交换功率控制（FTC），AGC 的控制目标是维持联络线交换功率的恒定。此时，ACE 计算公式中仅包含联络线交换功率分量。

c）联络线和频率偏差控制（TBC），AGC 同时控制系统频率和联络线交换功率。此时，ACE 计算公式中同时包含频率分量和联络线交换功率分量。在适当的频率偏差系数取值下，ACE 能正确反映本区域内的有功不平衡功率。

4）时差校正和电量偿还。AGC 在控制过程中，应及时纠正系统频率偏差产生的时钟误差和净交换功率偏离计划值时所产生的无意交换电量，时差校正和电量偿还应支持人工或自动两种启动方式。

5）区域调节功率。在计算区域调节功率时，应综合考虑如下因素：

a）ACE。

b）时差校正启动时对应的校正分量。

c）电量偿还启动时对应的校正分量。

d）超短期负荷预测得到的修正分量。

e）与 AGC 性能评价标准相关的修正分量，如 CPS 标准下的频率支援分量，为满足 A2 指标和 CPS2 指标而引入的修正分量等。

根据区域调节功率的大小和给定的门槛值，将 AGC 控制区划分为：①死区（DEADBAND）；②正常调节区（NORMAL）；③次紧急调节区（ASSISTANT EMERGENCY），也称紧急辅助调节区；④紧急调节区（EMERGENCY），如图 7-12 所示。

在 A1/A2 控制标准中，ACE 是 AGC 控制的唯一目标，因而可直接按 ACE 绝对值的大小来划分 AGC 控制区域。CPS 控制策略要考虑 ACE 和频率偏差 ΔF 两个因素，而这两个因素都体现在区域总调节功率 P_R 中，应按 P_R 绝对值的大小来划分 AGC 控制区域。其门槛值分别用 P_D、P_A、P_E 表示，如图 7-12 所示。除 P_R 在死区外，均下发控制命令，控制目标是 P_R 为零。

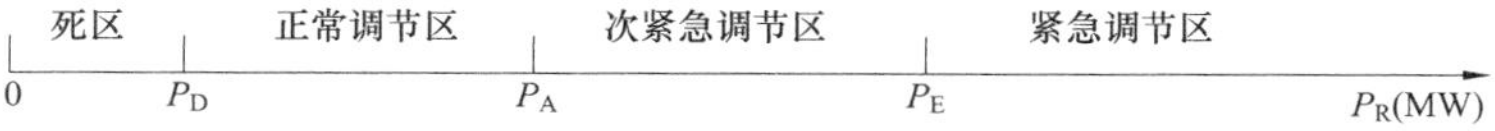

图 7-12　AGC 控制区域划分

划分控制区域有如下几个目的：

a）在不同的控制区域将有不同的机组承担调节功率分量。

b）在不同的控制区域将有不同的 AGC 控制策略。

AGC 采用一阶低通滤波来过滤 ACE 的高频随机分量。但滤波只能减少 ACE 高频噪声的影响，不能消除。因此，引入调节功率动态死区的概念。

门槛值 P_D 称为调节功率静态死区，用于控制的调节功率死区是动态变化的。通常情况下，调节功率围绕静态死区 P_D 的波动是经常发生的，造成 AGC 频繁下发一些不必要的控制命令。引入调节功率动态死区后，只有当调节功率 P_R 的绝对值大于动态死区时，才下发 AGC 控制命令。动态死区的变化规律是：

当调节功率处于静态死区时，动态死区位于紧急调节区下限门槛 P_E。

当调节功率越过静态死区，动态死区以给定的时间常数 T（一般 7~16s）向静态死区门槛 P_D 变化，最终停留在 P_D 上。合适时间常数 T 的取值是非常重要的，它表示了当 P_R 突然增加时，多少时间后，动态死区从 P_E 降到 P_D。

一旦调节功率回到静态死区，不管动态死区位于何处，都立即回到 P_E。

6）多控制区模型。AGC 主站还支持如下两种多控制区域模型：

a）支持建立包括本控制区域在内的多控制区域模型，以便对外部控制区域进行监视，必要时可以直接接管其控制权。

b）支持在本控制区域内部建立多个子控制区域，不同的子控制区域可以有不同的控制目标和控制模式，提供子控制区域和控制目标的定义功能。

（3）机组控制功能。

1）AGC 控制对象。AGC 的控制对象是电厂控制器 PLC，AGC 下发控制命令给 PLC，由 PLC 调节机组的有功出力。一个 PLC 可以由一个或多个机组构成，以方便实现单机控制、全厂控制和多个电厂的集中控制。

2）机组的控制模式。机组的控制模式包括手动控制模式和自动控制模式。

手动控制模式包括：

a）机组离线：机组停运，该模式由程序自动设置。

b）当地控制：机组由电厂执行当地控制，不参加 AGC 调节。

c）蓄水工况：抽水蓄能机组在蓄水状态，该模式由程序自动设置。

d）负荷爬坡：向机组下发给定的目标出力，不承担调节功率。

e）响应测试：机组在 AGC 控制下执行预定的机组响应测试功能。

f）跟踪等待：机组在当地控制下可以设置该模式。在该模式下，机组目标出力自动跟踪实际出力；一旦机组投入远方控制，自动切换为预置的自动控制模式。

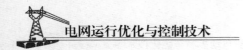

机组的自动控制模式由基本功率模式和调节功率模式组合而成。

a）基本功率模式。基本功率模式应包括：

- 实时功率：机组的基本功率取当前的实际出力。
- 计划控制：机组的基本功率由电厂或机组的发电计划确定。
- 人工基荷：机组的基本功率为当时的给定值。
- 实时调度：机组的基本功率由实时调度模块提供。
- 等调节比例：将该类机组的总实际出力按相同的上（下）可调容量比例进行分配，得到各机组的基本功率。
- 负荷预测：机组的基本功率由超短期负荷预报确定，这类机组承担由超短期负荷预报预计的全部或部分负荷增量。
- 断面跟踪：机组的基本功率由断面的传输功率确定，用来控制特定断面的传输功率。
- 遥测基点：机组的基本功率是指定的实时数据库中某一遥测量、计算量或其他程序的输出结果。

b）调节功率模式。调节功率模式应包括：

- 不调节：任何时候都不承担调节功率。
- 正常调节：任何需要的时候都承担调节功率。
- 次紧急调节：在次紧急区或紧急区时才承担调节功率。
- 紧急调节：在紧急区时才承担调节功率。

c）控制模式转换。处于自动控制模式下的机组，当出现下列异常状况时，应暂停或终止机组 AGC 控制：

- 当机组出力量测无效时，应自动设置为暂停状态。在给定的时间内，一旦测量恢复，应自动返回原来的自动控制模式，否则自动转至当地控制。
- 当安全自动装置动作切除机组后，同一电厂的其他机组应自动转至当地控制。

3）机组的目标出力。AGC 机组目标出力的计算方式如下：

a）AGC 机组的目标出力是基本功率与调节功率之和（不参与调节的机组，调节功率为零）。

b）机组的基本功率由机组的基本功率模式确定。在紧急调节区时，如果机组从当前的实际出力向基本功率调节时，其方向与区域调节功率的方向相反，直接取基本功率为当前的实际出力。

c）参与调节的机组由机组的调节功率模式和 AGC 控制区（死区、正常区、次紧急区和紧急区）共同确定。

4）控制命令的校核。AGC 在发出控制命令之前，要进行一系列校验，以保证机组运行的安全性：

- 机组反向延时校验。
- 控制命令死区校验。
- 机组不跟踪校验。
- 最大调节增量校验。
- 机组调节限值校验。
- 调节功率允许校验（AGC 在次紧急区时，不允许反区域调节功率的方向调节）。
- 机组跨越振动区校验。
- 增（减）出力闭锁校验（包括人工设置闭锁、远方闭锁信号）。

● 稳定断面重载或越限校验（根据稳定断面传输功率相对于机组出力的灵敏度信息，限制某些机组出力的上或下调节方向）。

5）控制命令下发。AGC下发机组的目标出力命令方式有两种：

● 设定值方式。

● 升/降脉冲方式（脉冲宽度或脉冲个数）。

但由于脉冲方式存在脉冲丢失或累加出错等问题，逐步退出使用。

（4）AGC性能监视。AGC性能监视主要包括区域控制性能指标、机组性能指标、备用容量指标。

1）区域控制性能指标。AGC控制性能评价标准包括A1/A2和CPS1/CPS2，均为北美电力系统可靠性协会（NERC）推行的标准。一般来说，CPS1/CPS2标准对于保证电网的频率质量更为有利，并有利于在事故状态下区域之间功率的相互支援。

a）A1/A2标准。NERC早在1973年就正式采用A1/A2标准来评价电网正常情况下的控制性能，其内容为：

A1：控制区域的ACE在10min内必须至少过零一次。

A2：控制区域的ACE在10min内的平均值必须控制在规定的范围L_d内。

NERC要求各控制区域达到A1/A2标准的控制合格率在90%以上。这样通过执行A1/A2标准，使各控制区域的ACE始终接近于零，从而保证用电负荷与发电、计划交换和实际交换之间的平衡。

20世纪90年代国内各大电网的AGC指标考核一直按照A1、A2的规定进行。但是，A1/A2标准也有如下缺陷：

● 控制ACE的主要目的是为保证电网频率的质量，但在A1/A2标准中，却未体现出对频率质量的要求。

● A1标准要求ACE应经常过零，从而在一些情况下增加了发电机组无谓的调节。

● 由于要求各控制区域严格按L_d来控制ACE的10min平均值，因而在某控制区域发生事故时，与之互联的控制区域在未修改联络线交换功率时，难以做出较大的支援。

基于上述原因，北美于1983年就开始研究改进控制性能评价标准。经过多年的探索，终于在1996年推出了CPS1/CPS2标准。

b）CPS1/CPS2标准。NERC于1996年推出了CPS1/CPS2控制性能评价标准，这些标准已于1998年开始正式实施，取代了原来的A1/A2标准。其内容如下：

CPS1要求 $$AVG_{period}\left[ACE_{AVE-min} \times \Delta F_{AVE-min}/(10B_i)\right] \leq \varepsilon_1^2 \tag{7-8}$$

式中：$AVG_{period}[\ ]$表示对括号中的值求平均值；$ACE_{AVE-min}$为1min ACE的平均值，单位MW，要求每2s采样一次，然后30个值取平均；$\Delta F_{AVE-min}$表示1min频率偏差的平均值，单位Hz，要求1s采样一次，然后60个值取平均；B_i表示控制区域的偏差系数，单位MW/0.1Hz，取正号；ε_1表示互联电网对全年1min频率平均偏差的均方根的控制目标值，这是一个全网统一的量，单位为Hz，如0.03Hz。

$ACE_{AVE-min} \times \Delta F_{AVE-min}$的物理意义是：当该值为负时，表示控制区域在这1min过程中低频超送（少受），或高频少送（超受）；当该值为正时，表示该控制区域在这1min过程中低频少送（超受），或高频超送（少受）。

对于某一段时间（如1min，10min，1h，一个月，一年）的CPS1指标的统计公式

$$K_{CPS1} = (2 - K_{CF}) \times 100\% \tag{7-9}$$

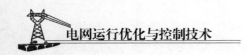

电网运行优化与控制技术

$$K_{CF} = \sum [ACE_{AVE-min} \times \Delta F_{AVE-min}/(10B_i)]/n/\varepsilon_1^2$$
$$= \sum [ACE_{AVE-min} \times \Delta F_{AVE-min}]/n/(10B_i \times \varepsilon_1^2) \tag{7-10}$$

式中：n 为分钟数。

该上述统计公式中，有 $K_{CPS1} = 100\%$ 和 $K_{CPS1} = 200\%$ 两个关键点：

- 当 $K_{CPS1} \geqslant 200\%$，即 $K_{CF} \leqslant 0$ 时，则必然有

$$\sum [ACE_{AVE-min} \times \Delta F_{AVE-min}] \leqslant 0 \tag{7-11}$$

这说明在该段时间内，ACE 对互联电网的频率质量有帮助。

- 当 $100\% \leqslant K_{CPS1} < 200\%$，即 $0 < K_{CF} \leqslant 1$ 时，则有

$\sum [ACE_{AVE-min} \times \Delta F_{AVE-min}] \geqslant 0$ 但

$$\sum [ACE_{AVE-min} \times \Delta F_{AVE-min}]/n/(10B_i) \leqslant \varepsilon_1^2 \tag{7-12}$$

这说明 ACE 对电网频率质量有不利影响，但未超过允许的程度。

- 当 $K_{CPS1} < 100\%$ 时，即 $K_{CF} > 1$ 时，则有

$\sum [ACE_{AVE-min} \times \Delta F_{AVE-min}] \geqslant 0$，且

$$\sum [ACE_{AVE-min} \times \Delta F_{AVE-min}]/n/(10B_i) > \varepsilon_1^2 \tag{7-13}$$

这说明 ACE 对电网频率质量有不利影响，并超过了所允许的范围。

值得指出的是，在 100% 和 200% 这两个关键点中，100% 这个关键点是相对的，它与 ε_1 及 B_i 的取值有关，即与电网频率质量的要求及控制区域在电网中承担的频率调节责任大小有关；而 200% 这个关键点则是绝对的，它是区分 ACE 对电网频率是有帮助还是有影响的"分水岭"。

与 A2 相似，要求 ACE 每 10min 的平均值必须控制在规定的范围 L_{10} 内，然而 L_{10} 的取值方法与 L_d 不同。

$$L_{10} = 1.65\varepsilon_{10} \times sqrt[(10B_i) \times (10B_网)] \tag{7-14}$$

式中：B_i 为控制区域 i 的频率偏差系数；$B_网$ 为整个互联电网的频率偏差系数；ε_{10} 是互联电网对全年 10min 频率平均偏差的均方根值的控制目标值。

式中系数 1.65 的来由是：NERC 认为控制区域 ACE 10min 平均值是符合正态分布的。为了满足频率质量的控制要求，控制区域的 ACE 10min 平均值应满足 $\sigma = \varepsilon_{10} \times sqrt[(10B_i) \times (10B_网)]$ 的正态分布。NERC 对 CPS2 合格率的要求达到 90% 以上，根据正态分布的特点，分布在 $(-1.65\sigma, +1.65\sigma)$ 范围内的事件概率为 90%，由此以 1.65 为系数。

c) CPS 标准的优越性。CPS1/CPS2 标准克服了 A1/A2 标准的缺陷：

- A1/A2 标准未直接涉及电网频率控制的目标，而 CPS1 和 CPS2 标准中对频率的控制目标都有明确的规定。
- CPS 标准不要求 ACE 在规定时间内过零，这样可以减少一些不必要的调节，改善机组的运行条件。
- CPS 标准对各控制区域对电网频率质量的"贡献"评价十分明确，特别有利于某一控制区域内发生事故时，其他控制区域对其进行支援，充分发挥大电网的优越性。

根据以上分析，CPS 考核标准优于 A1、A2 考核标准，NERC 已不再推荐 A1、A2 标准，且国内华东电网也已采用 CPS 标准对电网频率进行考核，取得良好的效果。

d) 扰动情况下 AGC 的性能准则。如果在连续两个 AGC 周期中，区域控制偏差 ACE 大于规定的最大限值 $L_m = 3 * L_d$，称为扰动负荷发生，在此情况下 AGC 的性能标准：

- 标准 B1：区域控制偏差 ACE 在扰动负荷发生后 10min 内必须回到零。

● 标准 B2：区域控制偏差 ACE 在扰动负荷发生后 1min 内，必须向绝对值减小的方向变化。在系统发生扰动负荷情况下，对于标准 A1 不作统计。

e）CPS 考核原则。从 CPS1/CPS2 的计算公式及物理意义可知，CPS 标准明确规定了对频率的控制目标，客观地评价各控制区域对频率质量的功过，促进各省网之间的事故支援。因此，要提高电网频率合格率，有必要对各省网实行严格的 CPS 考核。

当 $K_{CPS1} \geqslant 200\%$，这说明在该段时间内，该省网的控制行为对电网的频率质量有帮助。为了鼓励各省网之间的相互支援，不要求满足 CPS2 标准。

当 $100\% \leqslant K_{CPS1} < 200\%$，这说明在该段时间内，该省网的控制行为对电网的频率有不利影响，但影响程度未超过允许的范围。此时，需同时满足 CPS2 标准。如不能满足，则需将 ACE 10min 平均值偏离 CPS2 标准的部分（大于 L_{10} 的部分），与 ACE 对电网频率影响的部分（CPS1 偏离 200% 的部分，即 2-CPS1）结合起来进行评价。

当 $K_{CPS1} < 100\%$ 时，这说明在该段时间内，该省网的控制行为对电网的频率有非常不利的影响。此时，需结合 CPS2 标准作评价：将 ACE10min 平均值偏离 CPS2 标准的部分（大于 L_{10} 的部分），与 ACE 对电网频率影响的部分（CPS1 偏离 200% 的部分，即 2-CPS1）结合起来进行评价；将 ACE10min 平均值满足 CPS2 标准的部分（小于 L_{10} 的部分），与 ACE 对电网频率的影响超过允许范围的部分（CPS1 偏离 100% 的部分，即 1-CPS1）结合起来进行评价。

2）机组性能指标。根据电网对 AGC 机组的要求，AGC 机组的性能指标可分解成 3 个要素：调节容量、调节速率和调节精度。

所谓调节容量，就是指正常情况下 AGC 机组受控期间所能达到的最大负荷和最小负荷的差值。调节容量是决定 AGC 机组系统效能的重要方面，显然调节容量大的机组对系统贡献大，反之则少。

显然 AGC 机组仅仅具备一定的调节容量还不够，还必须具备一定的升降速度配合才能满足电网运行要求。调节速度是指机组响应负荷指令的速率，它包括上升速度和下降速度。在实际运行中，由于各种因素的影响，机组调节速率往往和设定值有差异，有时差别还是很大，故需要对机组实际调节速率进行实时测定和考核。

以往的 AGC 机组调节速率一般是通过机组响应测试获得。具体的做法是向机组发预先定义的控制信号测试机组的响应，程序自动记录测试开始和结束时间、被测机组的前后出力，测试结束后求得机组的实际响应速率。

为了在 AGC 机组运行期间实时地计算调节速率及精度，将 AGC 机组命令跟踪曲线简化如图 7-13 所示。

图 7-13 中，T_1 时刻 AGC 下发上升控制命令，控制目标为 P_2，此时机组实际出力为 P_1，之前停留在稳定运行区域；T_2 时刻达到目标出力控制死区下限，结束上升过程；在没有新的命令发出之前，机组出力在死区内微小波动；T_3 时刻 AGC 发出新的控制命令，这是一个下降控制命令，控制目标为 P_3，机组开始向下调节，直至 T_4 时刻进入新的控制死区，最终稳定在新的目标出力附近。

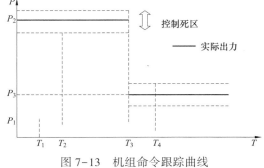

图 7-13 机组命令跟踪曲线

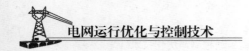

针对上述 AGC 机组运行过程中的三个区域：机组升负荷过程（$T_1 \sim T_2$ 时刻）、机组降负荷过程（$T_3 \sim T_4$ 时刻）和稳定运行过程（$T_2 \sim T_3$ 时刻），我们可以分别建立实时计算上升、下降速率以及调节精度的数学模型。

调节速率反映的是机组出力响应命令的快慢，在机组从投入 AGC 控制直至退出的一段时间内，可能包含了多个出力上升或下降阶段。这段时间内的调节速率为

$$V_i = \frac{\sum_{j \in D_v} (P_{je,\,i} - P_{js,\,i}) + [P_{k,\,i}(t) - P_{ks,\,i}]}{\sum_{j \in D_v} (T_{je,\,i} - T_{js,\,i}) + (t - T_{ks,\,i})} \tag{7-15}$$

式中：V_i 为第 i 台机组的上升（下降）调节速率；D_v 表示机组本次投运中已经结束的升（降）负荷过程；$T_{js,\,i}$、$T_{je,\,i}$ 表示 D_v 中第 j 个时段的起始、终止时刻；$P_{js,\,i}$、$P_{je,\,i}$ 分别为对应时刻机组的实际出力；$P_{k,\,i}(t)$ 为当前时刻 t 的实际出力，机组处在第 k 个升（降）负荷过程；$T_{ks,\,i}$、$P_{ks,\,i}$ 为时段 k 的开始时刻及对应的实际出力。

实时计算可以结合机组的控制周期进行，这样上式又可表述为如下的递推公式

$$V_i(k+1) = [V_i(k) * T_i(k) + \Delta P_i]/T_i(k+1)$$
$$T_i(k+1) = T_i(k) + \Delta T \tag{7-16}$$

式中：机组在第 k 个 AGC 控制周期正处于升（降）负荷过程；$V_i(k)$ 和 $T_i(k)$ 分别为第 i 台机组该时刻的上升（下降）调节速率（MW/min）和升（降）负荷的累积时间（min）；ΔT 为 AGC 的控制周期，如 4s，计算时需要换算到分钟；ΔP_i 为当前控制周期内机组实际出力的变化值，MW。

调节精度是指机组最后稳定负荷和目标值之间的差值。实际上机组稳定后负荷往往和负荷指令之间总是存在差异，这种差异会对系统带来负作用，故也要对机组调节精度进行测试和考核。

机组从受控直至退出的过程可能包含多个稳定运行时段，将这些时段中实际和目标出力的差值取绝对值后积分累加，再除以过程消耗的时间，即可求得这段时间内的调节精度

$$q_i = \frac{\sum_{j \in D_q} \left(\int_{T_{js,\,i}}^{T_{je,\,i}} |P_{j,\,i}(u) - F_{j,\,i}| \, du \right) + \int_{T_{ks,\,i}}^{t} |P_{k,\,i}(u) - F_{k,\,i}| \, du}{\sum_{j \in D_q} (T_{je,\,i} - T_{js,\,i}) + (t - T_{ks,\,i})} \tag{7-17}$$

式中：q_i 为第 i 台机组的调节精度；D_q 为机组本次投运中已经历的稳定运行过程；$T_{js,\,i}$、$T_{je,\,i}$ 分别为 D_q 中第 j 个时段的起始，终止时刻；$P_{j,\,i}$、$F_{j,\,i}$ 为 D_q 中第 j 个时段的实际出力和目标值；$T_{ks,\,i}$ 为当前稳定运行时段的起始时刻；$P_{k,\,i}$、$F_{k,\,i}$ 为当前时段内的实际和目标出力。

同样结合机组的控制周期，实时计算中，上式可写成如下的递推公式

$$Q_i(k+1) = [Q_i(k) * T_i(k) + |P_i(k) - F_i(k)|]/T_i(k+1) \tag{7-18}$$

式中：第 k 个控制周期机组正处于稳定运行过程；$Q_i(k)$ 为第 i 台机组该时刻的调节精度，MW；$T_i(k)$ 为到第 k 个控制周期稳定运行过程的时间累积，min；$P_i(k)$、$F_i(k)$ 为当前机组实际出力及目标值，MW。

3）备用监视。AGC 备用监视周期执行（一般 5min），计算和监视区域中的各种备用容量和响应速率。可以通过界面输入和修改区域的备用要求，当备用不足时发出报警。

监视下面三种备用容量。

a）调节备用。调节备用是指在线运行并受 AGC 控制的机组的调节余量，包括上升和下降两个方向。

$$P_{RVUPi} = P_{MXi} - P_{Gi} \tag{7-19}$$
$$P_{RVDNi} = P_{Gi} - P_{MNi} \tag{7-20}$$

式中：P_{RVUPi} 表示机组 i 上升方向的调节备用容量，MW；P_{RVDNi} 表示机组 i 下降方向的调节备用容量，MW；P_{MXi} 表示机组 i 的 LFC 调节上限，MW；P_{MNi} 表示机组 i 的 LFC 调节下限，MW；P_{Gi} 表示机组 i 的当前出力，MW。

电厂和系统的调节备用容量是其各机组的调节备用容量之和。

b）旋转备用。旋转备用容量是指在线运行机组可由调速器增加其出力的那一部分容量。对于离线机组，如果被指定为"离线计及旋转备用"，同在线机组一样处理。

$$P_{SPi} = P_{CAPi} - P_{Gi} \tag{7-21}$$

式中：P_{SPi} 表示机组 i 的旋转备用容量，MW；P_{CAPi} 表示机组 i 的额定容量，MW；P_{Gi} 表示机组 i 的当前出力，MW。

为了计及机组响应速率对旋转备用容量的限制，在数据库中给定每台机组可计及的旋转备用容量最大限值，当上述计算值超过限值时，限制在限值上。

c）运行备用。运行备用容量是指短时间内（如 10min）可以动用的机组容量，包括在线机组可调容量和可快速启动的停运机组容量。这些停运机组被指定为"离线计及运行备用"，可在 10min 内投入运行并能带至额定出力，主要包括水电机组和燃汽轮机等。

离线机组，如果被指定为"离线计及旋转备用"，同在线机组一样处理。

$$P_{OPi} = P_{CAPi} - P_{Gi} \tag{7-22}$$

式中：P_{OPi} 表示机组 i 的运行备用容量，MW；P_{CAPi} 表示机组 i 的额定容量，MW；P_{Gi} 表示机组 i 的当前出力，MW。

电厂和系统的运行备用容量是其各机组的运行备用容量之和。

当发生机组被指定为"不计备用"或减出力计划指定机组完全减出力，即容量被减到零时，机组将不考虑备用。

d）调节响应速率。系统总的调节响应速率是指投入 AGC 的机组调节响应速率的总和，包括上升和下降两个方向。它是衡量 AGC 能力的一个重要指标，不足时发出报警。

用公式描述如下

$$R_{UP} = \sum R_{UPi} \tag{7-23}$$
$$R_{DN} = \sum R_{DNi} \tag{7-24}$$

式中：R_{UP} 表示上升方向的调节响应速率，MW/min；R_{UPi} 表示机组 i 上升方向的调节响应速率，MW/min；R_{DN} 表示系统下降方向的调节响应速率，MW/min；R_{DNi} 机组 i 下降方向的调节响应速率，MW/min。

2. AGC 电厂端控制

AGC 电厂端的控制环节主要有以下几种方式。

（1）水电厂的单机控制方式。这种闭环控制方式如图 7-14 所示，调度中心直接控制单机。如果电厂已具有调节装置，则控制指令可通过 RTU 直接送到机组的调功装置，这时控制指令是机组的给定功率值。此时，机组的调功装置即为调度中心所定义的电厂控制器 PLC，它与机组存在着一一对应关系。

当电厂具有微机型调速器时，控制指令可通过 RTU 直接送到机组的调速器上，调度中心直

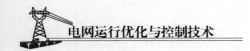
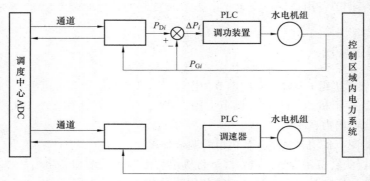

图 7-14 水电厂的单机控制方式

接发出遥调命令实现对机组的控制。此时,机组的调速器即为调度端所定义的电厂控制器 PLC,它与机组同样存在着一一对应关系。

由于调度端 AGC 功能不能充分考虑水轮发电机间的经济分配,一定程度上影响电厂经济运行的积极性。

(2) 水电厂的集中控制方式。水电厂的集中控制方式如图 7-15 所示,主要建立在水电厂有比较成熟的计算机的基础上,调度端 AGC 的控制命令为全厂总的功率设定值,传送到水电厂计算机监控系统的上位机,然后由厂站计算机系统根据机组的经济运行原则并考虑各种机组限值,将总出力命令分配给各机组。这种闭环控制方式如图 7-15 所示,此时,厂站计算机系统即为调度端所定义的电厂控制器 PLC,显然,该 PLC 控制着全厂机组。

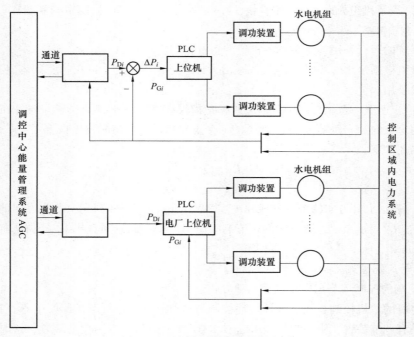

图 7-15 水电厂的集中控制方式

AGC 的控制命令可以通过 RTU 传送下去,也可以用计算机通信方式直接从调度端接收。后者不仅可省去电厂的 RTU 装置，而且可以采集到厂站端的所有数据。

当采用水电厂的集中控制方式时，应保证调度端 AGC 和电厂端 AGC 两级控制系统在时间上的同步性。

对梯级水电站可以通过流域计算机控制系统的上位机实现 AGC 系统分级分层过程控制。此时，流域计算机控制系统即为调度中心所定义的电厂控制器 PLC（流域作为虚拟电厂处理），显然，该 PLC 控制着流域内各梯级水电厂。调度端 AGC 的控制命令为流域总的功率设定值，传送到流域计算机控制系统的上位机，然后由流域计算机系统根据梯级水电站的经济运行原则并考虑各种约束，将总出力命令分配给各梯级水电站厂内计算机控制系统的上位机。

（3）火电厂的单机控制方式。火电厂一般采用单机方式如图 7-16 所示，每个 PLC 控制着一台机组。火电机组的控制系统比较复杂，不但机炉相互配合方式比较多，而且涉及众多的辅机系统。一般说来火电厂的机组是经机炉协调控制系统 CCS（Coordinated Control System）进行控制的，CCS 对于机、炉、电复杂的运行工况具有完整的监视和控制功能，对远方调度端下达的 AGC 指令有监视和保护措施，机炉的调节特性和跟踪负荷的能力较强。对于未配置 CCS 的火电机组，可以安装火电机组调功装置，接收调度端的日计划负荷曲线或日内滚动计划，并按计划曲线运行，必要时也可参与 AGC 闭环控制的次紧急和紧急调节。

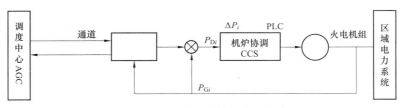

图 7-16 火电厂的单机控制方式

（4）火电厂的集中控制方式。火电厂的集中控制方式如图 7-17 所示。火电厂机组综合自动化改造完成后，由分布式控制系统 DCS（Distribution Control System）对全厂每台机进行综合协调控制和经济负荷分配。调度端 AGC 的控制命令为全厂总的功率设定值，传送到分布式控制系统 DCS 的上位机，然后由 DCS 根据机组的经济运行原则并考虑各种机组限值，将总出力命令分配给各机组。这种闭环控制方式如图 7-17 所示，此时，分布式控制系统 DCS 即为调度中心所定义的电厂控制器 PLC，显然，该 PLC 控制着全厂机组。

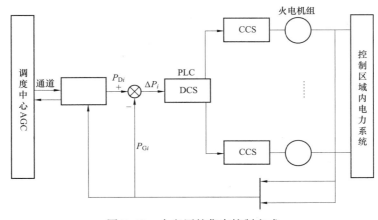

图 7-17 火电厂的集中控制方式

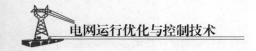

7.3 自动电压控制技术原理及应用

7.3.1 自动电压控制技术原理

1. 电压控制的目的

随着大机组、超高压电网的形成，电压不仅是电网电能质量的一项重要指标，而且是保证大电网安全稳定运行和经济运行的重要因素，近年来国际上几次大停电与电压崩溃都有一定的关系。在现代超高压电网中，需要对系统电压和无功实现如下控制：

（1）系统电压必须大于某一最低数值，以保证电力系统静态和暂态的运行稳定性，以及变压器带负荷调压分接头的运行范围和厂用电的运行。

（2）正常情况下，电网必须具有规定的无功功率储备，以保证事故后的系统电压不低于规定的数值，防止出现电压崩溃事故和同步稳定破坏。

（3）保证系统电压低于规定的最大数值，以适应电力设备的绝缘水平和避免变压器过饱和，并向用户提供合理的最高水平电压。

（4）大机组无功出力分配必须满足系统稳定要求，单机无功必须满足 $P-Q$ 曲线，保证机组安全运行。

（5）满足上述电压条件下，尽可能降低电网的有功功率损耗，以取得经济效益。

电力系统电压和无功功率控制是一个关系到保证供电质量，满足用户无功功率需求和系统电压稳定的问题，同时也是减少线损，提高电网运行经济性的十分有效的措施，一直得到电力系统运行人员和研究人员的重视。

2. 电压控制分类

电力系统的电压及无功功率控制通常采用分层分区控制的原则。许多电力系统都按空间和时间将电压控制分为三个等级：一级、二级和三级控制。控制功能按时间和空间分开，可以防止各级控制之间的交互作用而造成的振荡及不稳定。

（1）设置在发电厂、用户或各供电点（就地的）的一级电压控制。一级电压控制通常是快速反应的闭环控制，响应时间一般在数毫秒至几秒内。例如：同步电机（发电机、调相机、同步电动机）的无功功率控制，静止无功补偿器的控制，变压器有载切换分接开关，以及快速自动投切电容器和电抗器等。由负荷波动、电网切换和事故引起的快速电压变化，通常是由一级电压控制进行调整的。其中发电机自动励磁调节系统（Automatic Voltage Regulator，AVR）是电力系统中最重要的电压和无功功率控制系统，因为它响应运度快，可控制的容量大，不论是正常运行时保证电压水平，还是紧急控制时防止电压崩溃，都起着重要的作用。

（2）设置在系统枢纽点（区域的）的二级电压控制。二级电压控制响应速度一般在几分钟以内。二级控制系统协调一个区域内各就地一级控制设备的工作，如：改变发电机或 SVC 的电压调节定值，投切电容器电抗器，切负荷，以及必要时闭锁变压器有载分接开关切换等。这类控制可以是自动，也可以是手动进行。二级电压控制自动闭环进行时，系统除了将上述实时控制命令从控制中心送到执行地点外，还需将各种电压安全监视信息送给有关值班人员。

（3）设置在系统调度中心（全网的）的三级电压控制。三级电压控制为预防控制，包括的时间跨度为十几分钟到几十分钟。它的目的在于发现电压稳定性的劣化和采取必要的措施，同时使系统电压和无功分布全面协调，控制电网在安全和经济准则优化状态下运行，这类控制主要是协调各二级控制系统，可以由控制系统自动进行，也可由电网运行人员的人为干预。

7.3.2　基于人工智能技术的电压自动控制系统

电力系统的无功电压优化控制问题是一个多目标、多变量、多约束的混合非线性规划问题，其优化变量既有连续变量如节点电压，又有离散变量如变压器挡位、无功补偿装置组数等，使得整个优化过程十分复杂，特别是优化过程中离散变量的处理更增加了优化问题的难度。传统的数学优化方法如线性规划、非线性规划、整数规划、二次规划、动态规划等方法不能实现全局最优，只能找到局部最优解。

而人工智能技术由于具有传统方法不具备的智能特性，如可以引入专家的经验知识、能够处理不确定性的问题、具有自学习和获取知识的功能、适于处理非线性问题等，因而在无功电压控制中具有很好的应用前景。

常用的人工智能技术包括专家系统（Expert System，ES）、人工神经网络（Artificial Neural Network，ANN）、模糊理论（Fuzzy Theory，FT）、遗传算法（Genetic Algorithm，GA）以及近来比较流行的多 Agent 系统（Multi-Agent System，MAS）。

1. 专家系统（ES）

专家系统发展较早，也是一种比较成熟的人工智能技术，它根据某个领域的专家提供的特殊领域知识进行推理，模拟人类专家作出决策的过程，提供具有专家水平的解答。目前电力系统运行和控制是由具有经验的调度人员借助自动化系统完成。这是由于一方面传统数值分析方法缺乏启发性推理能力，同时也无法进行知识积累，另一方面电力系统自身的复杂性使一些必要的数据模型及状态量难以获取，单纯的数值方法难以满足电力系统的要求。此外电力系统中由于种种原因，造成量测系统数据出问题，利用专家系统可以很好地识别坏数据。在电力自动化系统中引入电力系统专家的经验知识是十分必要的。

专家系统在电力系统无功电压控制中也有较多的应用成果。专家系统在无功电压控制中的典型应用是将已有无功电压控制的经验或知识用规则表示出来，形成专家系统的知识库，进而根据上述的规则由无功电压实时变化值确定控制手段。专家系统知识库可包括每条母线电压上限和下限、每一控制器控制量上限和下限、每条母线电压和控制量灵敏度以及控制潮流的逻辑规则等信息，按照知识库描述的各条规则，依次寻求和选择消除母线电压偏差最有效的控制器，直至该母线电压恢复为设定值。在电力系统电压分层优化控制模式下，可根据基于电气距离概念的向上分级归类的分区算法，利用基于电力系统的专家知识进行自动分区和优化，进一步保证电力系统分区的合理性和子区域电压的可控性。

2. 人工神经网络（ANN）

人工神经网络是模拟人类传递和处理信息的基本特性，由人工仿制大量简单的神经元以一定的方式连接而成：单个人工神经元实现输入到输出的非线性关系，它们之间的连接组合使得 ANN 具有了复杂的非线性特性。与 ES 相比，ANN 的特点是用神经元和它们之间的有向权重来隐含处理问题的知识，它具有以下的优点：信息分布存储，有较强的容错能力；学习能力强，可以实现知识的自我组织，适应不同信息处理的要求；神经元之间的计算具有相对独守性，便于并行处理，执行速度较快。正是由于 ANN 有极强的非线性拟合能力和自学习能力，且具有联想记忆、鲁棒性强等性能，使 ANN 对于电力系统这个存在着大量非线性的复杂大系统来说有很大的应用潜力。

3. 模糊理论（FT）

模糊理论（FT）是将经典集合理论模糊化，并引入语言变量和近似推理的模糊逻辑，具有完整推理体系的智能技术。模糊控制是模拟人的模糊推理和决策过程的一种实用控制方法，它根据已知的控制规则和数据，由模糊输入量推导出模糊控制输出。主要包括模糊化、模糊推理与模糊判决三部分。随着模糊理论的发展和完善，模糊控制的一些优点得到了广泛的应用，如：适于处理不确定性、不精确性以及噪声带的问题；模糊知识使用语言变量来表述专家的经验，更接近人的表达方式，易于实现知识的抽取和表达；具有较强的鲁棒性，被控对象参数的变化对模糊控制的影响不明显等。近年来，模糊理论在电力系统应用的研究不断增加，并取得不少研究成果，显示模糊理论在解决电力系统问题上的潜力。

电力系统电压无功控制受电力系统时变性、运行条件和网络参数经常变化等特点以及许多条件下无功负荷不能精确给定的影响，很难建立精确的数学模型，在这种情况下，模糊理论可被引入电压无功控制的研究。考虑到在电力系统实际运行中电压和无功限制并不是一成不变的，容许少量的越限这一情况，将电压限值模糊化，利用模糊线性规划方法，目标是确定维持电压所需增加的最少无功功率。

为了解决系统无功优化控制问题，可将有功损耗最小、提高电压质量、减少控制次数等多个目标加以平衡，把这些目标和电压等状态变量的限制模糊化，再优化控制模糊多目标。

4. 遗传算法（GA）

20世纪70年代由美国J. Holland教授提出的遗传算法（GA）是一种通过模仿生物遗传和进化过程来求复杂问题的全局最优解的搜索和优化方法。它采用多路径搜索，对变量进行编码处理，用对码串的遗传操作代替对变量的直接操作，从而可以更好地处理离散变量。GA用目标函数本身建立寻优方向，无需求导求逆等复导数数学运算，且可以方便地引入各种约束条件，遗传算法具有较高的鲁棒性和广泛的适应性，对求解问题几乎没有什么限制，并能够获得全局的最优解集，更有利于得到最优解，适合于处理混合非线性规划和多目标优化。

因此在电力系统研究涉及优化问题的领域得到广泛的应用。在无功电压控制领域，遗传算法可用于解决无功优化控制问题。电力系统无功优化是一个多变量、非线性、小连续、多约束的优化控制问题，传统的数学优化方法往往难以找到完全符合运行要求的全局最优解，所以遗传算法这一基于群体优化的全局搜索方法在无功优化中受到极大的关注，近年来将遗传算法引入电力系统的无功优化中取得了一定的经验和成果。

长期以来，专家学者利用人工智能技术对电力系统无功电压优化控制进行大量研究，并提出各种算法，但由于各种原因，真正用于实时控制领域的很少。主要算法优缺点见表7-1。

表7-1　　　　　　　　人工智能算法在无功优化应用中的比较

人工智能算法 ＼ 性能比较	优点	缺点
模拟退火法（SA）	无功优化的全局收敛性好	所需CPU时间过长，且随系统规模扩大及复杂性提高而增加
遗传算法（GA）	能最大概率地找到全局最优解；可避免维数灾问题，占用内存少	对大型电力系统进行优化需花费较长的时间
禁忌搜索算法	需要的迭代次数比SA和GA等少搜索效率高；不需要使用随机数，对大规模的复杂优化问题更有效	易收敛于局部最优；只适于解决配电网无功优化等纯整数规划问题
蚁群寻优算法	可避免过早收敛于局部最优	适用范围不广
人工神经网络算法	计算时间大约为线性规划的一半	目前尚缺少针对无功优化问题的训练算法，易陷入局部最优

5. 多 Agent 系统（MAS）

Agent 是分布式人工智能（DAI）的一门前沿技术，它能使在逻辑上和物理上分散的系统并行、协调地实现问题求解，最初主要用于构造复杂的软件系统，是开发大型分布式软件系统的有效方法。随着 MAS 的发展和成熟，这一技术得到了广泛的应用，近年来受到控制界的关注。

Agent 是对过程运行的决策或控制任务进行抽象而得到的一种具有行为能力的实体，它可以利用数学计算或规则推理完成特定操作任务，并能够通过消息机制与过程对象及其他 Agent 交互以完成信息传递与协调。MAS 是一个有组织、有序的 Agent 群体，共同工作在特定的环境中，每个 Agent 根据环境信息完成各自承担的工作，同时可以分工协作，合作完成特定的任务。基于 MAS 的控制系统不同于传统意义上的分散控制，而是把控制器当作具有自治性和协作性的主动行为能力的 Agent，通过相关 Agent 的通信和任务分享进行协调工作，以实现预定的控制目标。

多 Agent 系统的特征有：

（1）各个 Agent 有有限和局部的信息资源和问题求解能力，但没有全局的求解能力。

（2）整个系统的知识和数据分散，各 Agent 有各自的数据输入/输出接口。

（3）系统不存在全局控制，但各 Agent 之间决策分歧是能够通过协作来解决。

（4）各 Agent 计算决策过程是异步的。

综上所述，人工智能技术可在电力系统无功电压控制方面中具有的应用潜力和前景，特别是多 Agent 系统的特点非常符合电力系统无功电压优化控制的实际，对电网无功电压控制具有很好的适应性和实用价值，因此下面将详细介绍基于多 Agent 系统的电网自动电压控制。

7.3.3 基于多智能体协调的电网自动电压控制

Agent 是分布式人工智能的一门技术，分布式人工智能的研究源于 20 世纪 70 年代末期。当时主要研究分布式问题求解（Distributed Problem Solving，DPS），其研究目标是要建立一个由多个子系统构成的协作系统，各子系统之间协同工作对特定问题进行求解。在 DPS 系统中，把待解决的问题分解为一些子任务，并为每个子任务设计一个问题求解的任务执行子系统。通过交互作用策略，把系统设计集成为一个统一的整体，并采用自顶向下的设计方法，保证问题处理系统能够满足顶部给定的要求。

分布式人工智能系统具有如下一些特点：

（1）分布性。整个系统的信息，包括数据、知识和控制等，无论是在逻辑上或者物理上都是分布的，不存在全局控制和全局数据存储。系统中各路径和节点能够并行地求解问题，从而提高了子系统的求解效率。

（2）连接性。在问题求解过程中，各个子系统和求解机构通过计算机网络相互连接，降低了求解问题的通信代价和求解代价。

（3）协作性。各子系统协调工作，能够求解单个机构难以解决或者无法解决的困难问题。例如，多领域专家系统可以协作求解单领域或者单个专家系统无法解决的问题，提高求解能力，扩大应用领域。

（4）开放性。通过网络互连和系统的分布，便于扩充系统规模，使系统具有比单个系统更大的开放性和灵活性。

（5）容错性。系统具有较多的冗余处理结点、通信路径和知识，能够使系统在出现故障时，仅仅通过降低响应速度或求解精度，就可以保持系统正常工作，提高工作可靠性。

（6）独立性。系统把求解任务归约为几个相对独立的子任务，从而降低了各个处理节点和子系统问题求解的复杂性，也降低了软件设计开发的复杂性。

分布式人工智能一般分为分布式问题求解（DPS）和多 Agent 系统（Multi-agent System, MAS）两种类型。DPS 研究如何在多个合作和共享知识的模块、节点或子系统之间划分任务，并求解问题。MAS 则研究如何在一群自主的 Agent 之间进行智能行为的协调。两者的共同点在于研究如何对资源、知识、控制等进行划分。两者的不同点在于，DPS 往往需要有全局的问题、概念模型和成功标准；而 MAS 则包含多个局部的问题、概念模型和成功标准。DPS 的研究目标在于建立大粒度的协作群体，通过各群体的协作实现问题求解，并采用自顶向下的设计方法。MAS 却采用自底向上的设计方法，首先定义各自分散自主的 Agent，然后研究怎样完成实际任务的求解问题；各个 Agent 之间的关系并不一定是协作的，也可能是竞争甚至是对抗的关系。

上述对分布式人工智能的分类并非绝对和完善。有些人认为 MAS 基本上就是分布式人工智能，DPS 仅是 MAS 研究的一个子集，他们提出，当满足下列三个假设时，MAS 就成为 DPS 系统：①Agent 友好；②目标共同；③集中设计。显然，持这种看法的人大大扩展了 MAS 的研究和应用领域。正是由于 MAS 具有更大的灵活性，更能体现人类社会的智能，更适应开放和动态的世界环境，因而引起许多学科及其研究者的强烈兴趣和高度重视。

目前对 Agent 和 MAS 的研究有增无减，仍是一个研究热点。要研究的问题包括 Agent 的概念、理论、分类、模型、结构、语言、推理和通信等。

1. 智能体（Agent）的概念

对于 Agent，迄今仍然没有对它的概念达成一致意见，但是根据国内外已经实现了的系统可对 Agent 进行一般性的描述：Agent 是一种具有目标、行为和领域知识的实体，它能作用于自身和环境，并对环境作出反应。从不同的角度，可对 Agent 作出两层抽象：自治 Agent 抽象和认知 Agent 抽象。尽管目前尚无非常确切的 Agent 的概念定义，但一种普遍的观点认为：作为 Agent 的软件或硬件系统一般具有以下的特征：

（1）行为自主性。智能体能够控制它的自身行为，其行为是主动的、自发的、有目标和意图的，并能根据目标和环境要求对短期行为作出规划。

（2）作用交互性。也称反应性，智能体能够与环境交互作用，能够感知其所处环境，并借助自己的行为结果，对环境做出适当反应。

（3）环境协调性。智能体存在于一定的环境中，感知环境的状态、事件和特征，并通过其动作和行为影响环境，与环境保持协调。环境和智能体是对立统一体的两个方面，互相依存，互相作用。

（4）面向目标性。智能体不是对环境中的事件做出简单的反应，它能够表现出某种目标指导下的行为，为实现其内在目标而采取主动行为。这一特性为面向智能体的程序设计提供了重要基础。

（5）存在社会性。智能体存在于由多个智能体构成的社会环境中，与其他智能体交换信息、交互作用和通信。各智能体通过社会承诺，进行社会推理，实现社会意向和目标。智能体的存在及其每一行为都不是孤立的，而是社会性的，甚至表现出人类社会的某些特性。

（6）工作协作性。各智能体合作和协调工作，求解单个智能体无法处理的问题，提高处理问题的能力。在协作过程中，可以引入各种新的机制和算法。

（7）运行持续性。智能体的程序在起动后，能够在相当长的一段时间内维持运行状态，不随运算的停止而立即结束运行。

（8）系统适应性。智能体不仅能够感知环境，对环境做出反应，而且能够把新建立的智能体集成到系统中而无须对原有的多智能体系统进行重新设计，因而具有很强的适应性和可扩展性。

也可把这一特点称为开放性。

（9）结构分布性。在物理上或逻辑上分布和异构的实体（或智能体），如主动数据库、知识库、控制器、决策体、感知器和执行器等，在多智能体系统中具有分布式结构，便于技术集成、资源共享、性能优化和系统整合。

（10）功能智能性。智能体强调理性作用，可作为描述机器智能、动物智能和人类智能的统一模型。智能体的功能具有较高智能，而且这种智能往往是构成社会智能的一部分。

2. 智能体的结构

智能体系统是个高度开放的智能系统，其结构如何将直接影响到系统的智能和性能。例如，一个在未知环境中自主移动的机器人需要对它面对的各种复杂地形、地貌、通道状况及环境信息做出实时感知和决策，控制执行机构完成各种运动操作，实现导航、跟踪、越野等功能，并保证移动机器人处于最佳的运动状态。这就要求构成该移动机器人系统的各个智能体有一个合理和先进的体系结构，保证各智能体自主地完成局部问题求解任务显示出较高的求解能力，并通过各智能体间的协作完成全局任务。

人工智能的任务就是设计智能体程序，即实现智能体从感知到动作的映射函数。这种智能体程序需要在某种称为结构的计算设备上运行。这种结构可以是一台普通的计算机，或者可能包含执行某种任务的特定硬件，还可能包括在计算机和智能体程序间提供某种程度隔离的软件，以便在更高层次上进行编程。一般意义上，体系结构使得传感器的感知对程序可用，运行程序并把该程序的作用选择反馈给执行器。可见，智能体、体系结构和程序之间具有如下关系：

智能体 = 体系结构 + 程序

计算机系统为智能体的开发和运行提供软件和硬件环境支持，使各个智能体依据全局状态协调地完成各项任务。具体地说：

（1）在计算机系统中，智能体相当于一个独立的功能模块、独立的计算机应用系统，它含有独立的外部设备、输入输出驱动装备、各种功能操作处理程序、数据结构和相应的输出。

（2）智能体程序的核心部分叫做决策生成器或问题求解器，起到主控作用，它接收全局状态、任务和时序等信息，指挥相应的功能操作程序模块工作，并把内部工作状态和所执行的重要结果送至全局数据库。智能体的全局数据库设有存放智能体状态、参数和重要结果的数据库，供总体协调使用。

（3）智能体的运行是两个或多个进程，并接受总体调度。特别是当系统的工作状态随工作环境而经常变化以及各智能体的具体任务时常变更时，更需搞好总体协调。

（4）各个智能体在多个计算机 CPU 上并行运行，其运行环境由体系结构支持。体系结构还提供共享资源（黑板系统）、智能体间的通信工具和智能体间的总体协调，以使各智能体在统一目标下并行、协调地工作。

3. 智能体的结构分类

根据上述讨论，可把智能体看作是从感知序列到实体动作的映射。根据人类思维的不同层次，可把智能体分为下列几类：

（1）反应式智能体。反应式（reflex 或 reactive）智能体只简单地对外部刺激产生响应，没有任何内部状态。每个智能体既是客户，又是服务器，根据程序提出请求或做出回答。图 7-18 所示反应式智能体的结构示意图。图中，智能体的条件—作用规则使感知和动作连接起来。我们把这种连接称为条件—作用规则。

（2）慎思式智能体。慎思式（deliberative）智能体又称为认知式（cognitive）智能体，是一个具有显式符号模型的基于知识的系统。其环境模型一般是预先知道的，因而对动态环境存在一定的局限性，不适用于未知环境。由于缺乏必要的知识资源，在智能体执行时需要向模型提供有关环境的新信息，而这往往是难以实现的。

慎思式智能体的结构如图 7-19 所示。智能体接收的外部环境信息，依据内部状态进行信息融合，以产生修改当前状态的描述。然后，在知识库支持下制订规划，再在目标指引下，形成动作序列，对环境发生作用。

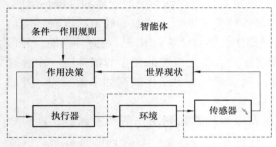

图 7-18　反应式智能体结构

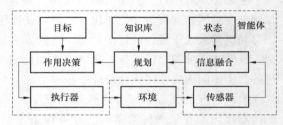

图 7-19　慎思式智能体结构

（3）跟踪式智能体。简单的反应式智能体只有在现有感知的基础上才能作出正确的决策。随时更新内部状态信息要求把两种知识编入智能体的程序，即关于世界如何独立地发展智能体的信息以及智能体自身作用如何影响世界的信息。图 7-20 给出一种具有内部状态的反应式智能体的结构图，表示现有的感知信息如何与原有的内部状态相结合以产生现有状态的更新描述。与解释状态的现有知识的新感知一样，也采用了有关世界如何跟踪其未知部分的信息，还必须知道智能体对世界状态有哪些作用。具有内部状态的反应式智能体通过找到一个条件与现有环境匹配的规则进行工作，然后执行与规则相关的作用。这种结构叫做跟踪世界智能体或跟踪式智能体。

（4）基于目标的智能体。仅仅了解现有状态对决策来说往往是不够的，智能体还需要某种描述环境情况的目标信息。智能体的程序能够与可能的作用结果信息结合起来，以便选择达到目标的行为。这类智能体的决策基本上与前面所述的条件—作用规则不同。反应式智能体中有的信息没有明确使用，而设计者已预先计算好各种正确作用。对于反应式智能体，还必须重写大量的条件—作用规则。基于目标的智能体在实现目标方面更灵活，只要指定新的目标，就能够产生新的作用，图 7-21 所示基于目标智能体的结构。

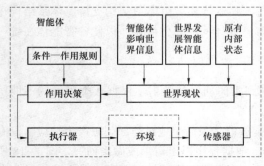

图 7-20　具有内部状态的智能体结构

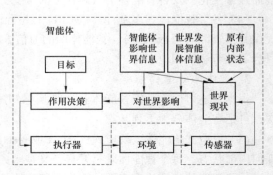

图 7-21　一个具有显式目标的智能体

（5）基于效果的智能体。只有目标实际上还不足以产生高质量的作用。如果一个世界状态优于另一个世界状态，那么它对智能体就有更好的效果（utility）。因此，效果是一种把状态映射到实数的函数，该函数描述了相关的满意程度。一个完整规范的效果函数允许对两类情况作出理性的决策。①当智能体只有一些目标可以实现时，效果函数指定合适的交替。②当智能体存在多个瞄准目标而不知哪一个一定能够实现时，效果（函数）提供了一种根据目标的重要性来估计成功可能性的方法。因此，一个具有显式效果函数的智能体能够作出理性的决策。不过，必须比较由不同作用获得的效果。图7-22是基于效果的智能体结构，给出一个完整的基于效果的智能体结构。

（6）复合式智能体。复合式智能体是在一个智能体内组合多种相对独立和并行执行的智能形态，其结构包括感知、动作、反应、建模、规划、通信和决策等模块，如图7-23所示。智能体通过感知模块来反映现实世界，并对环境信息作出一个抽象，再送到不同的处理模块。若感知到简单或紧急情况，信息就被送反射模块，做出决定，并把动作命令送到行动模块，产生相应的动作。

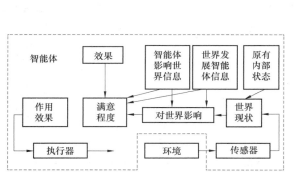

图7-22 基于效果的智能体结构

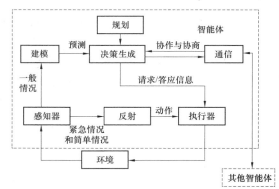

图7-23 复合式智能体的结构

4. 智能体通信

智能体之间的通信和协作，是实现多智能体系统问题求解所必需的。协作应当按照相应的策略和协议进行。通信可分为黑板系统和消息对话系统两种方式。

（1）黑板结构方式。黑板系统采用合适的结构支持分布式问题求解。在多智能体系统中，黑板提供公共工作区，智能体可以交换信息、数据和知识。首先，某个智能体在黑板上写入信息项，然后该信息项可为系统中的其他智能体所用。各智能体可以在任何时候访问黑板，查询是否有新的信息。可采用过滤器提取当前工作需要的信息。各智能体在黑板系统中不进行直接通信。每个智能体独立完成各自求解的子问题。

黑板结构可用于任务共享系统和结果共享系统。如果黑板中的智能体很多，那么黑板中的数据就会剧增。各个智能体在访问黑板时，需要从大量信息中搜索并提取感兴趣的信息。为进行优化处理，黑板应为各智能体提供不同的区域。

（2）消息/对话通信。消息/对话通信是实现灵活和复杂的协调策略的基础。各智能体使用规定的协议相互交换信息，用于建立通信和协调机制。

在面向消息的多智能体系统中，发送智能体把特定消息传送至另一智能体（接收智能体）。与黑板系统不同，两智能体之间的消息是直接交换的，执行中没有缓冲。如果不是发送给该智能体的话，那么它就不能读该条消息。一般地，发送智能体要为特定消息指定唯一的地址，然后只有该地址的智能体才能读该条消息。为了支持协作策略，通信协议必须明确规定通信过程和消息格式，并选择通信语言。交换知识是特别重要的，所有相关智能体必须知道通信语言的语义。

5. 多智能体系统

至今所研究的智能体都是单个智能体在一个与它的能力和目标相适应的环境中的反应和行为。通过适当的智能体反应能够影响其他智能体的作用。每个智能体能够预测其他智能体的作用，在其目标服务中影响其他智能体的动作。为了实现这种预测，需要研究一个智能体对另一个智能体的建模方法。为了影响另一个智能体，需要建立智能体间的通信方法。多个智能体组成一个松散耦合又协作共事的系统，即一个多智能体系统。在本章开始时曾经指出，多智能体系统研究如何在一群自主的智能体间进行智能行为协调。在前面讨论智能体的特性时，实际上也是指多智能体系统所具有的特性，如交互性、社会性、协作性、适应性和分布性等。此外，多智能体系统还具有如下特点：数据分布或分散，计算过程异步、并发或并行，每个智能体具有不完全的信息和问题求解能力，不存在全局控制。

（1）多智能体的基本模型。在多智能体系统的研究过程中，适应不同的应用环境而从不同的角度提出了多种类型的多智能体模型，包括理性智能体的 BDI 模型、协商模型、协作规划模型和自协调模型等。

1）BDI 模型。这是一个概念和逻辑上的理论模型，它渗透在其他模型中，成为研究智能体理性和推理机制的基础。在把 BDI 模型扩展至多智能体系统的研究时，提出了联合意图、社会承诺、合理行为等描述智能体行为的形式化定义。联合意图为智能体建立复杂动态环境的协作框架，对共同目标和共同承诺进行描述。当所有智能体都同意这个目标时，就一起承诺去实现该目标。联合承诺用以描述合作推理和协商。社会承诺给出了社会承诺机制。

2）协商模型。协商思想产生于经济活动理论，它主要用于资源竞争、任务分配和冲突消解等问题。多智能体的协作行为一般是通过协商而产生的。虽然各个智能体的行动目标是要使自身效用最大化，然而在完成全局目标时，就需要各智能体在全局上建立一致的目标。对于资源缺乏的多智能体动态环境，任务分解、任务分配、任务监督和任务评价就是一种必要的协商策略。合同网协议是协商模型的典型代表，主要解决任务分配、资源冲突和知识冲突等问题。

3）协作规划模型。多智能体系统的规划模型主要用于制订其协调一致的问题求解规划。每个智能体都具有自己的求解目标，考虑其他智能体的行动与约束，并进行独立规划（部分规划）。网络节点上的部分规划可以用通信方式来协调所有节点，达到所有智能体都接受的全局规划。部分全局规划允许各智能体动态合作。智能体的相互作用以通信规划和目标的形式抽象地表达，以通信元语描述规划目标，相互告知对方有关自己的期望行为，利用规划信息调节自身的局部规划，达到共同目标。另一种协作规划模型为共享规划模型，它把不同心智状态下的期望定义为一个公理集合，指挥群体成员采取行动以完成所分配的任务。

4）自协调模型。该模型是为适应复杂控制系统的动态实时控制和优化而提出来的。自协调模型随环境变化自适应地调整行为，是建立在开放和动态环境下的多智能体系统模型。该模型的动态特性表现在系统组织结构的分解重组和多智能体系统内部的自主协调等方面。

（2）多智能体系统的体系结构。多智能体系统的体系结构影响着单个智能体内部的协作智能的存在，其结构选择影响着系统的异步性、一致性、自主性和自适应性的程度，并决定信息的存储方式、共享方式和通信方式。体系结构中必须有共同的通信协议或传递机制。对于特定的应用，应选择与其能力要求相匹配的结构。下面简介几种常见的多智能体系统的体系结构。

1）智能体网络。在该体系结构下，无论是远距离或是短距离的智能体，其通信都是直接进行的。该类多智能体系统的框架、通信和状态知识都是固定的。每个智能体必须知道：应在什么时候把信息发送至什么地方，系统中有哪些智能体是可以合作的，它们具有什么能力等。不过，把通信和控制功能都嵌入每个智能体内部，要求系统中每一智能体都拥有关于其他智能体的大量信息和知识。而在开放的分布式系统中，这往往是难以实现的。此外，当智能体数目较大时，这种一一交互的结构将导致系统效率低下。

2）智能体联盟。在该结构下，若干近程智能体通过助手智能体进行交互，而远程智能体则由各个局部智能体群体的助手智能体完成交互和消息发送。这些助手智能体能够实现各种消息发送协议。当某智能体需要某种服务时，它就向其所在的局部智能体群体的助手智能体发出一个请求，该助手智能体以广播形式发送该请求，或者把寻找请求与其他智能体能力进行匹配，获得匹配成功的智能体。在这种结构中，一个智能体无须知道其他智能体的详细信息，比智能体网络有较大的灵活性。

3）黑板结构。本结构与联盟系统的区别在于：黑板结构中的局部智能体群共享数据存储——黑板，即智能体把信息放在可存取的黑板上，实现局部数据共享。在一个局部智能体群体中，控制外壳智能体负责信息交互，而网络控制智能体负责局部智能体群体之间的远程信息交互。黑板结构中的数据共享要求群体中的智能体具有统一的数据结构或知识表示，因而限制了多智能体系统中的智能体设计和建造的灵活性。

（3）多智能体的协商技术。协商是多智能体系统实现协同、协作、冲突消解和矛盾处理的关键环节，其关键技术有协商协议、协商策略和协商处理三种。

1）协商协议。协商协议主要研究智能体通信语言（ACL）的定义、表示、处理和语义解释。协商协议的最简单形式为：

协商通信消息：（<协商元语>，（消息内容））

其中，协商元语即为消息类型，其定义一般以对话理论为基础。消息内容包括消息的发送者、消息编号、消息发送时间等固定信息以及与协商应用的具体领域有关的信息描述。

2）协商策略。该策略用于智能体决策及选择协商协议和通信消息，包括一组与协商协议相对应的元级协商策略和策略的选择机制两部分内容。协商策略可分为破坏协商、拖延协商、单方让步、协作协商、竞争协商5类。只有后两类协商策略才有意义。对于竞争策略，参与协商者坚持各自的立场，在协商中表现出竞争行为，力图使协商结果有利于自身的利益。对于协作策略，各智能体应动态和理智地选择适当的协商策略，在系统运行的不同阶段表现出不同的竞争或协作行为。策略选择的一般方法是：考虑影响协商的多方面因素，给出适当的策略选择函数。

3）协商处理。协商处理包括协商算法和系统分析两方面，前者用于描述智能体在协商过程中的行为（包括通信、决策、规划和知识库操作），后者用于分析和评价智能体协商的行为和性能，回答协商过程中的问题求解质量、算法效率和系统的公平性等问题。

协商协议主要处理协商过程中智能体之间的交互，协商策略主要修改智能体内的决策和控制过程，而协商处理则侧重描述和分析单个智能体和多智能体协商社会的整体协作行为。后者描述了多智能体系统协商的宏观层面，而前两者则刻画了智能体协商的微观方面。

（4）多智能体系统的协调方法。智能体间的负面交互关系导致冲突，一般包括资源冲突、目标冲突和结果冲突。为实现冲突消解，必须研究智能体的协调。智能体间的正面交互关系表示智能体的规划和重叠部分，或某个智能体具有其他智能体所不具备的能力，各智能体间可通过协作取得成功。

智能体间的不同协作类型将导致不同的协调过程。当前主要有 4 种协调方法，即基于集中规划的协调、基于协商的协调、基于对策论的协调和基于社会规划的协调。

1）基于集中规划的协调。如果多智能体系统中至少有一个智能体具备其他智能体的知识、能力和环境资源知识，那么该智能体可作为主控智能体对该系统的目标进行分解，对任务进行规划，并指示或建议其他智能体执行相关任务。这种基于集中规划的协调方法特别适用于环境和任务相应固定、动态行为集可预计和需要集中监控的情况，如机器人协调和智能控制等。

2）基于协商的协调。本协调方法属于分布式协调，系统中没有作为规划的主控智能体。协商是智能体间交换信息和达成共识的方式。具体协商方法有合同网协商、功能精确的合作（FA/C）和基于对策论的协商等。例如，合同网采用市场机制进行任务通告、投标和签订合同以实现任务分配。

3）基于对策论的协调。此协调方法包括无通信协调和有通信协调两类。无通信协调是在没有通信的情况下，智能体根据对方及自身的效益模型，按照对策论选择适当行为。在这种协调方式中，智能体至多也只能达到协调的平衡解。在基于对策论的有通信协调中则可得到协作解。

4）基于社会规划的协调。这是一类以每个智能体都必须遵循的社会规则、过滤策略、标准和惯例为基础的协调方法。这些规则对各智能体的行为加以限制，过滤某些有冲突的意图和行为，保证其他智能体必须的行为方式，从而确保本智能体行为的可行性，以实现整个智能体系统的社会行为的协调。这种协调方法比较有效。

（5）多智能体系统的学习。机器学习的研究和应用已获得很大进展。多智能体系统的研究促进了机器学习新的发展。多智能体系统具有分布式和开放式等特点，其结构和功能都很复杂。对于一些应用，在设计多智能体系统时，要准确定义系统的行为以适应各种需求是相当困难的，甚至是无法做到的。这就要求多智能体系统具有学习能力。学习能力是衡量多智能体系统和其他智能系统的重要特征之一。

在人工智能领域对机器学习的研究已有 40 多年的历史了。尽管智能体的研究时间还不算太长，过去很长时间内也不把机器学习与智能体挂钩，但其实质却是单智能体学习。近年来，以互联网为实验平台，设计和实现了具有某种学习能力的用户接口智能体和搜索引擎智能体，表明单智能体学习已获得新的进展。与单智能体学习相比，多智能体系统学习比较新颖，发展也很快。单智能体学习是多智能体系统学习的基础，许多多智能体系统学习方法也是单智能体学习方法的推广和扩充。例如，上述用户接口智能体和搜索引擎智能体中的学习已被认为是多智能体系统学习，因为在人机协作系统中，人也是一个智能体。

多智能体系统学习要比单智能体学习复杂得多，因为前者的学习对象处于动态变化中，且其学习离不开智能体间的通信。为此，多智能体系统学习需要付出更大的代价。当前在多智能体系统学习领域，强化学习和在协商过程中学习已引起关注。结合动态编程和有师学习，以期建立强大的机器学习系统。只给计算机设定一个目标，然后计算机不断与环境交互以达到该目标。

多智能体系统学习有许多需要深入研究的课题，包括多智能体系统学习的概念和原理、具有学习能力的 MAS 模型和体系结构、适应 MAS 学习特征的新方法以及 MAS 多策略和多观点学习等。

根据上述的多智能体系统技术特点和电力系统无功电压运行特点，以及现有的电网调度自动化系统实际情况，采用慎思式多智能体系统结构和黑板式通信模式比较方便的建立无功电压自动控制系统。

6. 无功电压优化控制的一般原则

电力系统无功电压具有电力系统控制所固有的复杂性、非线性、不精确性及实时性等特性，其中有些方面难以用传统的数学模型和常规的控制方法来描述和实现。电力系统的无功优化问题是一个多目标、多变量、多约束的混合非线性规划问题，其优化变量既有连续变量如节点电压，又有离散变量如变压器挡位、无功补偿装置组数等，使得整个优化过程十分复杂，特别是优化过程中离散变量的处理更增加了优化问题的难度。对电网无功电压进行自动优化控制无论在国外还是在国内输电网都没有普遍应用。理论上，无功分布可以达到最优，特别是近年来遗传算法的发展使无功优化收敛性得到保证，使在线优化成为可能。但实际在一个复杂庞大的电力系统中，却几乎不可能在线实现最优控制。如当运行条件变化时，要维持系统无功潮流和电压最优分布，根据电网无功功率与电压的特点，势必要求全系统各点各种无功功率调节手段与电压调节手段频繁动作，没有高度发达的通信网络和自动化条件就办不到，实际上许多无功控制设备也不允许频繁调节；其次，和频率调节不同的是，变压器分头、电容（抗）器的无功调节无法做到均匀调节；由于不可能建立全网电压标准，只能以就地测量电压为依据，分散的量测误差势必给优化带来影响。另一重要原因，目前也是看来最主要的瓶颈，优化计算的数据基础—状态估计（SE）结果的正确性可靠性还无法满足实时控制的要求，主要表现在 SCADA 数据的不同时性和测量装置误差、通道状态好坏都给状态估计结果带来误差，甚至错误（即坏数据污染），在此基础上进行优化控制会给电网带来很大的安全风险，这也是至今国内外还没有成功将全局潮流优化（OPF）结果直接用于实时控制的重要原因，尽管 OPF 理论算法早在 20 世纪 70 年代就成熟了。目前全局无功优化软件在实际电网中的应用还停留在开环状态，即提供调整方案，再由调度人员判断正确后手动调整有关无功设备，尽可能使电网运行在较优水平。从工程应用角度看，现实中的电力系统无功只能实现次优分布，如何实现次优分布目前也是研究中的课题，还没有统一模式。但从电力系统总的概念出发，一般认为，比较接近无功次优分布的做法是，无功功率尽量做到分区分层平衡，减少因大量传送无功功率而产生的压降和线损，在留足事故紧急备用的前提下，尽可能使系统中的各点电压运行于允许的高水平，此举不但有利于系统运行的稳定性，也可以获得接近优化的经济效益。

7. 基于多智能体系统的无功电压控制

由于电力系统无功不能长距离传输的物理特性，决定了电力系统中的无功电压控制器是按地域分散配置的。控制器之间的相互协调和优化控制是需要研究和解决的重要理论和实际问题。现代化大电网中存在大量的发电机自动电压调节器（AVR）、变电站的静止无功补偿器（SVC）、静止无功发生器（STATCOM）、电容/电抗器、主变分接头以及其他无功电压调节设备。这些设备可作为执行 Agent，每个厂站作为控制 Agent，每个控制 Agent 可以包含几个执行，各控制 Agent 一方面根据自身的环境信息（如电压、有功、无功等）自主完成其特定的调节任务，另一方面可接受其他控制 Agent 的调压和调无功潮流任务请求和反馈任务执行信息，整个多 Agent 系统共同的目标是维持区域内的电压水平和无功就地平衡。研究利用多 Agent 系统解决了二级电压调节的分散协调控制问题，在电力系统紧急状态下进行二级调压以快速恢复电压至正常范围。正常情况下多 Agent 系统协调无功潮流分布，满足电网安全运行所必需的无功储备，减少无功流动，达到降低电网有功损耗的目的。利用采用基于 MAS 的电压控制系统进行系统无功电压控制与传统的集中控制相比，有着如下明显优势：

（1）在多 Agent 模式下，即使某些通信线路发生故障，或某些 Agent 失效，其他 Agent 也可以在一定程度上替代它的工作；传统集中控制模式下，若某些数据不正确，将造成全局技术错误，从而使整个控制系统失去控制能力，甚至会造成误控。

（2）采用并行工作方式的多 Agent 模式，增加了系统的灵活性和通用性。

（3）由于每个 Agent 具有自主性，因而它们可以按照任务的要求进行组合，使整个系统适应动态的环境。

（4）通过修改 Agent 规则库、控制算法和协调方式等可以满足不同的无功电压控制要求。

（5）每个 Agent 具有一定的学习能力，简化了系统计算复杂性。

（6）每个 Agent 控制策略可以很简单，通过各 Agent 的协作，能适应系统各种情况，避免传统算法因计算不能收敛而造成的系统无解情况。

基于多智能体协调的电网自动电压控制系统是一个分层、多级、分散的协调控制系统，如图7-24 所示。每个发电厂、变电所作为一个控制智能体，每个无功设备作为执行智能体，每个控制智能体除了执行自身的任务（如保证电压合格，维持自身所包含的各执行智能体之间安全、协调），还通过通信信息，学习周围一些信息，接收和转发其他控制智能体发送的请求、声明等信息，并作为相应的反映。根据电网控制中心的生产实际情况，将整个多智能体系统分为上级智能体系统（网省级）和下级多智能体系统。上级智能体系统包含 220kV 及以上电压等级厂站，下级智能体系统（各地市级）包括 110kV 及以下厂站。上下级多智能体系统各包括多个控制智能体，通过上下级各控制智能体的协调控制，以实现电网中所有厂站母线电压在要求的合格范围内，合理协调各无功设备的运行状态，同时尽可能减少不同地区之间的无功传输，减少网损，同时减轻电网运行人员手动调节无功电压的负担。

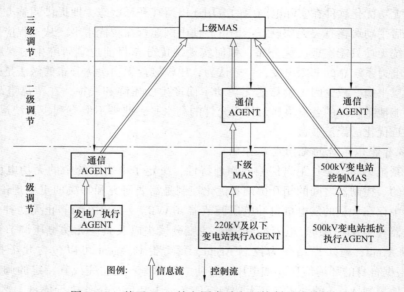

图 7-24　基于 MAS 的电网自动电压控制系统结构

根据 MAS 系统功能及电网无功电压实际控制现状，将系统各智能体分为控制智能体、消息管理智能体、通信智能体和执行智能体。

控制智能体是指能够提出控制电压和无功的决策智能体，即相当于人的大脑。控制智能体是系统的核心，它进行系统的协调以及控制命令的下达。控制智能体需要的信息包括：

1）母线的实际电压量测，母线电压控制上、下限值；

2）每个出线两侧的有功、无功潮流，出线线路参数；

3）邻居智能体；

4）执行智能体的实际状态；

5）控制对象的约束。

控制智能体根据调节能力的大小，分为核心控制智能体和普通控制智能体。

核心控制智能体（CORE AGENT）：能够较大范围调整无功和电压厂站母线，对系统电压和无功潮流影响大。每个电压等级（不包括发电机组低压母线）作为一个智能体，每个智能体包含几个执行智能体，如发电机、电抗器。

普通智能体：各 220kV/500kV 变电所母线。正常情况下通过下级多智能系统（地区供电公司 AVC 系统）维持无功就地平衡，必要情况下辅助调整母线电压。

每个核心智能体需要采集的信息包括：

1）母线的实际电压量测，母线电压控制上、下限值。

2）每个出线两侧的有功、无功潮流，出线线路参数。

3）邻居智能体。

4）下级智能体的实际状态（下级 AVC 系统运行状态）。

5）控制对象的约束（可投切电容器容量）。

消息管理智能体的主要任务是定期清除公告栏各智能体张贴的过期信息，防止公告栏阻塞。

多智能体消息类型：

1）请求信息。包括请求最近核心智能体、请求电压调整、请求无功供给。

2）响应信息。包括以上请求信息的响应。

3）确认信息。对电压调整和无功供给响应信息的确认。

4）转发信息。对邻居智能体信息进行转发。

5）公告信息。智能体对系统进行相关公告，如退出控制、通信中断、电压接近限值、量测错误、失去/恢复调节能力等。

多智能体消息结构定义如下：

```
typedef struct _mesWr
{
    long  m_time ;              //消息产生的时间
    int   m_type ;             //消息的类型
    int   m_from ;             //消息从何处来
    int   m_org ;              //消息起源何处
    int   m_mean_type;         //消息的内容类型
    float m_ablity ;           //消息包含智能体的调节能力
    float m_price ;            //智能体单位调节能力所需的代价
    float m_length;            //消息传送所经过的距离
    int   m_dest ;             //消息的目的地
    int   m_seq ;              //消息的序列号
    int   m_hops ;             //消息传播经过的跳数
    int   m_mean;              //消息的含义
    int   m_key ;              //发送消息的智能体类型
    int   m_live ;             //消息存活的跳数
    int   m_flag ;             //消息的标志
```

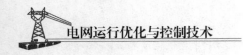

```
    int   m_road[16];                    //消息所经过的路径
}mes;
static mes   mesWr[MAX_WR];
```

执行智能体是指各发电机组无功调节装置以及各供电公司 AVC 系统（下级多智能体系统）的遥控/遥遥功能，其中下级 AVC 系统又是一个控制系统，它一方面和上级 AVC 协调和进行信息交换外，还进行各供电公司电网的电压无功控制任务。

通信智能体负责上下级各智能体系统通信，按照规定的通信规约进行数据通信和数据交换。目前通信规约按照电力系统通行的 S5、CDT、101、104 等标准规约。

8. 控制智能体自动分区学习算法

实现电网动态分区，是实现无功电压控制的关键所在。各控制多智能体通过消息机制交互学习，实现电网自动分区分层。协调电压控制，控制区域无功平衡，达到无功次优分布的目标。

基于电力系统电压灵敏度和电气距离有很强相关性特点，根据电网实时状态，各控制智能体自动簇集和分区。基于电气距离动态分区学习算法如下：

（1）在系统初始运行时，所有智能体只知道自身信息，如电压幅值、线路无功潮流大小和控制对象状态。对其他智能体状况一无所知。

（2）核心智能体向自己邻居智能体发请求信息，让其告之其他核心智能体信息，该请求张贴在公告栏上。

（3）邻居智能体通过读公告栏信息，收到核心智能体请求，如果自己已经有到该核心智能体的信息，则比较该消息路径是否比已有的短，是的话，重新记录该核心智能体到自己距离及路径；如果自己就是核心智能体或有其他核心智能体信息，则回答响应信息；如果该消息经过的跳数和距离小于规定的限值，则同时将此请求向其邻居（不包括消息来源方向）转发。

（4）以此循环（一般经过 6 次），每个智能体都知道自己相近的几个核心智能体的距离，各智能体根据到核心智能体电气距离自动分成不同控制区域。

（5）各分区根据核心智能体的实际距离按照一定的原则进行自动合并，即耦合性强的区域合并成一个控制区域。

（6）如系统某个线路停运，相关智能体发公告，则经过此路径的相近核心智能体信息重新进行学习，以适应系统网络变化。

9. 控制智能体电压协调调整算法

各控制智能体分区学习以后，将进行二级电压协调控制，具体算法如下：

（1）当某个控制智能体检测到电压越限时，若自身有调节能力，则进行调节，否则向区域内的有关核心控制智能体发请求，相关核心控制智能体根据自己的能力和已有的信息进行响应，再由发起请求的控制智能体进行确认。

（2）核心控制智能体根据请求控制智能体的确认调节数量将命令发给各控制执行智能体进行调节，执行智能体调节起始和结束后发公告，各相关智能体根据调节前后电压变化学习该核心控制智能体对自动母线电压灵敏度。

（3）若区域内的核心控制智能体没有响应或没有能力，则依次向区域外的较远的核心控制智能体发请求，等待响应。

（4）若所有核心控制智能体都不响应，则对下级智能体系统发请求电压紧急控制（牺牲无功平衡）。

（5）在某控制智能体电压接近限值时，该控制智能体发出预警公告，防止其他控制智能体控制行为引起该控制智能体电压越限。

（6）在某核心控制智能体调节能力发生变化时，也向系统发出公告，以便其他控制智能体发请求信息时，加以考虑，避免无效请求。

（7）各执行智能体对控制智能体的控制命令有效性进行校核，无效时或超出执行能力范围，将拒绝执行。

10. 控制智能体无功分层分区平衡协调控制算法

在系统电压合格，无须二级电压调整的情况下，各智能体系统将进行三级无功电压调整，维持电网无功分层分区平衡，以减少电网有功损耗。算法设计如下：

（1）当普通智能体确定自身不能维持无功就地平衡时，向核心智能体发无功供给请求。

（2）核心智能体根据自身能力发响应，包括无功数量及价格（价格与核心智能体无功上调节能力成反比）。

（3）发起智能体根据核心智能体的响应以及自己到核心智能体的距离，计算需购买的无功数量，再发确认信息。

（4）核心智能体根据确认信息进行调整有关无功设备的无功出力。

11. 控制智能体自检算法

由于设备或通道原因，电力系统采集装置所采集的数据不可避免出现不合理数据或错误数据，智能体根据自身信息或相邻智能体的有关信息，分析采集数据的合理性，并采取相应措施。

（1）数据不刷新：在规定的时间内，数据没有变化或通道中断标志出现，则根据相邻智能体有关信息进行估计本智能体相关数据。若本智能体是核心智能体，则发公告。

（2）数据不平衡：智能体根据自身信息判断母线功率是否平衡，若不平衡，根据相邻智能体信息判断错误量测，并进行纠正。

（3）控制失效：核心智能体控制命令下发，在规定的时间内控制对象没有反应，则发失去控制能力公告。

（4）电压数据合理性检查：对两条母线电压量测偏差大的，通过相邻智能体电压水平，鉴别出相对合理电压量测。

12. 控制智能体运行过程

根据以上学习和协调控制算法，控制智能体从初始化到协调过程步骤综合如下：

（1）初始化阶段。

Step1：智能体进程 start。

Step2：智能体初始化，如某些参数置零。

Step3：获取本身状态数据与邻居的连接状态、元件参数、量测数据以及限值等。

（2）分区学习阶段。

Step4：检查自己是否需要分区学习，否则继续下一步，是则转入 Step9。

Step5：向黑板写消息，向邻居发出分区请求信息，等待响应。

Step6：检查黑板上内容，选取自己分区请求的响应信息。

Step7：检查响应信息中的有关信息是否已存在，如果否，直接保存此距离信息；是则比较新的距离和已存在的长短，短则更新信息。

Step8：连续两个等待周期，消息板上不再有分区响应信息，则分区学习结束。

（3）状态自检阶段。

Step9：采集数据是否刷新，否则发公告，告诉其他智能体。

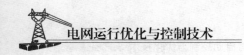

Step10：自身功率是否平衡，否则比较线路两侧，若是线路不平衡，则向线路对侧发请求，让其检查，等待响应。

Step11：若对侧功率平衡，则本侧量测出错，检查本侧是否旁路代，是则用旁路开关数据替代；否则用对侧量测考虑线路损耗后数据替代。

Step12：自身母线电压量测是否异常，否则检查备用数据是否正常，正常则用备用数据代替。否则发公告，告诉其他智能体。

Step13：在规定时间内执行智能体是否响应控制，否则发控制闭锁公告。

Step14：检查自身调节能力，若接近调节上下限，则发出调节能力上闭锁和下闭锁公告。

Step15：若所有执行智能体退出控制，则发控制退出公告。

Step16：若所有执行智能体恢复控制能力，则发控制恢复公告。

（4）电压协调控制阶段。

Step17：检查本身电压幅值大小，如果越限或接近限值则进入下一步，否转入 Step20。

Step18：若电压接近限值，除了自身闭锁控制方向外，还向核心智能体发电压预警公告，让其闭锁控制方向。

Step19：自身电压有越限，如果有调节能力，则直接向有关执行智能体发控制命令，调节电压。否则向最近的几个核心智能体发调压请求。

Step20：检查黑板电压调整响应消息，选择最近的核心智能体参与电压控制，根据灵敏度估算需要调节量。

Step21：等待控制智能体调节结束消息，结束后通过自身电压变化幅度，重新学习电压无功灵敏度。

Step22：若电压恢复正常，则向邻近核心智能发消息，否则回到 Step19。

（5）无功协调阶段。

Step23：普通控制智能体检查自身无功是否平衡，若否，如果自身有调节能力，则向下一级智能体发无功平衡指令，维持无功就地平衡。

Step24：区域联络线路无功潮流是否超出合理范围，是则向区内核心智能体发无功调整请求，减少区域无功流动。

普通智能体、核心智能体协调框图分别如图 7-25、图 7-26 所示。

13. 各分区核心控制智能体控制无功设备原则

区域内无功储备应满足要求，尽量留出发电机无功调节能力量为快速反应调节。如高峰时，切除电抗器，逐步投入电容器，留足发电机无功上调空间；低谷时，切除电容器，逐步投入电抗器，留足发电机无功下调空间。

14. 核心控制智能体控制发电机组无功策略

机组无功调节对机组安全稳定运行至关重要，核心控制智能体调节机组无功调节必须按下列次序满足：

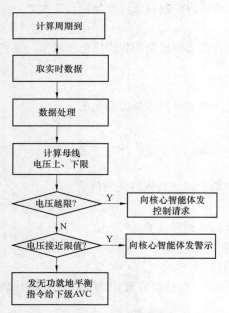

图 7-25　普通控制智能体控制策略框图

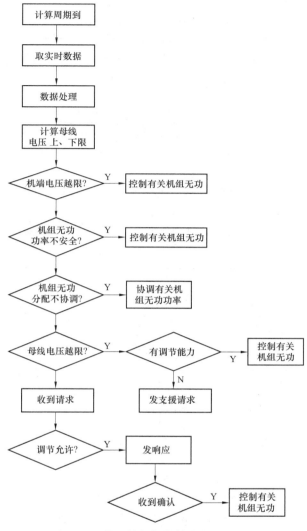

图 7-26 核心控制智能体控制策略框图

（1）保证机端电压满足机组厂用电及变压器运行要求。

（2）保证考虑机组功率因数满足要求。

（3）保证枢纽母线电压满足要求。

（4）保证电厂内机组无功分配满足要求。

调节时应使发电机组无功出力分布尽量均衡，机组功率因数应大致相等。即增加无功出力时，在满足安全的条件下，优先增加功率因数高的机组，反之则优先减少功率因数低的机组。

15. 各发电厂执行智能体方案

发电机组励磁调节系统是电力系统中最重要的电压和无功功率控制系统，响应速度快，可控制的容量大，不论是正常运行时保证电压水平和紧急控制时防止电压崩溃，都起着重要的作用。机组无功电源是实现电网无功电压控制重要的控制设备，但机组的无功出力应留有一定的备用容量，以满足电网的稳定运行要求。

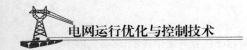

核心控制智能体根据系统电压及无功分布以及其他智能体协调结果，计算各发电厂母线电压或全厂/单台机组的无功出力，通过远动通道将控制命令下发到电厂侧通信智能体，通信智能体通过校核，正常后将控制命令转发到各机组执行智能体，执行智能体再通过比较机组实际无功和指令的差别，调节机组机端电压给定值，从而使机组 AVR 调节励磁电流直至机组无功达到指令要求。典型的发电厂 AVC 控制示意图如图 7-27 所示。

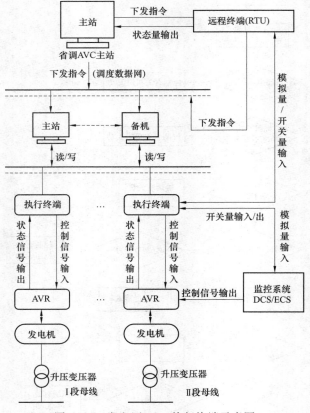

图 7-27　发电厂 AVC 执行终端示意图

为保证机组安全，核心控制智能体在向执行智能体下发指令的同时，还将下发核心智能体采集到的机组其他实时信息，如机组实际有功、无功、机端电压，电厂母线电压，由电厂通信智能体进行比较，正常后才转发给执行智能体，否则将发报警。

16. 上、下级 AVC 协调策略

（1）本级 AVC 负责控制本级电网电压合格，无功储备和无功分布合理，有功网损尽量小。

（2）在满足电压合格的前提下，本级 AVC 尽量维持和上、下级电网关口（分界点）无功交换最小，达到无功分层分区平衡的效果。优先满足上级要求，跟踪上级 AVC 指令，同时根据本级电网情况，向下级 AVC 下发无功电压约束。

（3）在本区域失去调节能力情况下，向上、下级 AVC 系统申请支援，必要时牺牲无功平衡维持电压合格。

8 燃煤火电机组环保设施优化改进及在线监测

8.1 引　言

近年来，我国经济快速增长，各项建设取得了巨大成就，但也付出了巨大的资源和环境代价，经济发展与资源环境的矛盾日趋尖锐。按照我国"十二五"节能减排规划，到2015年，全国万元国内生产总值能耗需要比2010年下降16%，SO_2排放总量减少8%，NO_x排放总量减少10%。

电力是国家的能源基础产业，我国发电装机构成中，火电占比高，每年消费的煤炭约占全国煤炭消费总量的一半。根据中国电力企业联合会分析，燃煤发电机组SO_2排放是造成我国大气环境污染及酸雨不断加剧的主要原因。为实现SO_2削减和控制，国家发展改革委员会、环保部多次发文要求燃煤发电机组加大脱硫运行力度，严格控制SO_2的排放。NO_x既是硝酸型酸雨的基础，又是形成光化学烟雾、破坏臭氧层的主要物质。根据中国社会科学院、中国气象局联合发布《气候变化绿皮书：应对气候变化报告（2013）》近50年来中国雾霾天气总体呈增加趋势，且持续性霾过程增加显著，其中燃煤电厂的烟尘排放是我国大面积雾霾产生的重要原因。

电力工业已成为我国节能减排的重点领域，为此国务院办公厅、国家发改委、环保部和质检总局等颁布了《节能发电调度办法（试行）》（国办发〔2007〕53号）、《国务院关于印发节能减排综合性工作方案的通知》《火电厂大气污染物排放标准》（GB 13223—2011）及《燃煤发电机组环保电价及环保设施运行监管办法》（发改价格2014〔536〕号）等一系列文件和标准，指导电力企业开展电力节能减排工作。《火电厂大气污染物排放标准》（GB 13223—2011）对不同地区、不同燃煤机组的二氧化硫（SO_2）、氮氧化物（NO_x）以及烟尘排放进行了严格的规定。《燃煤发电机组环保电价及环保设施运行监管办法》（发改价格2014〔536〕号）对燃煤发电机组（含循环流化床燃煤发电机组，不含以生物质、垃圾、煤气等燃料为主掺烧部分煤炭的发电机组）脱硫、脱硝、除尘电价（以下简称"环保电价"）以及脱硫、脱硝、除尘设施（以下简称"环保设施"）管理给出了明确的要求。

2007年5月29日，国家发展改革委和国家环保总局联合会下发了《燃煤发电机组脱硫电价及脱硫设施运行管理办法（试行）》，其上网电量执行国家发展改革委公布的燃煤机组脱硫标杆上网电价，即每千瓦时加价1.5分钱。2013年9月，国家发改委发布《关于调整可再生能源电价附加标准与环保电价的有关事项的通知》，将燃煤发电企业脱硝电价补偿标准设置为1分钱/千瓦时，对烟尘排放浓度达标发电企业实行每千瓦时0.2分钱的电价补偿，初步形成了较为完整的环保电价体系。由于脱硫、脱硝及除尘设备运行复杂、运行成本和维护难度都比较高，因此环保设施的实际运行状况并不理想。在这个背景下，我国各省级电网公司急需研究和开发一整套

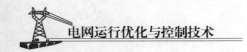

监测系统，实时监测燃煤发电机组环保设备的正常运行时间、状态以及关键参数，掌握设施实际运行的效率。

为加强电力行业节能减排管理，2006年5月，国家将广东、贵州、内蒙古、四川、江苏作为试点省份，在节能发电调度方面进行了有益的探索。清华大学电机系与内蒙古电力公司合作研究内蒙古燃煤发电机组脱硫实时在线监测系统，并于2007年7月在内蒙古乌拉山电厂实现对2×300MW机组脱硫设施的实时在线监测。江苏方天电力技术有限公司自2006年起研究开发了燃煤机组烟气脱硫监控系统，并且陆续将省内所有135MW以及大型火电数据实行联网上传。2013年年底，全国90%的燃煤火电机组安装了脱硫设施，55%的煤电机组安装了脱硝设施，所有煤电机组都配置了高效除尘设施，同时安装了烟气排放连续监测系统，用以监测设施实际运行情况和效果，污染物排放总量大幅下降。2013年全国电力行业烟尘、SO_2 和 NO_x 排放量分别降至142万 t、820万 t 和834万 t，其中，烟尘、SO_2 排放量分别比2005年下降60.6%、36.9%，NO_x 排放量比2010年下降12.2%，电力对环境质量影响显著降低。

燃煤火电机组环保在线监测系统的建成将改变了原有的各个发电企业烟气排放连续监测系统独立运行的局面，将一个个"信息孤岛"串联起来，实现了对全省大型燃煤火力发电企业排污计量数据及电厂脱硫、脱硝和除尘设备运行状况的网络化监管和管理，为政府职能部门提供污染物排放统计数据和监管依据，同时也为其执行脱硫、脱硝和除尘电价补贴提供必要的数据支持平台，对改善全省大气质量，保护全省脆弱的生态环境将发挥积极的作用。

8.2　环保在线监测系统总体框架

8.2.1　总体架构

燃煤火电机组环保在线监测系统由省调侧主站与电厂侧子站两部分组成，其中省调侧结合智能电网调度控制系统（D5000）的建设，在调度数据网非实时控制区开发部署火电机组环保在线监测模块，具备对燃煤火电机组环保数据在线监测与统计功能；电厂侧部署发电机组环保监测系统子站，通过现场采集装置和远动通信终端经通信网关机将环保监测数据实时传输到省调侧主站。系统结构如图8-1所示。

省调侧主站火电机组环保在线监测模块主要实现脱硫、脱硝和除尘相关数据的采集、处理与分析，进行污染物排放超限时段所对应的电量统计。具备对火电机组脱硫、脱硝和除尘相关参数的实时监测功能，并对脱硫、脱硝和除尘实时数据进行统计分析；为数据指标提供历史数据查询功能，实现二氧化硫、氮氧化物、烟尘排放超限时段统计以及污染物排放超限时段对应电量统计等功能。

电厂侧环保监测子站采集收集 CEMS 测量的实时环保数据，经过电厂通信网关，通过调度数据网实时控制区（Ⅰ区）或非实时控制区（Ⅱ区），向省调侧主站实时传输烟气中的二氧化硫、氮氧化物、颗粒物等污染物浓度数据以及环保设施运行状态信息。

8.2.2　主站总体架构

火电机组环保监测信息属于电厂实时生产信息，需连续传输，可在智能电网调度控制系统 D5000 平台上集成，部署在智能电网调度控制系统安全Ⅱ区，主站配置两台火电机组烟气监测服务器，实现信息的采集、存储、分析与应用。主站总体架构如图8-2所示。

火电机组环保监测实现机组脱硫、脱硝、除尘信息监测，实现烟气超限时段电量的自动统计，实现数据统计分析和历史数据查询。

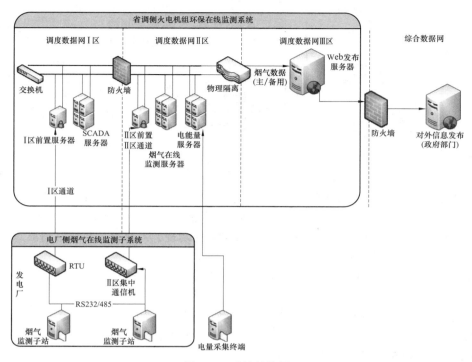

图 8-1 系统结构图

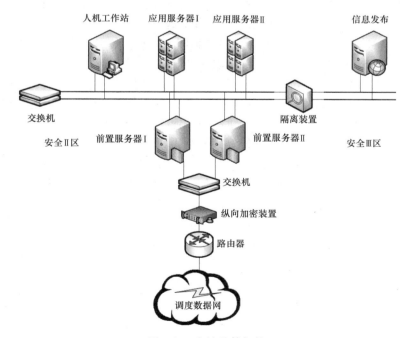

图 8-2 主站总体架构

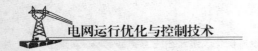

该应用功能与其他应用功能的数据接口如图 8-3 所示，主要包括：

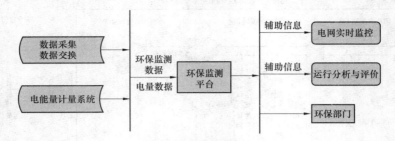

图 8-3 应用功能交互示意

烟气环保信息的建模利用基础平台的模型管理实现，基于 SCADA 应用设备表，增加环保监测的参数描述及数据存储域，并增加环保监测的统计信息表，以存储相关的统计信息。

环保监测的数据采集利用基础平台的数据采集功能实现，由数据采集通过消息总线发送相关数据至数据处理程序。

环保监测根据火电机组运行情况向电网实时监控与智能告警应用发送相关的实时告警信息。

环保的电量数据利用平台的电能量计量系统通信得到。

环保的分析统计结果通过平台经正向隔离装置传给其他应用及环保等部门。

8.2.3 电厂侧架构及通信方式

电厂侧系统部署在安全Ⅱ区，可利用电厂侧已有监控设施或单独部署环保子站与主站通信。采用独立子站部署方式，电厂侧应配置主备两台环保子站，子站与各系统接口机之间应采用网络或串口的方式进行通信。环保监测数据主要分布于电厂的分布式控制系统（DCS）、烟气排放连续监测系统（CEMS）、厂级监控系统（SIS）、辅网系统等，各电厂应根据本厂具体情况进行采集。子站从电厂 CEMS、DCS、SIS 的数据库中获取测点实时数据。

火电机组环保监测信息属于电厂实时生产信息，需连续传输，部署在 D5000 系统安全Ⅱ区，主站配置两台火电机组烟气监测服务器，实现信息的采集、存储、分析与应用。电厂侧系统部署在安全Ⅱ区，环保监测数据主要分布于电厂的分布式控制系统（DCS）、烟气排放连续监测系统（CEMS）、厂级监控系统（SIS）、辅网系统等，子站从电厂 CEMS、DCS、SIS 的数据库中获取测点实时数据通过调度数据网实时控制区（Ⅰ区）或非实时控制区（Ⅱ区）与主站通信。

根据数据通信途径不同，可分为调度数据网Ⅱ区直接采集和调度数据网Ⅰ区间接采集两种方式。

1. Ⅱ区直接采集

火电机组环保监测信息通过电厂Ⅱ区通信网关机汇集环保数据，上传调度主站，如图 8-4 所示。调度端 D5000 中新建一条链路与电厂Ⅱ区通信网关机进行通信，通信规约可采用 IEC 60870-5-104、DL/T 475-1992。

2. Ⅰ区间接采集

Ⅰ区间接采集是通过发电厂远动通信终端（RTU）或Ⅰ区通信网关，采用 IEC 60870-5-104、101 或 DL476 通信规约，经现有调度数据网Ⅰ区通道向 D5000 调控主站数据采集与监测模块（SCADA）实时传输环保监测数据，后由主站Ⅰ区通信网关机将环保数据转给Ⅱ区前置烟气在线监测服务器，如图 8-5 所示。

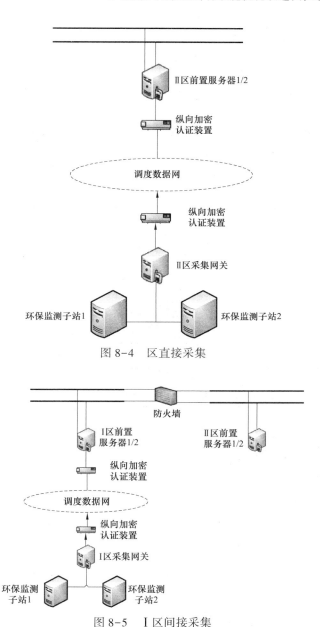

图 8-4　Ⅱ区直接采集

图 8-5　Ⅰ区间接采集

8.3　脱　硫　子　站

8.3.1　脱硫模块架构

1. 架构

在发电企业与电网公司的调度数据网上实现脱硫设施（FGD）运行状态，包括增压风机运行状态，风机电流，烟气挡板状态，FGD 进口 SO_2、O_2 浓度，FGD 出口 SO_2、O_2 浓度的监控。通过分析协议报文，获取上述参数，根据政府相关部门制定的脱硫加价的政策，计算考核指标，提

201

供脱硫加价费用的结算。脱硫子站架构如图 8-6 所示，子站类似于调度电能量管理系统，跨越电力公司、电厂的实时监控系统，保证 7×24h 不间断监控，利用所采集的监测数据计算出每个机组烟气脱硫装置的投运率和脱硫效率，同时汇总计算每个机组脱硫时段的发电量。

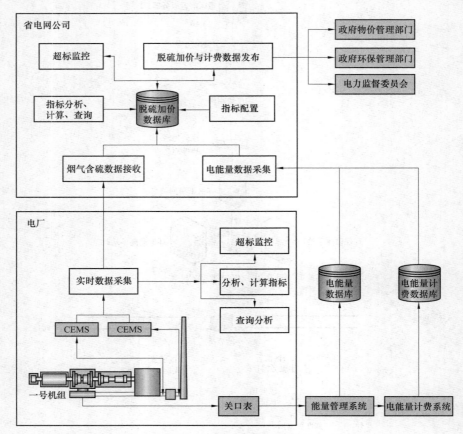

图 8-6　脱硫子站架构图

脱硫子站实现以下功能：

1）脱硫设施运行状况的实时采集与监控；

2）脱硫电费结算子系统；

3）网络通信子系统；

4）系统维护子系统；

5）报表系统；

6）基于 Web 的数据发布。

电厂侧单套 RTU/CEMS 连接框架图如图 8-7 所示。电厂侧将采集的数据通过调度数据 I 区和 II 区分别上传至省调脱硫子站中心数据库，进行存档、处理。

（1）电厂端 CEMS 数据由新增工控机，使用 TCP/IP 协议，接入调度 II 区网络，将数据上传至省燃煤火电机组环保在线监测平台。

（2）电厂端现场脱硫设施的监测信号，如：电流变送器、压力变送器、挡板开度等信号量，直接通过新增 RTU 设备，上传至省调 II 区中心数据库，由省调转发至 II 区脱硫监测系统。

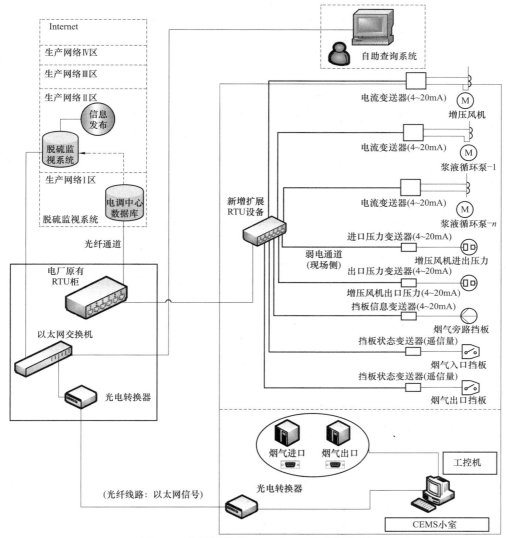

图 8-7 电厂侧单套 RTU/CEMS 连接框架图

2. 采集信息

火电机组环保监测的采集信息支持模拟量、状态量的采集，主要包含：环保装置监测信息、环保设施出口处排放监测信息。环保装置监测信息包括脱硫、脱硝及除尘装置运行基础信息，这些信息所属设备为锅炉；CEMS 系统状态信息所属设备为烟囱。

燃煤火电机组脱硫包含湿法脱硫、炉内脱硫以及其他脱硫三种方式，火电机组脱硫监测数据采集测点应根据不同的脱硫工艺需要接入不同的测点信息。表 8-1 ~ 表 8-3 分别为湿法脱硫、炉内脱硫以及其他脱硫方式采集信息。

（1）湿法脱硫。湿法脱硫监测数据采集测点信息见表 8-1。

（2）循环硫化床炉内喷钙脱硫。炉内脱硫是指脱硫装置直接装在锅炉内，因此不存在脱硫装置的进口浓度。此种脱硫工艺无法计算脱硫量、脱硫效率等指标，其监测数据采集测点信息见表 8-2。

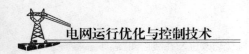

表 8-1　　　　　　　　　湿法脱硫信息表

序号	测点名称	单位	采集源	数据类型	向省调传输路径	备注
1	脱硫设施进/出口二氧化硫浓度	mg/Nm³	CEMS	模拟量	调度数据网 I 区和 II 区	实测标干值
2	脱硫设施出口氮氧化物浓度	mg/Nm³	CEMS	模拟量	调度数据网 I 区和 II 区	实测标干值
3	脱硫设施进/出口颗粒物浓度	mg/Nm³	CEMS	模拟量	调度数据网 I 区和 II 区	实测标干值
4	脱硫设施进/出口烟气含氧量	%	CEMS	模拟量	调度数据网 I 区和 II 区	
5	脱硫设施出口烟气温度	℃	CEMS	模拟量	调度数据网 I 区和 II 区	
6	脱硫设施出口烟气流量	万 Nm³/h	CEMS	模拟量	调度数据网 I 区和 II 区	
7	浆液循环泵电流	A		模拟量	调度数据网 I 区	

表 8-2　　　　　　　　　炉内脱硫信息表

序号	测点名称	单位	采集源	数据类型	向省调传输路径	备注
1	二氧化硫排放浓度	mg/Nm³	CEMS	模拟量	调度数据网 I 区和 II 区	实测标干值
2	氮氧化物排放浓度	mg/Nm³	CEMS	模拟量	调度数据网 I 区和 II 区	实测标干值
3	颗粒物排放浓度	mg/Nm³	CEMS	模拟量	调度数据网 I 区和 II 区	实测标干值
4	烟气含氧量	%	CEMS	模拟量	调度数据网 I 区和 II 区	
5	烟气温度	℃	CEMS	模拟量	调度数据网 I 区和 II 区	
6	烟气流量	万 Nm³/h	CEMS	模拟量	调度数据网 I 区和 II 区	
7	自动添加脱硫剂系统电动机的电流或频率	A 或 Hz		模拟量	调度数据网 I 区	

（3）其他脱硫工艺。其他脱硫工艺监测数据采集测点信息见表 8-3。

表 8-3　　　　　　　　　其他脱硫信息表

序号	测点名称	单位	采集源	数据类型	向省调传输路径	备注
1	二氧化硫排放浓度	mg/Nm³	CEMS	模拟量	调度数据网 I 区和 II 区	实测标干值
2	氮氧化物排放浓度	mg/Nm³	CEMS	模拟量	调度数据网 I 区和 II 区	实测标干值
3	烟气含氧量	%	CEMS	模拟量	调度数据网 I 区和 II 区	
4	烟气温度	℃	CEMS	模拟量	调度数据网 I 区和 II 区	
5	烟气流量	万 Nm³/h	CEMS	模拟量	调度数据网 I 区和 II 区	
6	反映脱硫设施运行相关参数				调度数据网 I 区	

（4）CEMS 系统状态信息。环保设施出口处排放监测信息满足表 8-4 所列信息，可根据各地实际需要加以适当扩展。

表 8-4　　　　　　　　　CEMS 系统状态信息表

序号	测点名称	采集源	数据类型	向省调传输路径	备注
1	CEMS "标定"	CEMS	开关量	调度数据网 I 区	
2	CEMS "异常"	CEMS	开关量	调度数据网 I 区	

8.3.2 脱硫采集参数比对方法

为确保脱硫模块获取参数的可靠性，需要一种计算燃煤机组脱硫设施脱硫效率和投运率的方法，对所采集的各项参数均按时进行现场比对和检定。图 8-8 给出了一种计算燃煤机组脱硫设施、脱硫效率和投运率的方法，该方法通过对脱硫设施的实际运行状况进行全面考虑，使脱硫设施的脱硫效率及投运率的计算结果接近实际值，满足指标考核和环境保护工作的需要，方法包括以下 6 个步骤：

（1）设定 RTU 系统每隔 5min 采集一次烟气旁路挡板开度或者开关量、烟气进口挡板开关量、烟气出口挡板开关量、增压风机电流和循环液浆泵电流；设定 CEMS 系统每隔 15min 采集一次烟气进口 SO_2 浓度、烟气出口 SO_2 浓度；设定每 15min 采集一次电能量。

（2）设定 i 为计数时间段序数，在 i 时间段内机组状态参数为 ψ_i，根据 RTU 的机组出力或电能量判断机组是否运行；由于 RTU 系统每隔 5min 采集一次数据，所以每 15min 有 3 组数据；找出三组数据中最大的机组出力，作为 15min 的标准；当机组出力大于 0 时，机组运行，运行时间是 15min；或者当电能量大于等于 0 时，机组运行；当机组运行时，令机组状态参数 $\psi_i = 1$；当机组停止运行时，令机组状态参数 $\psi_i = 0$。

（3）设定在 i 时间段内脱硫设施状态参数为 ψ_i，根据旁路挡板、增压风机或循环液浆泵判断脱硫设施是否运行；当旁路挡板大于等于 0 且增压风机或循环液浆泵电流大于 0 时，脱硫设施运行，令脱硫设施状态参数 $\psi_i = 1$；否则，令脱硫设施状态参数 $\psi_i = 0$。

（4）脱硫设施的脱硫效率的计算过程如下：

1）i 时间段内的脱硫效率如下式

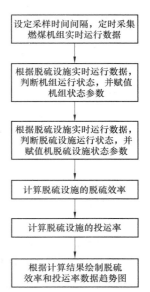

图 8-8　比对流程图

$$\eta_i = \begin{cases} \dfrac{SO'_{2i} - SO''_{2i}}{SO'_{2i}} \times 100\% & \psi_i = 1 \\ 0 & \psi_i = 0 \end{cases} \tag{8-1}$$

式中：i 为计数时间段序数，$i = 1$ 表示月第一个计数时间段，$i = n$ 表示月最后一个计数时间段；ψ_i 为 i 时间段内脱硫设施状态参数；η_i 为 i 时间段的脱硫效率；SO'_{2i} 为 i 时间段中，脱硫设施进口烟气二氧化硫浓度，单位：mg/dNm^3；SO''_{2i} 为 i 时间段中，脱硫设施出口烟气二氧化硫浓度，单位：mg/dNm^3。

2）月、周以及日平均脱硫效率

$$\eta = \begin{cases} \dfrac{\sum\limits_{i=1}^{n} \eta_i}{\sum\limits_{i=1}^{n} \psi_i} \times 100\% & \sum\limits_{i=1}^{n} \psi \neq 0 \\ 0 & \sum\limits_{i=1}^{n} \psi = 0 \end{cases} \tag{8-2}$$

式中：η 为月平均脱硫效率；n 为每月、每周、每日分别包含的时间段个数。

（5）脱硫设施投运率的计算过程如下：

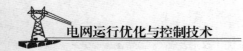

1）计算机组运行时间如下式

$$T_{jz} = \sum_{i=1}^{n} \phi_i \Delta t \qquad (8-3)$$

式中：T_{jz} 为机组运行时间；ϕ_i 为在 i 时间段内机组状态参数；Δt 为系统计数时间段，min。

2）计算脱硫设施运行时间如下式

$$T_{tl} = \sum_{i=1}^{n} \psi_i \Delta t \qquad (8-4)$$

式中：T_{tl} 为脱硫设施运行时间；ψ_i 为在 i 时间段脱硫设施状态参数；Δt 为系统计数时间段，min。

3）计算脱硫设施投运率

脱硫设施投运率计算公式如下式

$$r = \frac{T_{tl}}{T_{jz}} \times 100\% \qquad (8-5)$$

式中：r 为脱硫设施投运率。

（6）绘制脱硫效率和投运率的数据趋势图。

1）只在脱硫设备运行时，计算脱硫效率和脱硫设施投运率。当脱硫设施不运行的时候以及脱硫设施停运时，以上考核自动停止。

2）计算脱硫设施脱硫效率时，根据对应的时间段长度的不同，可以分别计算出月平均脱硫效率、周平均脱硫效率和日平均脱硫效率。计算不同的脱硫效率，是为了满足实际中不同工作的需要。

3）在判断脱硫设施的运行状态时，根据实际运行情况设置运行状态判断标准，可保证计算得到的投运率更加接近实际情况。

8.4 脱 硝 子 站

8.4.1 脱硝模块框架

脱硝子站通常是在脱硫子站的基础上构建的，所有其网络结构和系统硬件主站端都不需要增加，仅需增加相应的软件与监测点。软件功能包括系统功能性需求和非功能需求，其中功能性需求主要是能实现系统特定的业务处理，非功能性需求是指依一些条件判断系统运作情形或其特性，而不是针对系统特定行为的需求。包括安全性、可靠性、互操作性、健壮性、易使用性、可维护性、可移植性、可重用性、可扩充性。

脱硝模块在发电企业与电网公司之间的网络通道基础上，实现脱硝设施运行状态如热解炉电流、稀释风机电流、稀释风机流量、尿素溶液喷射器流量以及烟气进口 NO_x、O_2 浓度，烟气出口 NO_x、O_2 浓度的监控。分析协议报文，获取上述参数，根据政府相关部门制定的脱硝加价的政策，计算考核指标，提供脱硝加价费用的结算，如图 8-9 所示。

子站类似于调度电能量管理系统，跨越电力公司、电厂的实时监控系统，保证 7×24h 不间断监控，利用所采集的监测数据计算出每个机组烟气脱硝装置的投运率和脱硝效率，同时汇总计算每个机组脱硝时段的发电量。

脱硫子站主要功能如下所述：

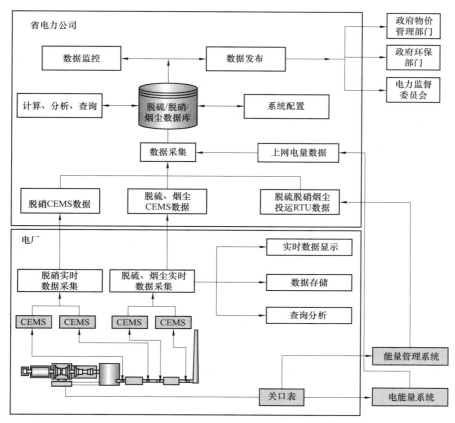

图 8-9　脱硝模块框架图

（1）硝设施运行状况的实时采集与监控；

（2）脱硝电费结算子系统；

（3）网络通信子系统；

（4）系统维护子系统；

（5）报表系统；

（6）基于 Web 的数据发布。

脱硝模块子站分为燃煤火电机组环保在线监测脱硝子站平台和电厂侧接入端。电厂端将采集的数据通过两种方式上传至省调脱硝监测中心数据库，进行存档、处理。

脱硝监测系统的 RTU 数据采集过程为设备的电流、开关等信号通过光纤接入到 RTU 柜中，并通过电力生产数据网将数据传输至省调，省调通过 RTU 转发系统，将数据传入到脱硝监测系统中心数据库，如图 8-10 所示。

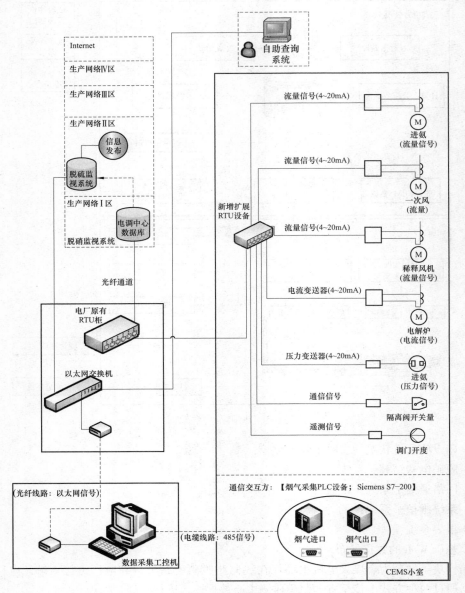

图 8-10 电厂侧 RTU/CEMS 连接框架示意图

电厂端 CEMS 数据由新增工控机，使用 TCP/IP 协议，接入调度 II 区网络，将数据上传至省调脱硝监测系统。脱硝进出口烟气温度是否从 RTU 通道采集，根据 CEMS 数据中是否存在温度参数决定，若 CEMS 无温度参数则直接从 RTU 传输。

对于电厂脱硝设施的 CEMS 连接方式，所需参数从采集原点直接采集，通过和 CEMS 小室的 PLC 设备进行通信，从而采集到相关的数据，拓扑示意图如 8-11 所示。

火电机组脱硝有两种方式，其一为液氨法脱硝；其二为尿素法脱硝。液氨法脱硝和其尿素法脱硝的监测数据采集测点数据见表 8-5、表 8-6。

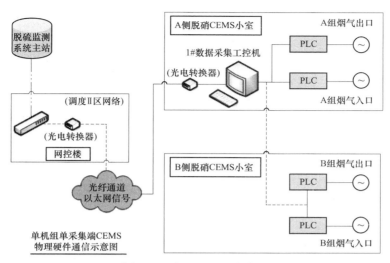

图 8-11　机组 CEMS 拓扑图

表 8-5　　　　　　　　　　　　液氨法脱硝监测信息表

序号	测点名称	单位	采集源	数据类型	向省调传输路径	备注
1	脱硝设施进/出口氮氧化物浓度	mg/Nm³	CEMS	模拟量	调度数据网Ⅰ区和Ⅱ区	实测标干值
2	脱硝设施进/出口烟气含氧量	%	CEMS	模拟量	调度数据网Ⅰ区和Ⅱ区	
3	脱硝设施喷氨流量	m³/h 或 kg/h		模拟量	调度数据网Ⅰ区	
4	稀释风机流量	Pa（m³/h）		模拟量	调度数据网Ⅰ区	
5	喷氨压力	kPa		模拟量	调度数据网Ⅰ区	
6	喷氨开断阀阀位			开关量	调度数据网Ⅰ区	

表 8-6　　　　　　　　　　　　尿素法脱硝监测采集信息表

序号	测点名称	单位	采集源	数据类型	向省调传输路径	备注
1	脱硝设施进/出口氮氧化物浓度	mg/Nm³	CEMS	模拟量	调度数据网Ⅰ区和Ⅱ区	实测标干值
2	脱硝设施进/出口烟气含氧量	%	CEMS	模拟量	调度数据网Ⅰ区和Ⅱ区	
3	热解炉电加热器电流	A		模拟量	调度数据网Ⅰ区	
4	一次热风流量	Nm³/h		模拟量	调度数据网Ⅰ区	
5	一次热风压力	kPa		模拟量	调度数据网Ⅰ区	
6	尿素溶液流量或压力	l/h		模拟量	调度数据网Ⅰ区	视情况采集

8.4.2　脱硝设备运行改进优化

随着我国火电建设步伐的加快，控制燃煤电厂 NO$_x$ 的排放已成为电力工业"十二五"环保工作的重中之重。选择性催化还原（SCR）和选择性非催化还原（SNCR）技术工艺成熟、脱硝效率高、运行稳定，是目前国内外应用最为广泛的两种脱硝技术。在构建燃煤火电机组环保在线监测系统脱硝模块子站，通过改进 SNCR 自动投加脱硝剂的装置、改进电厂 SCR 脱硝氨喷出装置、回转式空预器改进、改进燃煤电厂脱硝 CEMS 系统中的采样装置以及改进脱硝剂溶液的配置来实现提高脱硝效率。

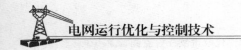

1. SNCR 自动投加脱硝剂装置

燃煤电厂 SNCR 脱硝剂一般选用尿素溶液，其制备工艺流程存在诸多弊端：①采用人工计量，以送入配料池的尿素袋数为依据进行计算，误差很大，所得尿素溶液的浓度准确度不高。②该流程操作频繁（5 天左右就需操作一次），非自动化且劳动强度过大和劳动生产率低，同时也不能满足大装机容量机组烟气脱硝量需求。

SNCR 自动投加脱硝剂装置结构图如图 8-12 所示。

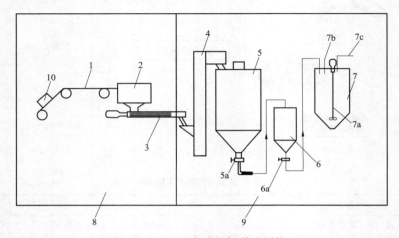

图 8-12　SNCR 自动投加脱硝剂装置

1—带式输送机；2—破包机；3—螺旋输送机；4—斗式提升机；5—尿素料仓；
5a—第一流量调节阀；6—计量仓；6a—第二流量调节阀；7—配料池；7a—搅拌器；7b—进水口；
7c—料液出口；8—尿素堆放间；9—尿素配料间；10—袋装尿素

具体工艺流程：将袋装尿素通过带式输送机输送至破包机，在破包机破包后，尿素颗粒从破包机的出料口进入螺旋输送机，然后经螺旋输送机输送至斗式提升机，经斗式提升机提升后进入尿素料仓；在尿素料仓内的尿素颗粒经计量仓称重后输送至配料池，通过配料池上的进水口向配料池中加水，与尿素颗粒混合，经充分搅拌后获得质量浓度为 50%的尿素溶液，将所述尿素溶液从配料池的料液出口通过输送泵输送至尿素溶液储罐，作为 SNCR 脱硝剂备用。

该装置可直接在尿素堆放间直接投加袋装尿素，整个工艺布局灵活，工人劳动强度低，配料浓度准确度高。其解决了传统人工斗提机上料和罐装车气力输送上料配液存在的问题，能够系统长期稳定的运行，可实现自动投加 SNCR 脱硝剂，提高劳动生产率。本装置有益效果体现在：

（1）改变传统、低效率的人工搬运至斗提机上料方式，实现自动投加脱硝剂，精准配料，降低人工频繁操作（一般 15 天/次），提高劳动生产率。

（2）改变气力输送，国内化工厂主要生产尿素袋装，且无专门用来运输散装尿素的罐车带来的尿素运输过程中吸潮问题。

（3）本装置结构简单、费用低、安装方便、易于维护，可长期稳定运行。

2. 改进的脱硝氨喷出装置

NH_3/NO_x 摩尔比是 SCR 装置设计和运行中的重点和难点。在实际工程中，由于脱硝预留场地不足、工程投资等条件的限制，导致烟气流场分布不均、AIG 喷氨分配不均，严重影响着脱硝效率。目前，对提高 NH_3/NO_x 摩尔比的方法主要有烟道导流板及整流板优化、喷氨优化试验、选择"涡流式混合器"等。图 8-13 给出了燃煤电厂 AIG 喷氨的优化和改进。

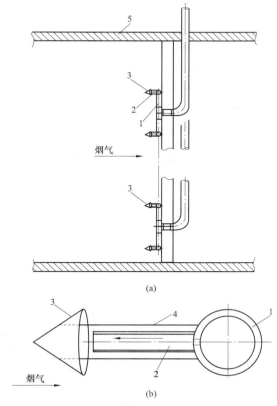

图 8-13 改进的脱硝氨喷出装置

1—喷氨管；2—喷氨嘴；3—伞帽；4—固定杆；5—烟道

图 8-13 中，所述喷出装置是在烟道 5 中设置与喷氨管 1 相连通的喷氨嘴 2，其特征是：设置所述喷氨嘴 2 的氨气流出方向是与烟道 5 中烟气流动方向为逆向；在所述喷氨嘴的前端固定设置有用于阻挡烟气中颗粒物直接进入喷氨嘴 2 中的伞帽 3，设置固定杆 4 用于固定伞帽 3。该设置氨气与烟气为逆向，有效延长了氨气在混合阶段的停留时间，加强与烟气的扰流和混合效果，提高 SCR 脱硝进口 NH_3/NO_x 摩尔比混合均匀性；伞帽的设置可有效避免喷嘴堵塞，提高脱硝环保设备及燃煤机组的安全稳定运行率。

其优越性表现在：

(1) 设置氨气与烟气为逆向，有效延长了氨气在混合阶段的停留时间，加强与烟气的扰流和混合效果，提高 SCR 脱硝进口 NH_3/NO_x 摩尔比混合均匀性。

(2) 新型伞帽的设置可以避免喷嘴堵塞，大大提高了喷嘴的运行效率。

(3) 简化喷氨格栅和喷嘴数量，从而降低投资成本，同时减小系统运行压降，有力保障锅炉和引风机安全运行。

(4) 提高了 SCR 脱硝效率，从而降低氨逃逸率、氨还原剂消耗和空预器结垢堵塞。

3. 回转式空预器

在燃煤电厂进行的脱硝改造中，几乎大部分使用的是 SCR 技术。随着 SCR 脱硝系统的运行，空预器的阻力呈现增加的趋势，部分电厂出现空预器严重堵塞而不得不停机清洗的问题。图8-14给出了一种新型回转式空预器，该回转式空预器解决燃煤电厂空预器硫酸氢氨堵塞问题，取得了良好的实际应用效果。

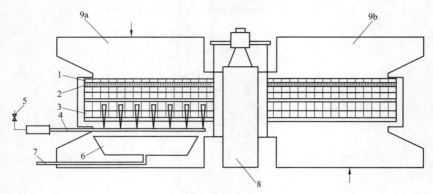

图 8-14　一种新型回转式空预器

1—热端元件；2—氧化铜换热层；3—冷端元件；4—喷嘴；5—阀门；
6—集尘斗；7—管道；8—转子；9a—高温烟气侧；9b—冷风侧

热端元件 1 是考登钢材质，冷端元件 3 是镀搪瓷材质，热端元件 1 位于烟气进口一端，冷端元件 3 位于烟气出口一端。在热端元件 1 中嵌装一层氧化铜换热层 2，为蜂窝状结构，热换元件随转子 8 的转动在筒体内高温烟气侧 9a 与冷风侧之间 9b 循环转过，分别发生氧化铜还原和单质铜氧化反应。换热元件的下方设置有可伸缩的喷嘴 4，有阀门 5 控制喷嘴中的喷出蒸汽或水流的压力，高压水流喷入冷段搪瓷换热元件的间隙中，吸热沸腾并剧烈膨胀，产生巨大的压力，有效的疏松结垢，再进一步喷入高温高压蒸汽，放热收缩，从而吹走冷段搪瓷换热元件上较为疏松的垢和浮灰。在换热元件的下方，处在高温烟气侧所在区域，设置可伸缩的集尘斗 6，经过反复高压水洗从转子和换热元件上脱落的污垢能够有效地通过相连接的管道 7 排放掉。

其优越性表现在：

（1）在两段式热端元件的热端中嵌装氧化铜换热层，在烟气侧和空气侧分别发生还原和氧化反应，从源头上控制空预器冷段硫酸氢氨的形成，且循环重复使用。

（2）设置冷端元件为镀搪瓷材质，并优化延长冷端元件的高度，使冷端酸沉积和硫酸氢铵堵灰区完全处在冷端元件中。

（3）设置伸缩式喷嘴，通过阀门控制，交替喷入高压水流和高温高压蒸汽，对换热元件实施有效清洗，同时在下方设置集尘斗，避免清洗的水滴和污垢进入下游的电除尘器。

（4）利用停机检修期间离线清洗换热元件，降低空预器冲洗频率，同时很好地解决空预器腐蚀和堵塞问题，因此具有良好的经济效益。

8.4.3　电厂侧子站 CEMS 监测及优化

1. 优化改进的脱硝 CEMS 在线系统采样装置

根据发改价格〔2014〕536 号文件《燃煤发电机组环保电价及环保设施运行监管办法》的要求，燃煤发电企业应按照国家有关规定安装运行烟气排放连续监测系统，即 CEMS 系统，并与省级环境保护主管部门和省级电网企业联网，实时传输数据。

目前燃煤电厂脱硝子站中 SCR 脱硝系统 CEMS 数据的监测采用单测点取样方式，因反应器出口的 NO$_x$ 浓度场分布不均，这种取样方式很难准确反映整个脱硝断面实际的 NO$_x$ 浓度值。对燃煤电厂脱硝 CEMS 在线系统中的采样装置进行优化改进如图 8-15 所示。其特征是：在脱硝 SCR 反应器横截面 10 上布置多个采样点 11，每个采样点上布置长度递减的采样枪 1，形成脱硝 SCR 反应器横截面 10 上的多点采样；设置恒温混样器 4，各不同采样点上的采样烟气通过导管 3 由烟气入口 6 共同导入在所述恒温混样器 4 中，在恒温混样器 4 的烟气经过搅拌器 5 充分混匀后在出口 7 通过泵 8 输出混合烟气，利用烟气分析仪 9 对混合烟气的进行分析从而获得烟气浓度检测值，每个点烟气流量通过流量计 2 控制调节。

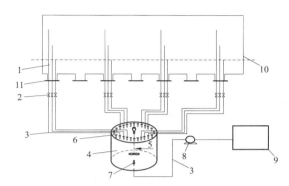

图 8-15　优化改进的脱硝 CEMS 在线系统的采样装置

1—采样枪；2—流量计；3—导管；4—恒温混样器；5—搅拌器；6—烟气入口；
7—出口；8—泵；9—烟气分析仪；10—横截面；11—采样点

其优越性主要体现在：

（1）在烟道内的采样点多、分布更广，根据烟道的横截面积大小适当增减测点，将各测点采集的烟气充分混合后再送入分析仪器，所采集的点位更有代表性，测量的数据更接近实际排放的浓度。

（2）只需增加相应采样枪和流量计的数量，并增加混样器和抽气泵等，并不需要增加昂贵的烟气分析仪，有效控制了监测成本。

（3）能够提供相对准确的数据，一方而能够使电厂运行人员更加准确地监测脱硝装置的运行情况，以便进一步给出正确的控制指令；另一方面能够使环保监督人员更加准确地监测脱硝装置的脱硝效率和 CEMS 运行情况，从而落实好国家脱硝电价政策。

2. 超低排放中的脱硝环保测试装置设计

《煤电节能减排升级与改造行动计划（2014~2020）》（发改能源〔2014〕2093 号）对于新建和改造的燃煤火电机组大气污染物排放浓度给出了明确的规定，如何完善监控设备满足超低浓度排放监测性能要求，精确监测燃煤火电机组超低排放状态下的烟气参数成为迫切需要解决的问题。一种应用在超低排放中的环保测试装置，如图 8-16 所示，可提高低浓度烟气条件下数据采集精度。

在烟囱入口的水平烟道截面上呈阵列布置各采样点，形成烟囱入口水平烟道截面上多点采样，获得各不同采样点上的采样烟气；各不同采样点上的采样烟气分别通过各采样管共同导入采样通道，在所述采样通道中设置金属探头网，所述金属探头网上产生的碰撞电流信号利用传感器进行放大，再传送至微处理器进行信号处理，获得颗粒物质量的测试数据；对于经过所述金属探头网的输出烟气利用烟气分析仪获得烟气中关于气态污染物 SO$_2$ 和 NO$_x$ 的浓度和烟气体积的

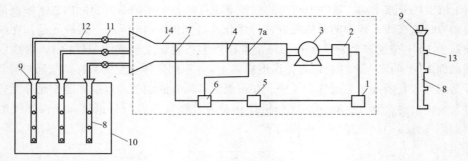

图 8-16 应用在超低排放中的脱硝环保测试装置
1—数字控制单元；2—烟气分析仪；3—抽气泵；4—过滤器；5—微处理器；6—传感器；
7—金属探头网；7a—第二金属探头网；8—采样枪；9—固定塞；10—水平烟道截面；
11—烟气调节流量计；12—采样管；13—采样嘴；14—采样通道

测试数据；设置数字控制单元对于测试数据进行数字处理。其优越性体现在：

（1）合理分布采样点形成网格法同时采样，各采样枪出口设置流量计，用于调节和控制流量，确保各采样点等速采样，从而更接近烟道内实际的烟气情况。

（2）设置金属探头网，利用"微电荷理论"有效读出烟气中颗粒物质量数据，配合空白实验，有效避免重量法缺陷，做到烟气中颗粒物浓度精确测定。

（3）有效保持钢管内的烟气温度，避免水汽对颗粒物和气态污染物（SO_2 和 NO_x）浓度测定的影响，为有效监测提供了保证。

（4）本装置所需的费用远低于昂贵的国外仪器，直接读数，避免繁琐的实验室分析和计算。

3. 环保在线监测免罚时段判定算法

在烟气排放环保电价考核工作中发现了两种特殊情况：①因发电机组启停机导致脱硫除尘设施退出、发电机组负荷低导致脱硝设施退出并致污染物浓度超过限值；②由于 CEMS 因故障不能及时采集和传输数据，以及其他不可抗拒的客观原因导致环保设施不正常运行等情况，造成数据丢失。

针对上述要求，需要有一种燃煤发电机组烟气排放免罚时段的判定方法，解决特殊情况下污染物浓度超标时段的确定问题，实现燃煤发电机组烟气排放环保电价计算的时效性和准确性。步骤如下：

（1）设定发电机组脱硝设施投运的烟气温度最低设计值为 T_c，发电机组发电的有功功率的采样周期为 t，各采样时间点 t_i（$i=0$，1，$\cdots$，n）对应的有功功率为 p_i（$i=0$，1，$\cdots$，n）、烟气排放浓度为 O_i（$i=0$，1，$\cdots$，n）、烟气排放出口的温度为 T_i（$i=0$，1，$\cdots$，n）。

（2）发电机组启机时间段计算，由 $p_{i-1}=0$，$p_i>0$，可以得到发电机组启机过程的起始时间点为 st_i；以 st_i 为起点，依次计算出两相邻采样时间点采集的有功功率的偏差 D_j。从 D_0 开始，对若干偏差进行递进累加，得到偏差和 S_k。由 $S_k\leq0$，可以得到发电机组启机过程的结束时间点为 st_{i+m+k}，则标定从 st_i 到 st_{i+m+k} 是发电机组启机时间段。

（3）发电机组停机时间段计算由 $p_{i-1}=0$，$p_i<0$，可以得到发电机组停机过程的结束时间点为 tt_i，以 tt_i 为起点，依次计算出两相邻采样时间点采集的有功功率的偏差 D_r，从 D_0 开始，对若干偏差进行递进累加，得到偏差和 S_q，由 $S_q\geq0$，可以得到发电机组停机过程的起始时间点为 tt_{i-m-q}，则标定从 tt_{i-m-q} 到 tt_i 是发电机组停机时间段。

（4）若某采样时间点采集的烟气排放出口的烟气温度满足以下条件：$T_i < T_c$，则将该采样时间点标定为发电机组低负荷运行时间点 dt_i。

（5）若某采样时间点采集的烟气排放浓度满足以下条件：$O_i \leq 0$ 或 O_i 为空，则将该采样时间点标定为 CEMS 故障以及其他不可抗拒的客观原因造成的数据缺失时间点。

8.5 除 尘 子 站

8.5.1 除尘模块框架

1. 除尘模块

除尘子站是在脱硫、脱硝子站的基础上构建的，所有其网络结构和系统硬件主站端都不需要性增加，仅需增加相应的软件与监测点，如图 8-17 所示。软件功能包括系统功能性需求和非功能性需求，其中功能性需求主要是能实现系统特定的业务处理，非功能性需求是指依一些条件判断系统运作情形或其特性，而不是针对系统特定行为的需求。

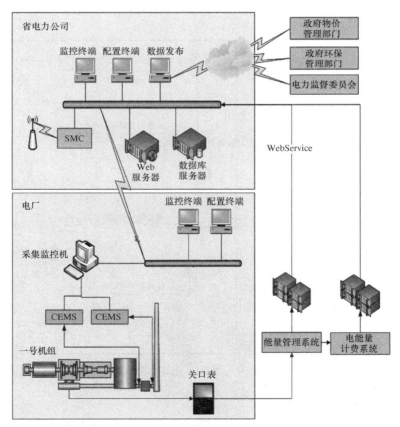

图 8-17　除尘模块框架图

除尘子站主要功能基于发电企业与电网公司之间的网络通道基础上，实现除尘设施运行状态（遥信量）、烟气进口烟尘浓度、烟气出口烟尘浓度的监控；分析协议报文，获取上述参数，根据政府相关部门制定的烟尘加价的政策，计算考核指标，提供烟尘加价费用的结算。子站同样类似于调度电能量管理系统，跨越电力公司、电厂的实时监控系统，保证 7 * 24h 不间断监控，利用所采集的监测数据计算出每个机组烟气除尘装置的投运率和除尘效率，同时汇总计算每个机组除尘时段的发电量。

燃煤火电机组除尘方式有电除尘和袋式除尘，除尘监测数据采集测点见表8-7。

表 8-7 除尘信息表

序号	测点名称	单位	数据类型	备注
1	除尘设施烟尘排放浓度	mg/m³	模拟量	
2	除尘设施出口烟气含氧量	%	模拟量	
3	除尘设施投运标志		开关量	程序计算需要（计算除尘设施投运投运率等）

2. 除尘模块数据流程

除尘模块子站在建设过程中，分为燃煤火电机组环保在线监测烟尘子站平台（主站）和电厂侧接入端。烟尘排放监测系统的 RTU 数据采集过程为设备的流量等信号通过光纤接入到 RTU 柜中，并通过电力生产数据网将数据传输至省调，省调通过 RTU 转发系统，将数据传入到烟尘子站中心数据库，如图8-18 所示。

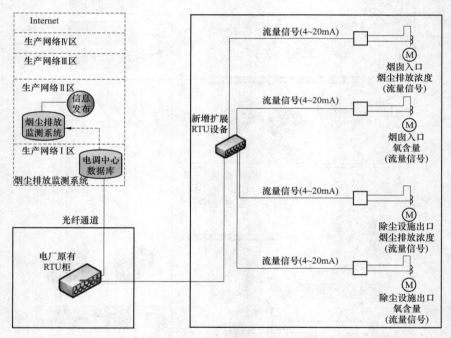

图 8-18　电厂侧 RTU 连接框架示意图

8.5.2　除尘设备运行改进优化

为贯彻国家节能减排战略，减少发电企业烟尘排放，燃煤发电机组都安装除尘设备并建立除尘子站，发电企业采用的除尘设备基本上以电除尘、电袋除尘器为主，少量小机组采用布袋除尘器。

电除尘器具有处理烟气量大、除尘效率高、适应范围广、设备阻力低、适用简单可靠、运行维护费用低且无二次污染等优点，一直以来都是我国电力行业消除烟尘的主流设备。据统计，目前我国燃煤电厂中电除尘器的使用装机容量比例为 80% 以上。电袋/布袋除尘器由于除尘效率高、可有效控制 PM2.5 微细颗粒物，在燃煤电厂得到越来越广泛地关注和应用。目前这两种除尘器的使用在我国燃煤电厂装机容量所占比例分别为 11% 和 9%。

由于工程设计及后续改造预留场地不足等原因，可导致烟道局部地区的弯头和断面急剧变化；同时由于机组运行工况参数变化导致烟道内温度和压力的变化等，可造成烟气的流速及流量在水平和垂直上分布极不均匀。如何克服上述不利因素，更加精确有效地监测出烟道内整个断面固定污染物中烟尘浓度成为迫切需要解决的问题。

鉴于上述问题，可对除尘监测设备进行了优化改进。采用一种可直接固定烟气采样枪的辅助器具。其特征是：设置一外部呈锥形的耐高温的硅胶塞 2，在所述硅胶塞 2 中设置有轴向中心孔 5，烟气采样枪 6 插入并通过顶部紧固箍 3 和底部紧固箍 4 固定在所述轴向中心孔 5 中，所述烟气采样枪 6 的探头在所述硅胶塞 2 的锥底一端伸出；所述硅胶塞 2 的锥底一端的直径小于烟气测孔 1 的直径，所述硅胶塞 2 的锥顶一端的直径大于烟气测孔 1 的直径，使所述硅胶塞 2 可以插入并固定在烟气测孔 1 中。装置如图 8-19 所示。

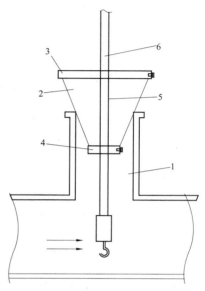

图 8-19　辅助器具示意图

1—烟气侧孔；2—硅胶塞；
3—顶部紧固箍；4—底部紧固箍；
5—轴向中心孔；6—烟气采样枪

可直接固定烟气采样枪的辅助器有益效果体现在：

（1）固定在烟气采样孔中，避免了测试人员一直手扶长 3m 的采样烟气枪采样，节省人力从而降低劳动强度，对于网格法测试不同断面上测点，可极大地简化采样过程。

（2）设置锥形硅胶塞，其有弹性、密封性好，可以有效避免因空气混入而造成的对烟气浓度测试结果的影响。

（3）本方法中硅胶塞良好的密封性好，避免了脱硫正压造成含硫量高的烟气对测试人员呼吸和身体的危害。

（4）保持烟气采样枪垂直的状态，保持采样嘴中心线与烟气流方向平行，从而保证烟气颗粒物采集的准确性和代表性。

（5）避免因烟气测孔过大、烟道气流过急而造成的已有采样方式中棉布包裹密封松散，烟气枪掉入烟道的危险。

8.6　燃煤火电机组环保在线监测与应用系统功能

8.6.1　信息数据管理

燃煤火电机组环保在线监测与应用系统提供环保设施在线监测实时数据采集、数据计算和数据发布和数据展示功能，以及电厂对异常数据处理功能，包括异常数据申报、环保设施检修的申请、省调审批功能和数据处理功能。

系统实现 2 个数据源的数据采集和计算功能，2 个数据源分别是Ⅱ区和Ⅲ区，是燃煤发电企业的 2 个不同数据传输通道。系统框架如图 8-20 所示。

1. 数据校核及告警

所有模拟量都有数据质量码，以反映数据的可靠程度。数据质量码在数据库中用一个整型

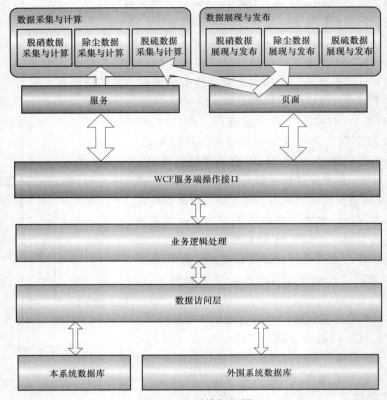

图 8-20　系统框架图

值（32 位）存储，按位使用，每一位表示一种状态，图形显示界面可根据数据质量码显示相应的颜色。

　　系统支持数据合理性检查和数据过滤功能，每个模拟量可以设置合理范围，数据越过合理范围认为该数据不合理，该数据被滤除，不进入实时数据库，最后的合理值被保留在实时数据库中。对于数据不更新和异常变化等多种坏数据进行实时判断并告警。当模拟量在指定时间段内的变化超过指定范围时，给出越限告警，在画面上数据用颜色区分，数据状态标志为"越上限／越下限"状态。

　　数据状态告警包括遥信变位告警和模拟量异常告警。遥信数据（开关量）有数据质量码，以反映数据的状态。数据质量码在数据库中用一个整型值（32 位）存储，按位使用，每一位表示一种状态。当采集的火电机组烟气监测开关量发生变化时，系统会发出投入和退出告警信息。

　　遥测数据（模拟量）也有数据质量码，以反映数据的状态。数据质量码在数据库中用一个整型值（32 位）存储，按位使用，每一位表示一种状态。当采集的模拟量出现异常或是采集数据不变化时，系统会发出该数据采集异常和该数据不变化的告警信息。

　　2. 机组信息数据

　　机组基本数据信息包括机组名称、所属电厂、机组容量、是否省调机组、投运时间和退役时间、机组出力采集遥测、上网电量采集遥测、是否用烟囱入口浓度替代设施出口浓度和是否是炉内脱硝设施，如图 8-21 所示。

图 8-21 机组基本数据信息

机组信息数据页面展示中提供查询、增加、删除和修改功能，如图 8-22 所示。

序号	电厂	机组	#P编号	RTU编号	容量	省调机组	出力遥测点4	投运时间	退役时间	脱硝	脱硫	除尘	操作
1	安庆厂	#1机组	9	28	320.00	☑	02600000190080	2013-12-10	2050-12-31				
2	安庆厂	#2机组	17	28	320.00	☑	02600000200080	2013-05-22	2050-12-31				
3	蚌热厂	#1-2机组	1,5	280	25.00	☑	02600001010080	2013-09-25	2050-12-31				
4	蚌热厂	#3机组	9	280	30.00	☑	02600001030080	2013-09-25	2050-12-31				
5	淮淮厂	#1机组	1	229	135.00	☑	02600002100080	2014-06-01	2050-12-31				
6	淮淮厂	#2机组	9	229	135.00	☑	02600002090080	2014-06-01	2050-12-31				
7	凤台厂	#1机组	41	178	630.00	☑	02600001960080	2013-08-09	2050-12-31				
8	凤台厂	#2机组	13	178	630.00	☑	02600001970080	2013-04-11	2050-12-31				
9	凤台厂	#3机组	65	178	660.00	☑	02600003210080	2014-03-25	2050-12-31				
10	凤台厂	#4机组	57	178	660.00	☑	02600003220080	2014-03-25	2050-12-31				
11	阜阳厂	#1机组	1	137	640.00	☑	02600000680080	2013-05-23	2050-12-31				
12	阜阳厂	#2机组	9	137	640.00	☑	02600000670080	2014-05-01	2050-12-31				
13	韩桥厂	#1机组	25	271	330.00	☑	02600002310080	2014-05-01	2050-12-31				
14	韩桥厂	#2机组	29	271	330.00	☑	02600002300080	2014-05-01	2050-12-31				
15	合二厂	#1机组	9	2	350.00	☑	02600000710080	2013-08-09	2050-12-31				
16	合二厂	#2机组	13	2	350.00	☑	02600000720080	2014-06-01	2050-12-31				

图 8-22 机组信息数据

此外，对火电机组环保信息数据还设立界限，以剔除假数据。数据界限配置对 3 种环保设施分别设置，包含出口氮氧化物浓度、出口二氧化硫浓度、出口烟尘颗粒浓度和出口氧含量浓度上下限，提供增加、删除和修改功能，数据的上下限用于在数据计算时过滤掉坏数据，如图 8-23 所示。

序号	限额类型	限额名称	上限	下限	操作
1	除尘-烟尘浓度	除尘-烟尘浓度	1000.00	0.00	
2	脱硫-二氧化硫浓度	脱硫-SO2浓度	1000.00	0.00	
3	脱硝-氧含量	脱硝-氧含量	20.00	0.00	
4	脱硝-NO浓度	脱硝-NO浓度	500.00	0.00	
5	除尘-氧含量	除尘-氧含量	20.00	0.00	
6	脱硫-氧含量	脱硫-氧含量	20.00	0.00	

图 8-23 数据界限配置

8.6.2 信息数据分析与统计

1. 数据分析流程

系统提供自动服务，每日对前一日数据进行处理。

采集的数据采集包括：数据包括机组出力、机组电量、脱硝设施出口氮氧化物浓度、脱硝设施出口烟气含氧量；脱硫设施出口二氧化硫浓度、脱硫设施出口烟气含氧量；除尘设施烟尘排放浓度、除尘设施出口烟气含氧量；烟囱入口氮氧化物浓度、烟囱入口二氧化硫浓度、烟囱入口烟

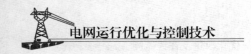

囱浓度以及烟囱入口含氧量。

计算的数据包括：机组发电时间、机组上网电量；平均排放 NO_x 浓度、脱硝合格电量、脱硝超标时长和电量、脱硝免罚电量、脱硝扣罚原因；平均排放烟尘浓度、除尘合格电量、除尘超标时长和电量、除尘免罚电量、除尘扣罚原因；平均排放 SO_2 浓度、脱硫合格电量、脱硫超标时长和电量、脱硫免罚电量、脱硫扣罚原因。

数据考核细则：异常数据包括上传数据连续不变化、零值、负值和极大数。对这些异常数据进行剔除。机组负荷低于 50% 运行，排放污染物浓度超过限值一倍以上的系统自动按免罚计算处理。

系统提供手工数据采集和计算功能，用于处理因某些客观因素需要重新采集或者计算的情况。分环保设施类型、操作类型（采集、计算）、数据来源（II区、III区）分别操作，如图 8-24 所示。

图 8-24　数据采集

2. 信息数据处理

（1）运行指标计算。火电机组环保监测应用根据脱硫、脱硝和除尘的采集信息，进行指标计算。指标计算包括：

1）脱硫指标计算。脱硫指标计算包括二氧化硫排放量计算、二氧化硫含量计算、脱硫效率计算、脱硫效率计算、脱硫合格标志计算、脱硫电量统计以及脱硫有效时段统计。

二氧化硫排放量计算。以脱硫装置运行状态为判断依据，当脱硫装置运行的情况下，以出口处烟气流量乘以单位体积内二氧化硫的浓度计算得出。

二氧化硫含量计算。以脱硫装置运行状态为判断依据，当脱硫装置运行的情况下，以入口处烟气流量乘以单位体积内二氧化硫的浓度计算得出。

脱硫效率计算。主要针对燃烧后脱硫方式进行统计，单个脱硫装置的脱硫效率以出口处二氧化硫排放量与入口处二氧化硫的含量的比值确定。

脱硫合格标志计算。以脱硫效率和机组运行状态为判断依据，当脱硫效率>90%，并且脱硫设施二氧化硫排放浓度小于标准值时判断为脱硫合格。

2）脱硝指标计算。脱硝指标计算包括氮氧化物排放量计算、氮氧化物含量计算、脱硝效率计算、脱硝合格标志计算、脱硝电量统计以及脱硝电量统计计算。

氮氧化物排放量计算。以脱硝装置运行状态为判断依据，当脱硝装置运行的情况下，以出口处烟气流量乘以单位体积内氮氧化物的浓度计算得出。

氮氧化物含量计算。以脱硝装置运行状态为判断依据，当脱硝装置运行的情况下，以入口处烟气流量乘以单位体积内氮氧化物的浓度计算得出。

脱硝效率计算。主要针对燃烧后脱硝方式进行统计，单个脱硝装置的脱硝效率以出口处氮氧化物排放量与入口处氮氧化物的含量的比值确定。

脱硝合格标志计算。以脱硝效率和机组运行状态为判断依据，当脱硝效率>70%，并且脱硝设施氮氧化物排放浓度小于标准值时判断为脱硝合格。

3）除尘指标计算。除尘指标计算包括烟尘排放量计算、烟尘含量计算、除尘效率计算、除尘合格标志计算以及除尘电量统计。

烟尘排放量计算。以除尘装置运行状态为判断依据，当除尘装置运行的情况下，以出口处烟气流量乘以单位体积内烟尘的浓度计算得出。

烟尘含量计算。以除尘装置运行状态为判断依据，当除尘装置运行的情况下，以入口处烟气流量乘以单位体积内烟尘的浓度计算得出。

除尘效率计算。主要针对燃烧后除尘方式进行统计，单个除尘装置的除尘效率以出口处烟尘排放量与入口处烟尘的含量的比值确定。

除尘合格标志计算。以除尘效率和机组运行状态为判断依据，当除尘效率>95%，并且除尘设施烟尘排放浓度小于标准值时判断为除尘合格。

（2）信息数据异常处理。当系统考核Ⅲ区主数据源数据传输不正常或因某些不可抗拒因素导致排放浓度超标，可用Ⅱ区数据源进行数据替换；当 2 个数据源的数据传输都不正常或因某些不可抗拒因素导致排放浓度超标，可用数据导入的方式进行数据处理；对于某些情况，需要免于考核或者免于罚款，系统提供这 3 种数据处理。

1）免考免罚。数据信息包含机组名称、环保设施类型、数据源、时间点、原因、免除方式和免除类型，提供查询、增加、删除和修改功能。服务在每天计算数据的时候，将机组低负荷运行等情况导致浓度超标 1 倍以上的自动免罚，如图 8-25 所示。

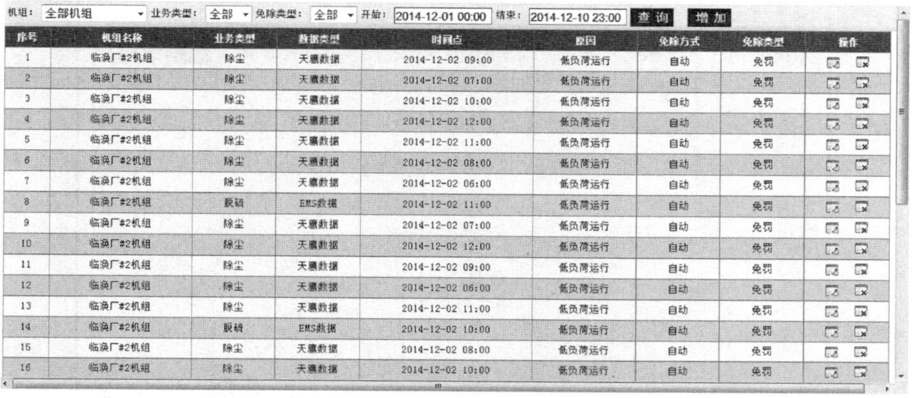

机组：全部机组 业务类型：全部 免除类型：全部 开始：2014-12-01 00:00 结束：2014-12-10 23:00 查询 增加

序号	机组名称	业务类型	数据类型	时间点	原因	免除方式	免除类型	操作
1	临涣厂#2机组	除尘	天赢数据	2014-12-02 09:00	低负荷运行	自动	免罚	
2	临涣厂#2机组	除尘	天赢数据	2014-12-02 07:00	低负荷运行	自动	免罚	
3	临涣厂#2机组	除尘	天赢数据	2014-12-02 10:00	低负荷运行	自动	免罚	
4	临涣厂#2机组	除尘	天赢数据	2014-12-02 12:00	低负荷运行	自动	免罚	
5	临涣厂#2机组	除尘	天赢数据	2014-12-02 11:00	低负荷运行	自动	免罚	
6	临涣厂#2机组	除尘	天赢数据	2014-12-02 08:00	低负荷运行	自动	免罚	
7	临涣厂#2机组	除尘	天赢数据	2014-12-02 06:00	低负荷运行	自动	免罚	
8	临涣厂#2机组	脱硝	EMS数据	2014-12-02 11:00	低负荷运行	自动	免罚	
9	临涣厂#2机组	除尘	天赢数据	2014-12-02 07:00	低负荷运行	自动	免罚	
10	临涣厂#2机组	除尘	天赢数据	2014-12-02 12:00	低负荷运行	自动	免罚	
11	临涣厂#2机组	除尘	天赢数据	2014-12-02 09:00	低负荷运行	自动	免罚	
12	临涣厂#2机组	除尘	天赢数据	2014-12-02 06:00	低负荷运行	自动	免罚	
13	临涣厂#2机组	除尘	天赢数据	2014-12-02 11:00	低负荷运行	自动	免罚	
14	临涣厂#2机组	脱硝	EMS数据	2014-12-02 10:00	低负荷运行	自动	免罚	
15	临涣厂#2机组	除尘	天赢数据	2014-12-02 08:00	低负荷运行	自动	免罚	
16	临涣厂#2机组	除尘	天赢数据	2014-12-02 10:00	低负荷运行	自动	免罚	

图 8-25 数据免考

2）信息数据发布。系统数据实时发布，分脱硝、脱硫、除尘分别发布，每日对前一日计算结果进行日发布，月度结束后进行月结果计算，计算完成后进行月度发布。系统提供灵活的发布功能，用以处理因数据传输异常需要重新采集、计算、发布的情况。日发布如图 8-26 所示。

发布类型：脱硝发布　操作类型：详细发布　2014 年 12月　机组名称：全部机组　查询

日期	详细信息	未发布机组	状态	发布/收回	未发布详细
12月1日	本日机组上网电量共计508039.47(MWH)；脱硝合格电量共计491643.22(MWH)	0个	发布	收回	
12月2日	本日机组上网电量共计523441.03(MWH)；脱硝合格电量共计507316.03(MWH)	0个	发布	收回	
12月3日	本日机组上网电量共计536677.52(MWH)；脱硝合格电量共计525110.02(MWH)	0个	发布	收回	
12月4日	本日机组上网电量共计489149.26(MWH)；脱硝合格电量共计465740.76(MWH)	0个	发布	收回	
12月5日	本日机组上网电量共计474447.72(MWH)；脱硝合格电量共计452267.51(MWH)	0个	发布	收回	
12月6日	本日机组上网电量共计456582.59(MWH)；脱硝合格电量共计456496.79(MWH)	0个	发布	收回	
12月7日	本日机组上网电量共计437109.67(MWH)；脱硝合格电量共计435036.67(MWH)	0个	发布	收回	
12月8日	本日机组上网电量共计466254.95(MWH)；脱硝合格电量共计450182.85(MWH)	0个	发布	收回	
12月9日	本日机组上网电量共计466090.68(MWH)；脱硝合格电量共计455953.58(MWH)	0个	发布	收回	
12月10日	本日机组上网电量共计442357.15(MWH)；脱硝合格电量共计440713.70(MWH)	0个	发布	收回	
12月11日	本日机组上网电量共计444581.82(MWH)；脱硝合格电量共计441182.22(MWH)	0个	发布	收回	
12月12日	本日机组上网电量共计442014.49(MWH)；脱硝合格电量共计441605.84(MWH)	0个	发布	收回	
12月13日	本日机组上网电量共计462620.36(MWH)；脱硝合格电量共计462620.36(MWH)	0个	发布	收回	
12月14日	本日机组上网电量共计432926.92(MWH)；脱硝合格电量共计429871.12(MWH)	0个	发布	收回	
12月15日	本日机组上网电量共计481452.02(MWH)；脱硝合格电量共计468053.27(MWH)	0个	发布	收回	
12月16日	本日机组上网电量共计490846.54(MWH)；脱硝合格电量共计484877.74(MWH)	0个	发布	收回	

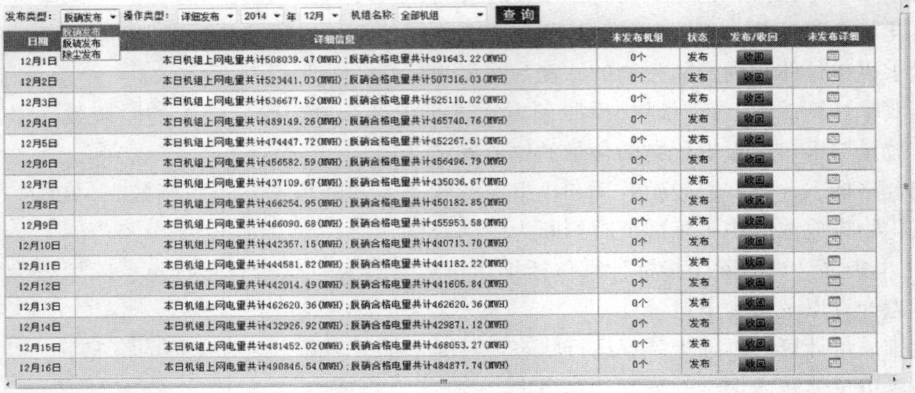

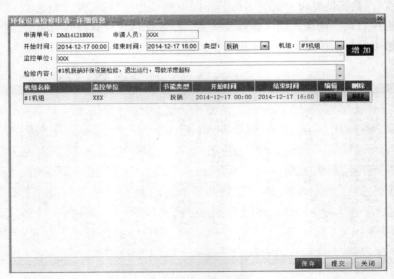

图 8-26　日发布数据

系统提供数据告警页面，用于在进行发布操作前，查看指定日期各环保设施的数据计算结果，包括电量点数、出力点数、时平均超标点数、超标时长、超标电量、上网电量、合格电量、扣罚原因，并且可以将数据导出到 Excel。

3）异常数据申报。燃煤发电企业因发电机组启机、机组负荷低导致环保设施退出并致污染物浓度超过限值，CEMS 因故障不能及时采集和传输数据，以及其他不可抗拒的客观原因导致环保设施不正常运行，环保设施检修等情况，可免于罚款。

对于上述情况，燃煤发电企业需要提出申请，由省调审批合格后，分别执行环保电价和免罚。系统提供电子化的申请和审批流程，提高工作效率，并保证各项数据处理都有据可循，整个处理流程保证闭环管理模式。燃煤发电企业申报环保设施检修申请单，如图 8-27 所示。

图 8-27　环保设施检修申请单详细

此外还有新机组接入申请单、异常数据申请单等。

3. 信息数据界面展示

信息数据界面展示包括日数据、月数据及汇总数据展示。日数据、月数据包含脱硝、除尘、脱硫三部分详细数据。

图 8-28 给出了脱硝月详细数据，提供查询和导出 Excel 功能，分别展示Ⅱ区、Ⅲ区，发布值每日考核数据，包括平均排放浓度、机组发电时间、合格电量、超标时长、超标电量、免罚电量以及扣罚原因。

日期：2014年12月 发布类型：发布值 机组名称：安庆厂#1机组 查询 导出EXCEL

日期	机组名称	平均排放NOx浓度	综合脱硝效率	脱硝设施投运率	机组发电时间	机组上网电量	脱硝合格电量	NOx排放超标1倍以内		NOx排放超标1倍以上		时平均浓度为0		免罚电量	扣罚原因
								超标时间	不合格电量	超标时间	不合格电量	时间	电量		
12月1日	安庆厂#1机组	23.43	86.14	100.00	24	4584.36	4584.36	0	0.00	0	0.00	0	0.00	0.00	
12月2日	安庆厂#1机组	32.11	78.33	100.00	24	5491.20	5491.20	0	0.00	0	0.00	0	0.00	0.00	
12月3日	安庆厂#1机组	29.04	79.81	100.00	23.75	5575.02	5575.02	0	0.00	0	0.00	0	0.00	0.00	
12月4日	安庆厂#1机组	36.69	77.65	100.00	24	6193.44	6193.44	0	0.00	0	0.00	0	0.00	0.00	
12月5日	安庆厂#1机组	23.87	83.71	100.00	24	5883.57	5883.57	0	0.00	0	0.00	0	0.00	0.00	
12月6日	安庆厂#1机组	25.98	82.82	100.00	24	4930.53	4930.53	0	0.00	0	0.00	0	0.00	0.00	
12月7日	安庆厂#1机组	22.02	82.99	100.00	24	5127.87	5127.87	0	0.00	0	0.00	0	0.00	0.00	
12月8日	安庆厂#1机组	23.70	82.90	100.00	24	5055.93	5055.93	0	0.00	0	0.00	0	0.00	0.00	
12月9日	安庆厂#1机组	24.14	83.28	100.00	24	5296.83	5296.83	0	0.00	0	0.00	0	0.00	0.00	
12月10日	安庆厂#1机组	27.96	82.59	100.00	24	5849.25	5849.25	0	0.00	0	0.00	0	0.00	0.00	
12月11日	安庆厂#1机组	27.18	82.21	100.00	24	5888.19	3208.59	11	2679.60	0	0.00	0	0.00	0.00	
12月12日	安庆厂#1机组	25.20	82.52	100.00	24	5629.14	5629.14	0	0.00	0	0.00	0	0.00	0.00	
12月13日	安庆厂#1机组	25.99	82.63	100.00	24	5718.24	5718.24	0	0.00	0	0.00	0	0.00	0.00	
12月14日	安庆厂#1机组	25.91	82.42	100.00	24	5333.79	5333.79	0	0.00	0	0.00	0	0.00	0.00	

图 8-28　脱硝月详细数据

此外，系统还提供每个电厂的环保汇总数据，如图 8-29 所示。图 8-29 给出了 2014 年 11 月脱硝机组环保信息页面，系统能提供查询和导出 Excel 功能，分别展示Ⅱ区、Ⅲ区。发布每月各机组考核数据，包括平均排放浓度、机组发电时间、合格电量、超标时长、超标电量、免罚电量以及扣罚原因。该页面还提供导出节能减排报表和导出分析文档，提供所有考核电厂和机组的脱硝详细信息和统计分析。

日期类型：月 2014 年 11月 发布类型：发布值 机组名称：全部机组 查询 导出EXCEL 导出节能减排报表 导出分析文档

序号	公司名称	电厂名称	机组名称	平均排放NOx浓度	综合脱硝效率	脱硝设施投运率	机组发电总时间	机组上网总电量	脱硝合格总电量	NOx排放超标1倍以内		NOx排放超标1倍以上		平均浓度为0	
										超标时间	不合格电量	超标时间	不合格电量	时间	电量
1	安庆皖江发电有限责任公司	安庆厂	#1机组	27.94	83.57	99.69	430.25	97891.86	97459.56	9	425.70	0	0.00	1	6.6
2	安庆皖江发电有限责任公司	安庆厂	#2机组	31.19	81.82	100.00	720	163892.19	163892.19	0	0.00	0	0.00	0	0.0
3	池州九华发电有限公司	九华厂	#1机组	62.86	82.49	100.00	425.5	93948.25	93728.80	3	191.40	2	28.05	0	0.0
4	池州九华发电有限公司	九华厂	#2机组	99.28	83.39	74.26	717.75	162911.10	162911.10	0	0.00	0	0.00	0	0.0
5	大唐淮南洛河发电厂	洛河厂	#1机组	46.67	76.22	100.00	719.75	169620.00	166600.50	15	3019.50	0	0.00	0	0.0
6	大唐淮南洛河发电厂	洛河厂	#5机组	158.24	77.80	93.75	203.25	76400.00	64725.00	5	1800.00	38	9875.00	0	0.0
7	大唐淮南洛河发电厂	洛河厂	#6机组	81.35	62.05	100.00	719	343250.00	339325.00	7	2725.00	4	1200.00	0	0.0
8	大唐集团田家庵发电厂	田家庵厂	#5机组	94.79	84.62	97.72	631.5	142154.50	36949.44	4	658.42	3	266.11	448	10428
9	大唐集团田家庵发电厂	田家庵厂	#6机组	74.63	70.20	100.00	569	126938.59	124459.63	12	2385.50	2	93.46	0	0.0
10	阜阳华润电力公司	阜润厂	#1机组	116.74	72.86	100.00	684	352562.10	352562.10	0	0.00	0	0.00	0	0.0
11	阜阳华润电力公司	阜润厂	#2机组	86.59	75.42	100.00	684.25	350234.50	350234.50	0	0.00	0	0.00	0	0.0
12	国电蚌埠发电有限公司	龙子湖厂	#1机组	61.38	83.16	100.00	336.75	102955.00	102746.25	1	6.25	2	202.50	0	0.0
13	国电蚌埠发电有限公司	龙子湖厂	#2机组	83.75	81.11	99.95	569.25	204113.75	203072.50	0	0.00	7	1041.25	0	0.0
14	国电宿州第二热电有限公司	汇源厂	#5机组	68.79	87.30	99.95	549.25	126116.03	123203.78	1	139.00	37	2773.25	0	0.0
15	国电宿州第二热电有限公司	汇源厂	#6机组	15.45	92.36	100.00	719.75	176057.38	176057.38	0	0.00	0	0.00	0	0.0
16	国电铜陵发电有限公司	永丰厂	#1机组	36.66	75.39	99.92	719.5	337250.00	335183.75	7	2066.25	0	0.00	0	0.0
17	国电铜陵发电有限公司	永丰厂	#2机组	54.03	78.05	100.00	719.5	336525.00	336178.75	1	346.25	0	0.00	0	0.0
18	国投宣城发电有限责任公司	宣城厂	#1机组	86.96	78.39	100.00	152.25	66209.00	58102.00	20	8107.00	0	0.00	0	0.0
19	合肥联合发电有限公司	合二厂	#1机组	40.46	79.31	100.00	720	196792.20	195650.40	4	1141.80	0	0.00	0	0.0

图 8-29　脱硝汇总数据

基于北斗通信技术的电力信息传输系统

9.1 概 述

随着电网规模的不断扩大和国家相关政策的推动，国内小水电、自备电厂、分布式光伏电站等非统调电厂的数量和装机容量与日俱增，以清洁替代和电能替代为内容的"两个替代"成为全球能源发展的主要趋势，分布式电源发展速度加快。目前全国非统调电厂的总装机容量已超过全社会总装机容量的10%，虽然非统调电厂一般单机容量较小，但总装机容量已达到一定规模，不容忽视。由于非统调电厂多数不具备与电力调控中心通信的条件，调控中心缺乏对此类小型发电企业的实时调度管理手段，不利于能源的合理调配和分布式电源的快速发展。国家能源局从2012年提出要进一步加强全口径发电统计与采集的工作，要求集中解决小电源、自备电厂等非统调电厂运行数据缺失问题。为加强对这些小型发电企业的管理，电力企业迫切需要研究建设投资少，安全可靠性高的通信技术，实现关键信息采集与传输，达到对其进行实时监控的目的，北斗技术的发展为实现该目标提供了一个重要的技术手段。

目前非统调电厂发电数据采集和传输方面存在的问题主要有：部分小水电位于偏远山区，电力调度数据网络或专线通道及运营商信号无法覆盖；部分电厂缺乏自动化设备和通信设备，不能满足数据实时采集需要；传统的信息采集方式需在厂站端安装远动终端、网络设备、纵向加密认证装置等专用设备，投入费用较高，小型发电企业无法承担。结合电力监控系统安全防护相关规定要求，非统调电厂信息采集传输通道需具备安全性高、覆盖面广、经济性好、信息量全等特点。北斗卫星通信系统是我国独立研发的全球卫星通信系统，其信号覆盖率高，适用于偏远山区等GPRS信号无法覆盖到的地方；同时北斗系统具备数据直采功能，可解决部分非统调电厂无采集装置的问题；此外北斗卫星与公网接入方式相比，其数据传输过程采用军用加密技术，被非法入侵的可能性小，安全性高。通过建立基于北斗卫星通信技术的电力信息数据传输平台，并与智能电网调度控制系统有机融合，可实现调控中心对非统调电厂运行工况的实时监控和全网分压网损的统计分析，为非统调电厂信息采集提供了有效的解决方案。

9.2 系 统 结 构

9.2.1 全球卫星通信系统及北斗技术参数分析

1. 全球卫星通信系统

目前全球共有四大卫星通信系统：美国GPS、欧盟伽利略GALILEO、俄罗斯GLONASS、中国北斗BDS。美国国防部从1973年开始实施的GPS系统是世界上第一个全球卫星导航系统，在相当长的一段时间内垄断了全球军用和民用卫星导航市场。现运行的 GPS 系统由 24 颗工作卫星和 4 颗备用卫星组成。长期以来，美国对本国军方提供的是精确定位信号，对其他用户提供的则是加了干扰的低精度信号。欧洲各国为了打破美国的垄断推出了伽利略系统，该系统在许多方面都具有优势，如卫星数量多达 30 颗，轨道位置比 GPS 高，信号的最高精度也比 GPS 高 10 倍，确定物体的误差范围在 1m 之内，该系统的另一个优势在于它能够与美国的 GPS、俄罗斯的格洛纳斯系统实现多系统内的相互兼容。俄罗斯的格洛纳斯卫星定位系统是由军方负责研制和控制的军民两用系统，由 24 颗卫星组成的格洛纳斯全球导航系统有工作卫星 21 颗，分布在 3 个轨道平面上，另有 3 颗备用卫星，格洛纳斯的定位精度比 GPS 系统、伽利略系统都略低，但其抗干扰能力强。纵观四大卫星通信系统，美国的 GPS 无疑还占据着主导地位，但其优势正逐步被其他三大系统所取代。四大系统各有优劣，GPS 优势在于成熟和长期的垄断，伽利略优势在于定位精准，格洛纳斯的最大价值在于其抗干扰能力强，而中国北斗卫星系统的优势在于互动性和开放性。

2. 北斗卫星通信系统技术参数及特点分析

北斗卫星通信系统是由我国完全自主研发、独立运行的全球卫星通信系统，截至 2015 年 7 月，已成功发射 19 颗卫星，北斗二代已覆盖亚洲及周边地区，预计到 2020 年，将建成由 5 颗静止轨道卫星和 30 颗非静止轨道卫星组成的覆盖全球的北斗卫星通信系统。

北斗卫星通信系统具备双向通信功能，通信成功率大于 99.99%。北斗卫星通信覆盖率接近 100%，单个用户机（厂站端）单次数据传输长度最大为 78.5 个字节，最大频率为 1 帧/分钟；单个指挥机（主站端）每分钟最多可以接收 150 个用户机发送的数据，可通过分时方式接收 300 个用户机的数据。

北斗卫星通信系统的主要特点包括：

（1）子站与主站间通过北斗卫星实现点对点信息通信，站间信息传输全过程加密，卫星传输内容被截取及破解的可能性大大降低，安全性高。

（2）采用卫星通信技术，无需通信基站，且不受地理、气候和恶劣天气影响，特别适合偏远地区小电源的信息采集。

（3）由于数据通过卫星加密传输，可省去传统接入方式所需的路由器、防火墙、纵向加密装置等设备，整体费用可降低到传统方式的 20% 以下，同时采用包年计费方式，运营成本低。

（4）电压、电流、有功功率、无功功率、开关遥信等实时数据和电量数据都可通过卫星通道传输到调度主站端实现集中监控。

9.2.2 系统总体结构

基于北斗卫星通信技术的电力信息传输平台采用分层分布式星型拓扑结构，便于多个子站灵活方便接入主站。系统由调度主站端、北斗卫星传输通道、厂站端三个部分组成，如图 9—1 所示。系统总体架构是通过在非统调电厂侧配置北斗卫星数据采集装置 STDA—2000，实现厂站侧实时数据和非实时数据的综合采集；通过北斗卫星通道将非统调电厂内采集数据上传到调度主站端信息管理平台，由主站信息平台集中处理，从而实现对非统调电厂发电数据集中采集和存储。同时，信息管理平台与智能电网调度控制系统 EMS、电能量计量等功能模块进行信息交互，供运行监控和网损计算分析使用。

9.2.3 系统软硬件结构

调度主站端由北斗卫星指挥机、通信服务器、串口连接线等组成，通信服务器将北斗卫星指挥机接收到的非统调电厂信息通过数据接口转发到 EMS（能量管理系统）和电能量管理系统，

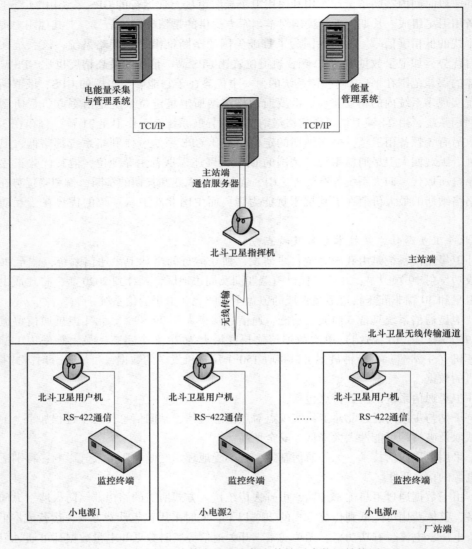

图 9-1　基于北斗技术的电力信息传输平台物理结构图

实现调度主站端对非统调电厂发电实时数据和电量数据的集中监控，系统逻辑结构如图 9-2 所示。北斗卫星传输通道为厂站端北斗用户机和主站端北斗指挥机提供信息传输通道，保证厂站端采集信息的可靠、安全传输。厂站端北斗用户机负责将现场采集到的电压、电流、有功及电量等数据通过卫星通道发送到调度主站端。

1. 电力数据卫星采集与监控装置

电力数据卫星采集与监控装置（STDA-2000）就地安装在非统调电厂站内，通过串口 RS-422 接口与北斗卫星用户机实现双向通信。STDA-2000 可采集各发电机组有功功率、无功功率、电压、电流等实时数据，同时可通过串口与多功能电能表通信，采集电量数据。STDA-2000 厂站端设备连接示意图如图 9-3 所示。

STDA-2000 主要功能包括：

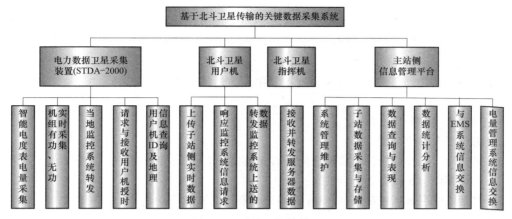

图 9-2 系统逻辑结构图

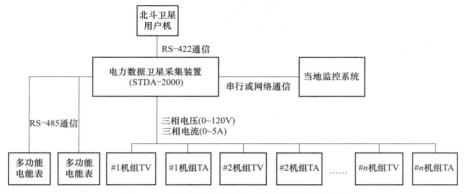

图 9-3 STDA-2000 厂站端设备连接示意图

（1）实现对非统调电厂各机组的有功功率、无功功率、电压、电流等数据的实时采集；

（2）实现对小电源各关口电度量的实时采集；

（3）通过北斗用户机上传现场采集数据；

（4）向当地监控系统转发采集数据；

（5）请求并接受北斗卫星授时、北斗卫星 ID 及地理位置信息。

2. 北斗卫星用户机

北斗卫星用户机安装在厂站端监控现场室外，通过串口 RS-422 与 STDA-2000 实现双向通信，通过无线方式与北斗卫星进行双向短报文通信，实现监控信息由厂站端发送到调度主站端。北斗卫星用户机的主要功能包括：

（1）接收 STDA-2000 上送的非统调电厂采集数据并转发至北斗卫星指挥机；

（2）接收 STDA-2000 授时请求并响应授时报文；

（3）接收 STDA-2000 北斗卫星 ID 信息及地理位置信息请求并响应。

3. 北斗卫星指挥机

北斗卫星指挥机安装在调度控制中心主站端室外，通过串口与通信服务器管理平台实现双向通信，通过无线方式与北斗卫星用户机进行双向短报文通信，实现监控信息的接收和转发。北斗卫星指挥机结构与用户机类似，主要区别是发送的信息量和频度均大幅提高。北斗卫星指挥机的主要功能有：接收北斗卫星通道转发的各个非统调电厂实时数据和非实时数据，并通过串行通信方式发送给通信数据服务器；请求北斗卫星用户机相关信息。

4. 调度主站端信息管理平台

调度主站端信息管理平台安装在调度控制中心主站端室内通信服务器中，主要用于接收和存储非统调电厂 STDA-2000 上传的数据和信息，并与智能电网调度控制系统进行信息交互，供运行监控和网损计算分析使用。

信息管理平台主要功能有：

（1）通过串口与北斗指挥机实现双向通信，接收并整理、存储各厂站端上传的运行数据；

（2）数据存储、统计分析、查询等；

（3）与智能电网调度控制系统 EMS 模块进行通信，转发有功功率、无功功率、电压、电流等实时数据；

（4）与智能电网调度控制系统电能量计量模块进行通信，转发电能量等非实时数据。

信息管理平台数据库采用大型关系数据库 ORACLE，数据库接口方面采用标准数据库访问语言 SQL（Structured Query Language，ANSI/ISO 标准）。由于数据库本身的独立性，因此，允许用户通过 Client/Server 方式访问原始数据库服务器，实现数据共享，减少冗余，从而保证数据的一致性和独立性，系统数据库结构如图 9-4 所示。

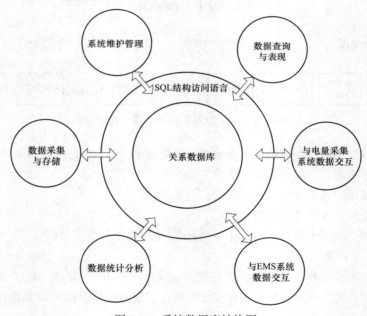

图 9-4　系统数据库结构图

9.3　系统功能及关键技术

9.3.1　系统功能结构

基于北斗卫星通信技术的电力信息传输平台总体功能包括主站功能和厂站功能两大部分。

主站功能主要实现对非统调电厂发电数据集中采集和存储，同时与智能电网调度控制系统 EMS、电能量计量等功能模块进行信息交互，提供电网运行监控和网损计算分析数据。厂站功能主要实现厂站侧实时数据和非实时数据的综合采集，并通过北斗卫星通道将站内发电数据上传到调度主站端信息管理平台。基于北斗技术的电力信息传输平台功能结构图如图 9-5 所示。

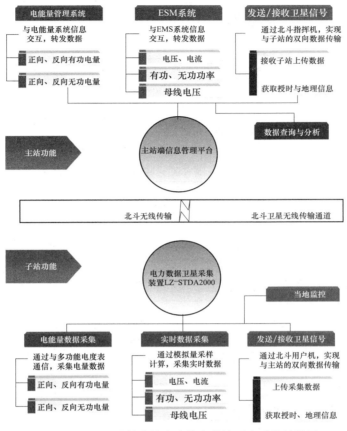

图 9-5　基于北斗技术的电力信息传输平台功能结构图

9.3.2　系统关键技术

1. 采集策略与通信规约

通过建立小型水电站、小型自备电厂、分布式光伏电站等非统调电厂的采集规约库，对多种信息对象制定合理可行的采集策略。

采集内容包括：开关量等遥信数据；三相电压、三相电流、有功功率、无功功率、功率因数以及水位等遥测数据；正向有功电量、反向有功电量、正向无功电量、反向无功电量等计量数据。

北斗通信规约内容分为上行报文和下行报文，上行报文（STDA-2000→北斗卫星用户机）和下行报文（北斗卫星指挥机→信息管理平台）的具体格式见表 9-1 和表 9-2。

采集策略及规约按以下方式：

（1）电力数据卫星采集与监控装置采用串口方式采集遥信、遥测数据和电量计量数据（MODBUS 规约和 DL645 规约）；

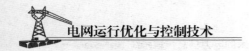

表 9-1 上行报文

序号	名称	长度（bit）	含义
1	通信申请	40	＄TXSQ
2	长度	16	全报文长度（从头"＄"到校验和），单位为 1bit，高位在前
3	发信地址	24	用户机中的 IC 卡编码（每个站不一样），由用户机直接发送，STDA—2000 不能更改，报文中可以全填 0
4	信息类别	8	这里用 0x46，还有其他类别，例如请求卫星状态、请求授时等
5	用户地址	24	用户地址为此次通信电文的收信方地址（收信方指挥机中的 IC 卡编码）
6	电文长度	16	电文内容的有效长度，单位为 1bit，高位在前
7	是否应答	8	0x0
8	电文内容	一般 640，最长 1680	需要上传的采集信息。采用 CDT 标准规约，遥测与遥信分帧交替上传，遥测帧可同时上传 12 路遥测量，遥信帧可同时上传 8 路遥信量
9	校验和	8	异或校验，从首字符到电文内容尾（暂时未用，可填 0）

表 9-2 下行报文

序号	名称	长度（bit）	含义
1	通信信息	40	＄TXXX
2	长度	16	全报文长度（从头"＄"到保留），单位为 1bit，高位在前
3	用户地址	24	用户机中的 IC 卡编码
4	信息类别	8	这里用 0x46
5	发信地址	24	指挥机中的 IC 卡编码
6	发信时间（时）	8	发信时间：小时
7	发信时间（分）	8	发信时间：分钟
8	电文长度	16	电文内容的有效长度，单位为 1bit，高位在前
9	电文内容	一般 640，最长 1680	需要接收的控制信息。采用 CDT 标准规约，遥控帧可同时下发 16 路遥控量，遥调帧可同时下发 1 路遥调量
10	CRC 标志	8	暂时未用
11	保留	8	暂时未用

（2）调度端主站平台与智能电网调度控制系统通过隔离装置后采用网络通信方式（采用 104 规约和 102 规约）传输远动数据和电量数据；

（3）调度主站与厂站端建立北斗卫星通信通道，采用北斗通信规约。

2. 基于北斗通信单向加密技术的电力信息传输和存储技术

利用具备单向加密的北斗通信技术传输电力信息来保证信息的保密性、完整性、可用性和真实性，其具体步骤如下：

（1）获取北斗通信系统的用户信息；

（2）请求并接受北斗卫星用户机的授时；

（3）请求北斗卫星用户机的 ID 及地理位置信息；

（4）按照设定模式进行有选择地将数据信息上传给卫星用户机；

（5）厂站端卫星用户机通过北斗单向加密通道，将电力信息数据加密封装后送至位于北京的北斗卫星指挥中心，指挥中心对接收到的用户机发送的数据进行安全性检查，确认数据安全完整后转发至调度主站端的北斗指挥机；

（6）调度主站端指挥机对收到的信息进行解密，并按照标准格式存储到平台数据库中。整个数据传输过程中采用军用加密技术和北斗卫星指挥中心的数据安全性检查来确保传输数据的安全性。

通过调度主站端信息管理平台实现对整个系统的集中配置管理。包括厂站数据采集管理、用户机、指挥机管理、接口管理。厂站数据采集管理用于设置各个智能采集终端编号、有功、无功（遥测点、系数、偏移量）、电表参数等。用户机、指挥机管理用于配置用户机 IC 卡编码、指挥机 IC 卡编码等。接口管理包括设置互联系统的服务器 IP 地址、对应信息类型、对象地址等信息。

3. 管理平台与智能电网调度控制系统间的数据交互技术

调度主站端信息管理平台向智能电网调度控制系统提供数据，最终实现对非统调电厂的运行监控以及全网网损的统计分析功能。平台与智能电网调度控制系统主要采用以下两种交互方式：①响应总召，当接收到总召命令时，将平台上所有需要上传到智能电网调度控制系统的数据以响应总召的方式全部上传。②触发上传，即当信息平台接收到变化数据时，通过触发数据库触发器，向智能电网调度控制系统发送变化数据，同时平台也定期自动检测数据库的数据变化，将变化的数据通过触发上传的方式发送到智能电网调度控制系统。

智能电网调度控制系统通过北斗电力信息传输平台获取到包括非统调电厂在内的更为全面的电网运行信息和电量数据，扩大了系统的监控范围，提高了网损统计的精度，为电网安全稳定运行和节能经济调度提供有力的技术保障。

9.3.3 系统应用情况

该系统于 2012 年 10 月在安徽电网投入运行，目前系统运行稳定，各项功能正常。系统采集范围覆盖 121 座非统调电厂，实现了对非统调电厂电压、电流、有功功率等实时数据以及机组发电量等非实时数据的采集和传输，实现调控中心对非统调电厂运行工况的实时监控和全网分压网损的统计、计算、分析。系统应用情况如图 9-6～图 9-9 所示，其中图 9-6 为南源水电站发电

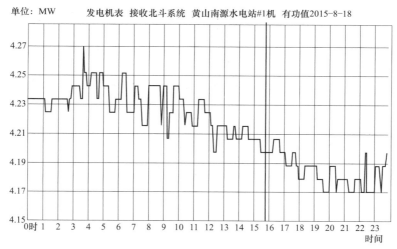

图 9-6　南源水电站发电机有功功率

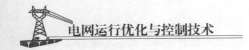

机有功率实时数据，图 9-7~图 9-9 分别为海螺自备电厂、雷公井水电站、复睿光伏电站日发电量非实时数据统计情况。

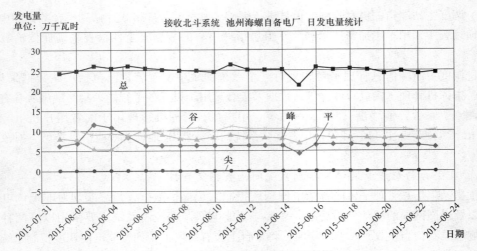

图 9-7 海螺自备电厂日发电量统计

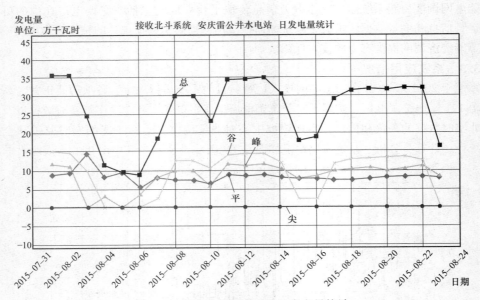

图 9-8 安庆雷公井水电站日发电量统计

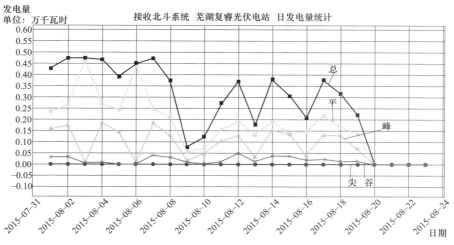

图 9-9　芜湖复睿光伏电站发电量统计

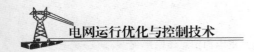

参 考 文 献

［1］刘振亚．全球能源互联网［M］．北京：中国电力出版社，2015.

［2］路书军．电力系统实时运行分析技术及应用［M］．北京：中国电力出版社，2015.

［3］王正风，许勇，鲍伟．智能电网安全经济运行实用技术［M］．北京：中国水利水电出版社，2010.

［4］王正风，黄太贵，黄少雄，等．电网调度运行新技术［M］．北京：中国电力出版社，2011.

［5］国家经贸委．电力系统安全稳定导则DL 755—2001［D］．北京：中国电力出版社，2001.

［6］王维超，张明，胡堃．电力系统运行方式［M］．北京：中国电力出版社，2009.

［7］王锡凡．现代电力系统分析［M］．北京：科学出版社，2003.

［8］薛禹胜．运动稳定性量化理论［M］．南京：江苏科学技术出版社，1999.

［9］李光琦．电力系统暂态分析［M］．北京：水利电力出版社，2002.

［10］倪以信，陈寿孙，张宝霖．动态电力系统的理论和分析［M］．北京：清华大学出版社，2002.

［11］韩祯祥．电力系统稳定［M］．北京：中国电力出版社，1995.

［12］陈珩．电力系统稳态分析［M］．北京：中国电力出版社，2007.

［13］刘天琪．现代电力系统分析理论与方法［M］．北京：中国电力出版社，2007.

［14］王正风．无功功率与电力系统运行（第二版）［M］．中国电力出版社，2011.

［15］刘文颖，门德月，梁纪峰．基于灰色关联度和LSSVM组合的月度负荷预测［J］．电网技术，2012，36（8）：228-232.

［16］刘荣，方鸽飞．改进Elman神经网络的综合气象短期负荷预测［J］．电力系统保护与控制，2012，40（22）：113-117.

［17］方鸽飞，胡长洪，郑奕辉，等．考虑夏季气象因素的短期负荷预测研究方法［J］．电力系统保护与控制，2010，38（22）：100-104.

［18］李利利，管益斌，耿建，等．月度安全约束机组组合建模及求解［J］．电力系统自动化，2011，35（12）：27-31.

［19］高宗和，耿建，张显，等．大规模系统月度机组组合和安全校核算法［J］．电力系统自动化，2008，32（23）：28-30.

［20］汪洋，夏清，康重庆．机组组合算法中起作用整数变量的辨识方法［J］．中国电机工程学报，2010，30（13）：46-52.

［21］余廷芳，林中达．部分解约束算法在机组负荷优化组合中的应用［J］．中国电机工程学报，2009，29（2）：107-112.

［22］杨争林，唐国庆，李利利．松弛约束发电计划模型和方法［J］．电力系统自动化，2010，34（14）：53-57.

［23］王正风，黄太贵．三绕组变压器的容量选择与经济运行［J］．电气应用，2009，28（11）：74-76.

［24］王正风．变压器的容量选择与经济运行［J］．变压器，2006，43（3）：30-32.

［25］王正风，胡晓飞．安徽广域测量系统的建设与应用［J］．中国电力，2008，41（7）：17-21.

［26］王正风，谢大为，等．电网动态预警与辅助决策系统的研究与应用［J］．华东电力，2009，37（6）．

［27］王铁强，魏立民．电力系统低频振荡机理的研究［J］．中国电机工程学报，2002，22（2）：21-25.

［28］王铁强，王昕伟，等．Prony 算法分析低频振荡的有效性研究［J］．中国电力，2001，34（11）：38-41.

［29］国家环保部、国家质量监督检验检疫总局．火电厂大气污染物排放标准（GB 13223—2011）［D］．北京，2011.

［30］孙拴柱，代家元，高进，等．江苏省火电机组节能减排在线监测系统的开发及应用［J］．电力科技与环保，2014，30（1）：50-53.

［31］陈秋，李振海，张国强，等．火电厂环保设施及烟气污染物排放实时监控系统研究与建设［J］．电力建设，2010，31（11）：80-83.

［32］王文庆，刘超飞，王忠杰，等．省级电网节能减排在线监测系统开发与应用［J］．系统开发与应用，2014，12（5）：97-101.

［33］陈芳莲，周慎杰，王伟．选择性催化还原烟气脱硝反应器流场的模拟优化［J］．动力工程学报，2010，30（3）：224-229.

［34］曹志军，谭城军，李建中，等．燃煤锅炉 SCR 烟气脱硝系统喷氨优化调整试验［J］．中国电力出版社，2011，44（11）：55-58.

［35］马大卫，查智明，黄齐顺，等．安徽省燃煤机组 SCR 脱硝装置运行情况及分析［J］．电力科技与环保，2015，31（4）：28-30.

［36］廖斌，王洪辉，等．基于北斗通信的滑坡监测系统设计［J］．自动化与仪表，2014（5）：22-23.

［37］许博浩，郝永生．基于北斗通信的文本数据传输［J］．计算机与数字工程，2014，42（6）：1050-1053.

［38］马晓玉，孙岩，孙江玮，等．Oracle10g 数据库管理、应用与开发标准教程［M］．北京：清华大学出版社，2009.

［39］李拴保．信息安全基础［M］．北京：清华大学出版社，2014：2-10.

［40］辛耀中．智能电网调度控制技术国际标准体系研究［J］．电网技术，2015，39（1）：1-10.